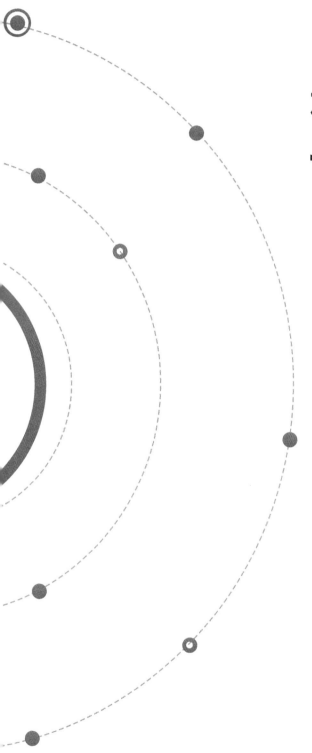

机床手动卡盘
设计制造与选型

呼和浩特众环（集团）有限责任公司
清华大学
内蒙古工业大学
内蒙古机电职业技术学院

联合编著

◎主 编 张国斌　◎副主编 张 云 杜淑逞 孙鹏文

机械工业出版社
CHINA MACHINE PRESS

随着机电技术和自动化技术的迅猛发展，机床行业在制造业中的基础性、战略性地位越来越重要。卡盘作为重要的机床功能部件，其作用日益突出，它是实现机床主机性能、精度、可靠性等指标的关键基础部件，其优劣直接制约着机床行业的发展。与动力卡盘相比，机床手动卡盘具有适用范围广、通用性强、调整方便、价格低廉等优点，特别是在卧式车床上得到了广泛而大量的应用。本书着重阐述机床手动卡盘方面的相关知识。共分九章，分别从机床手动卡盘综述、机床手动卡盘结构型式及参数、机床手动卡盘优化设计及分析、机床手动卡盘关键件的工艺流程分析及编制、机床手动卡盘检测与分析、机床手动卡盘用附件、机床手动卡盘选型流程及型谱参数、机床手动卡盘的安装调试与维护、机床手动卡盘选型案例等方面进行了详细论述。

本书适用于机床主机厂、卡盘用户、卡盘制造企业和机械加工厂等工程技术人员。

图书在版编目（CIP）数据

机床手动卡盘设计制造与选型 / 张国斌主编. — 北京：机械工业出版社，2019.7
ISBN 978-7-111-63142-2

Ⅰ. ①机… Ⅱ. ①张… Ⅲ. ①卡盘自动车床 Ⅳ. ①TG51

中国版本图书馆CIP数据核字(2019)第131757号

机械工业出版社（北京市百万庄大街22号 邮政编码100037）
策划编辑：索菲娅　责任编辑：索菲娅
封面设计：周　军　责任校对：王　琰
北京联兴盛业印刷股份有限公司
2019年9月第1版·第1次印刷
185mm×260mm 1/16 · 18印张 · 395千字
0001-3000册
标准书号：ISBN 978-7-111-63142-2
定价：128.00元

编审委员会

主　任：陈永胜
副主任：张国斌

编　委：张　云　程海鹰　赵春江　李建生

主　编：张国斌
副主编：张　云　杜淑逞　孙鹏文
主　审：王志才

编写组成员：
第一章　张国斌　张　云　程海鹰
第二章　张国斌　李建生　孙鹏文
第三章　张国斌　张　云　那日苏　李桂生　姜　楠
第四章　张国斌　孙志敏　曹　军　董奇峰　蔡　星　李宗学
第五章　杜淑逞　张　云
第六章　李建生　刘　江
第七章　张国斌　孙鹏文
第八章　杜淑逞　孙鹏文
第九章　杜淑逞

序　一

当看到呼和浩特众环集团厚厚的一摞《机床手动卡盘设计制造与选型》打印书稿时，我的内心异常激动。回想这几年作为机床附件行业龙头的众环集团经历的起落沉浮，让人欣慰的是，他们没有趴下，而是在当地政府相关改制政策的支持下，走出了一条适合企业的发展之路，短短两年中浴火重生，征途如虹。而且在短时间内，集中所有技术人员以及有多年合作的大学学者的力量，以众环集团几十年积累下来的技术资料为基础，编撰了《机床手动卡盘设计制造与选型》，为行业更好、更规范发展提供了巨大的技术支持，其深厚的技术功底和为行业发展勇于承担责任的风范由此可见一斑。能为本书做序我很高兴。

仔细阅读了这本书稿，总的感觉比较好。该书一方面是对我国机床手动卡盘几十年来发展的系统性回顾和总结，另一方面为本行业工程技术人员的相关技术工作提供了理论和技术支持。

《机床手动卡盘设计制造与选型》的编写，是在理论原理阐述的基础上，介绍常用手动卡盘从产品设计、生产加工工艺、产品标准到安装维护等全方位产品技术资料的汇编，具有很强的实践基础，希望该书的出版能够成为主机厂技术人员及用户的得力助手，成为即将从事卡盘设计工作技术人员的入门书籍，为提升手动卡盘的设计制造水平以及行业的规范发展提供支持。

该书内容丰富，体系结构符合工程技术人员要求，基础理论和技术实践相结合，既有基础理论的介绍，又有丰富的产品类型，图文并茂，是一套难得的工程技术人员进行手动卡盘设计、制造的参考书。

最后我想说的是，中国装备制造业的发展与创新任重道远，对降低生产成本、提高生产效率和精度的追求永无止境。在装备制造业的发展过程中，需要不断提高机床附件等装备产品的价值含量和技术档次，从部分先进到整体发展，使我们国家真正从制造大国发展成为制造强国。

毛予锋

中国机床工具工业协会

2019 年 3 月 20 日

序　二

装备制造业是大国工业最重要的支柱产业。目前，中国制造正在向中国创造快速迈进。国家进行产业结构调整的一个重要方面是引导和支持企业进行技术水平提升，满足国家产业结构调整对先进装备的需求，是我国经济可持续发展的长期战略。因此，振兴装备制造业不仅具有市场属性，更是实现国家意志的战略手段。

对于制造业中的机床行业来说，功能部件是机床的重要组成部分，功能部件的生产制造水平直接影响着机床行业的发展水平。但是由于我国长期以来"重主机轻配套"的发展模式，没有对功能部件技术的发展给予足够的重视，从而影响了制造业整体技术水平的提升。近年来的行业发展形势也表明，功能部件制造技术的提升对我国机床行业的发展意义重大。

目前国内关于机床附件，特别是手动卡盘技术方面的书籍非常少，众环集团从行业发展需求出发，联合清华大学、内蒙古工业大学、内蒙古机电职业技术学院等高校编写了《机床手动卡盘设计制造与选型》，这是一本专门为主机厂、用户以及卡盘制造企业技术人员编写的手动卡盘选用手册，很有实用价值。

从内容来看，这本书除了阐述机床手动卡盘的基本原理外，还系统地讲解了常用K11250自定心卡盘从设计计算到工艺编制；从铸造、锻造等热加工到机械冷加工；从零件成装到产品检验；从安装调试到维护、维修等全方位技术知识。同时，还介绍了呼和浩特"众环"的相关产品，内容丰富、实用，能够有效地指导一线技术工作者进行手动卡盘的选用及生产制造。

众环集团编撰的《机床手动卡盘设计制造与选型》，无论是对行业相关企业，还是对国家装备制造业的发展都具有积极的意义。

王立平

清华大学教授

2019 年 3 月 15 日

前　　言

数控机床功能部件是高档数控机床的核心部件，而机床手动卡盘作为机床功能部件的最基础部分，在我国也经过了半个多世纪的发展。呼和浩特众环集团作为最早生产机床手动卡盘的国内企业，几十年来积累了系统、丰富的手动卡盘技术与经验。目前，国内卡盘市场企业众多、鱼龙混杂，我们从规范行业秩序、引领行业发展的角度，从振兴我国装备制造业实现国家战略目标的高度，尽企业之力，联合清华大学、内蒙古工业大学、内蒙古机电职业技术学院等院校编写《机床手动卡盘设计制造与选型》这样一本指导工具书，以求改变机床手动卡盘技术专业书籍少、相关技术人员查找资料困难的局面。相信此举无论是对行业有序发展，还是对正在或即将从事机床手动卡盘生产的企业和工程技术人员都具有积极的意义。

《机床手动卡盘设计制造与选型》在基础原理阐述的基础上，从常用机床手动卡盘产品设计、生产加工工艺、产品检验、选型及安装与维护等方面做了系统介绍，具有很强的实用性。其中，本书着重介绍了常用自定心卡盘结构型式、锥齿轮齿形设计、卡盘关键件的生产制造流程、产品检验等知识，内容非常实用，能够有效地指导相关企业完成机床手动卡盘的生产制造。同时，书中还收录了众环集团常用机床手动卡盘型谱参数等资料，能够帮助机械制造企业及用户正确选用机床手动卡盘。

该书内容包括：机床手动卡盘的综述、机床手动卡盘结构型式和参数、机床手动卡盘优化设计及分析、机床手动卡盘关键件的制造工艺流程分析及编制、机床手动卡盘检测与分析、机床手动卡盘用附件、机床手动卡盘选型流程及型谱参数、机床手动卡盘安装调试与维护、机床手动卡盘选型案例等，共分九章，体系结构符合工程技术人员要求及生产流程顺序，基础理论和技术实践相结合，是工程技术人员进行机床手动卡盘设计、制造的良师益友。

该书由众环集团张国斌任主编，清华大学张云、众环集团杜淑逞、内蒙古工业大学孙鹏文任副主编，由一生从事卡盘研究的众环集团退休老领导、卡盘专家王志才担任主审。此外，张国斌、孙鹏文、李建生、王岩松、赵春江、程海鹰、姜楠、康维东、岑海棠、刘江等做了大量的审核校对工作。

该书的编写及出版，除了众环集团全体技术人员及相关大专院校老师的努力外，还依靠沈阳机床股份有限公司赵进、大连机床集团有限责任公司赵宏安、宝鸡忠诚机床股份有限公司苏忠堂等主机厂技术专家审核把关，也得到了行业前辈陈泽南，众环集团老领导老专家王世杰、刘铁良、关铁华、王永康、李庭广、刘荣临、蔡明章等的指导，还得到了呼和浩特众环集团销售网络成员单位的鼎力相助以及中国机床工具工业协会的大力支持，在此一并表示衷心的感谢！

《机床手动卡盘设计制造与选型》编写组

2019 年 6 月

目　录

第一章　机床手动卡盘综述

机床作为现代复杂的生产工具，是人类生产力发展三大要素中至关重要的工具之一。机床工具业是国际公认的基础装备制造业，是关系国计民生、国防建设的基础工业，也是战略性产业和国民经济的支柱产业。卡盘是机床上用来夹紧工件的机械装置，是机床中传递力、精度与运动的重要部件，它主要用于对工件的夹紧，是连接机床与加工工件之间的载体，它是金属切削机床的重要组成部分，属于机床工具大类中的机床功能部件。

随着机电技术和自动化技术的迅猛发展，机床行业在制造业中的战略性地位越来越重要，卡盘作为机床一个重要的功能部件，其作用日益突出。它是实现机床主机性能、精度、可靠性等指标的关键基础部件，它的优劣直接制约着机床的性能，同时它又扩展了机床主机的加工功能，比如与回转分度头、转台的配套使用等。

与机床动力卡盘相比，机床手动卡盘具有适用范围广、通用性强、调整方便、价格低廉等优点，特别是在卧式车床上，得到了广泛而大量的应用，对整个机床工具业的发展产生了深远的影响。本书着重阐述机床手动卡盘方面的设计制造及选型等相关知识。

第一节　机床手动卡盘发展历程

一、卡盘的由来及发展

谈到卡盘，绕不开与之配套的机床。

机床的发展有着非常悠久的历史，大概距今二千多年前，树木车床作为机床最早的原型就已经诞生了，如图 1-1 所示。到 18 世纪有人设计了一种用脚踏板和连杆旋转曲轴，可以把转动动能储存在飞轮上的车床，并从直接旋转工件发展到了旋转主轴箱，主轴箱是一个用于夹持工件的卡盘，卡盘由此诞生了。

1797 年，机床工业之父莫利兹发明了第一台螺纹车削车床，它带有丝杠和光杠，采用滑动刀架——莫氏刀架和导轨，可车削不同螺距的螺纹，如图 1-2 所示。此后，莫利兹又不断地对车床加以改进，制

图 1-1　树木车床

成了划时代的刀架车床，这种车床带有精密的导螺杆和可互换的齿轮，这是现代车床的原型。

19世纪，由于高速工具钢的发明和电动机的应用，车床不断完善，终于达到了高速度和高精度的现代水平，卧式车床外形如图1-3所示。20世纪初，随着美国市

图1-2　1797年莫利兹车床

场对工业产品标准化需求的增大及大量流水线的出现，专用夹具生产应运而生。因与主机配合密切，发达国家夹具生产早已达到标准化和系列化目标。卡盘是机床功能部件中应用最广泛的一种，由于寿命关系，每年生产的卡盘除了要满足配套外，还需要满足折旧更新。所以，卡盘产量远比车床大得多，国外专业卡盘生产厂家也较多，如工业较发达的美国、德国、日本、英国等都有专业工厂生产，其生产历史也悠久，如美国库什曼公司（Cushman co）、英国伯纳德（Burnerd）、波兰野牛（BISON）等公司已近百年历史。另外还有一部分非专业卡盘厂家，但兼顾生产卡盘，基本上为中小企业。

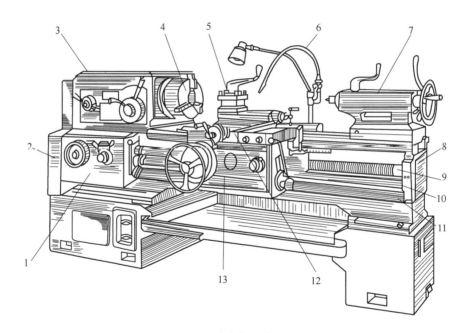

图1-3　卧式车床外形图

1—进给箱　2—交换齿轮箱　3—主轴箱　4—卡盘　5—刀架　6—切削液管　7—尾座

8—床身　9—丝杠　10—光杠　11—操纵杆　12—滑板　13—溜板箱

1949年之前，我国没有专业化生产机床附件的企业，上海华新铁工厂（后来的上海机床附件二厂）生产过自定心卡盘，但从时间和规格上都没有详细的文字记载，也没有形成配套能

力。当时机床企业所需的主要机床附件只能依赖进口。这在当时情况下，制约了企业的生产效率以及机床部件的互换性。

1950 年，烟台机械厂研制出中国第一台 φ190mm 自定心卡盘，当年就实现了 52 台的产量。1951 年 2 月，φ200mm 自定心卡盘成功研制。当时主要配套电动机车床。卡盘的诞生距中国第一台车床的诞生仅 10 余年的时间，但与发达工业国家相比，总体技术差距很大。"一五"期间，我国机床工具行业行政主管部门根据机床附件及部件的通用互换特点，逐步将机床的可通用部件转化为机床附件，配套生产，设立专业化生产企业和机床附件研究所，统筹布局我国各大区域机床附件的配套能力。20 世纪 60 年代中期，基本形成了我国机床附件的配套体系。20世纪 70 年代，专业化生产机床附件的主要品种为分度头、卡盘、工作台、吸盘、机用虎钳、顶尖、夹头、铣头、插头及镗头等产品，逐步统一了各企业产品的互换安装参数，满足了我国机床配套的需要。逐渐形成了以山东烟台机床附件厂（烟台机械厂更名）、湖北武汉机床附件厂、上海华新铁工厂为主的专业化生产机床附件——卡盘制造的企业。

改革开放四十多年来，中国机床工具业得到了长足的发展，功能部件卡盘行业也步入了快车道，相继开发出了外圆直径最小为 50mm、最大为 3150mm 尺寸的各种规格的手动卡盘；卡盘的卡爪数量也从单纯的三爪，发展到既有二爪、四爪、六爪，又有五爪、七爪、十几爪的手动自定心卡盘。精度和标准也从当时模仿苏联标准，发展到制定出适合我国国情的国家标准，手动自定心卡盘尺寸参数及性能指标也可以满足日本、美国、德国等国家需求。与机床配套上也从直接或通过法兰盘安装在普通车床上，发展到可配套在内外圆磨床以及加工中心上。同时，还能够与各种分度装置配合用于铣床和钻床上，极大地丰富了机床的加工手段。

二、机床附件行业发展历程

我国的机床附件行业发展大体经历了四个阶段：一是 1949 年～1957 年行业的初步建立，二是 1958 年～1965 年行业体系的初步形成，三是 1966 年～1978 年行业企业的"大发展"，四是1978 年～至今，整个行业的规范有序发展。

我国的机床附件行业初步建立于 1949 年～1957 年。仅在烟台、沈阳、上海、武汉等地有几个生产厂，分别生产钻夹头、卡盘、机用平口钳、机械分度头、回转工作台等 6 个品种的机床附件产品，产量不到 20 万台（件）。各厂的产品多以仿制为主，以仿苏联的比重为最大，产品的设计与生产能力都很薄弱。

行业体系初步形成于 1958 年～1965 年，1960 年，山东省机械工业厅在烟台附件厂设立烟台机床附件研究所，1966 年，一机部正式下发批文设立烟台机床附件研究所（二类所）。机床附件研究所的建立，加强了附件行业的技术领导和组织工作，开展了产品设计、专机设计、标准化及情报方面的工作，促进加速完成了一机部下达的各项任务，为附件行业的形成、建立和壮大，奠定了一定的基础。

这个时期，行业技术力量逐渐得到增强，新产品开始以自行设计为主，开展了标准化、情报收集和产业规划工作，组织编制制定了 12 大类 137 种零件标准和产品标准。这些标准的执行使行业初步纳入了标准化的规范管理，同时大量收集了国外机床附件生产及技术情报，编制各类产品的"译丛"，为我国机床附件产品技术水平的提高，以及制订、修订各相关专业标准提供了充足的依据。这期间，针对行业内生产厂工艺水平普遍较低，采取了两个办法：一是老厂带新厂，帮助部分企业进行技术改造；二是规划分工定点生产，组织专用设备生产会战。历时 3 年，向行业企业提供了近 200 台专用设备。在当时产品品种少、批量大的情况下，普遍采取了专机生产，迅速改进了工艺，提高了效率，保证了质量。当时行业企业发展到 14 家，产品品种近 40 种，技术水平接近国外同类产品水平。

1966 年～1976 年期间，机床附件行业损失较大，1968 年，烟台机床附件研究所被解散，致使科研与技术工作全部停止，直到 1972 年再次组建恢复了机床附件研究所。在这 10 年中，行业内生产厂急骤增加，1967 年有 26 个厂，到了 1973 年约有 121 个厂（其中部属定点厂 37 个），1977 年部属定点厂就达到了 45 个。盲目发展、重复生产、产品质量差是这一时期的主要特征。生产厂虽多，但品种发展缓慢，10 年中仅发展品种 36 个，大都没有形成生产能力。积极的一面是行业产品在品种及结构上有所提高。改进了部分老产品，研制了新产品，加强了三化方面的工作，并对 51 个厂的产品定点分工，烟台机床附件厂、呼和浩特机床附件厂定为除生产附件产品外还生产专用机床，向行业企业提供专机。1974、1975 年分别制定了"四五"后期行业发展规划和"五五"行业科技发展规划纲要。

改革开放初期，产品结构不合理，供大于求，行业内的竞争比较激烈。机床附件行业受到了很大的影响，各厂为求生存和发展，在满足配套、维修、出口方面的要求外，充分发挥各自的加工优势，进行跨行业产品的开发与生产，如：设计制造各种专机等，同时有些行业企业结合自身的特点，积极开拓国际市场，承接对外来图、来样加工，取得了较好的成效。

从 1978 年开始，机床附件研究所指导行业内各同类厂家制订了一系列产品质量等级规定和考核办法。为配合评选部优奖和国家奖，每年对主要产品组织行业检查（此项工作于 1992 年停止），使附件产品质量有了很大提高。1981 年 1 月 1 日起，出口的附件产品均采用相应的国际标准或高于国家标准的内部标准。1985 年 1 月 1 日起，内销和出口的机床附件产品全部采用有关国际标准或高于国家标准的内部标准，并做到内销和出口产品质量一样。

随着改革开放的深入，为适应国内外形势，促进行业发展，1982 年 7 月，一机部正式批准成立"全国金属切削机床标准化技术委员会机床附件分技术委员会"；1984 年 9 月成立了"机床附件专业协会"；1985 年 3 月成立了"中国机床附件产品质量监督检测中心"。此后，整个行业在标准、信息、管理、价格及规划等方面的活动更加规范、有序、快速地发展着。

1988 年，中国机床工具工业协会成立，机床附件专业协会成为中国机床工具工业协会机床附件分会。分会在组织建设、行业活动、协调等方面做了大量的工作。至今会员单位 50 多家，行业产品的品种、产量、产值及出口等较改革开放之前有了大幅度的增长。行业产品总体水平大体分为两个方面：一方面，普通类的传统附件产品总体水平与国外产品差距不是很大；另一方面，数控主机配套所用的数控功能部件产品与国外同类产品相比差距较大，有些产品仍属空白，需依赖进口。目前，由于起点和基础方面的差距及科研投入方面的原因，国产数控机床附件产品（这里指高端产品）技术水平与国外同类产品相比差距较大。

第二节　机床手动卡盘工作原理

卡盘按驱动卡爪所用的动力不同，分为手动卡盘和动力卡盘两种。手动卡盘通常按驱动卡爪的运动形式分为卡爪联动和卡爪单动两种卡盘结构。卡爪联动卡盘一般为盘丝型手动自定心卡盘，卡爪单动卡盘一般为丝杆传动型单动卡盘，如图1-4所示。目前，在普通机床和经济型数控车床上，手动卡盘的使用仍然相当广泛。

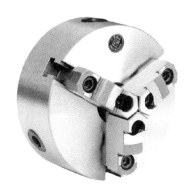
自定心卡盘

单动卡盘

图1-4　机床手动卡盘

一、盘丝型手动自定心卡盘

盘丝型手动自定心卡盘主要由盘体、盘丝、锥齿轮、定位螺钉、卡爪、基爪、压盖、扳手头及扳手杆等零件组成。以自定心卡盘为例说明其夹紧原理，把扳手头的方轴插入盘体外圆上的任意锥齿轮方孔1中，通过扳手杆输入力矩使锥齿轮2带动盘丝3转动，盘丝通过渐开线平面螺纹（又称端面螺纹）与卡爪4的牙弧相啮合，使三块卡爪（或基爪）沿盘体工字槽同步进行向里或向外的移动，实现对工件的自定心夹紧与松开，如图1-5所示。盘丝渐开线平面螺纹与卡爪

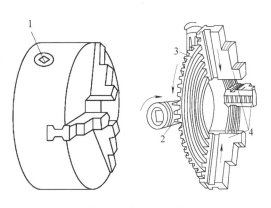

图1-5　自定心卡盘

1—方孔　2—锥齿轮　3—盘丝　4—卡爪

的牙弧相对接触位置，决定了卡盘夹紧工件直径的大小。反之，工件直径的变化，改变了盘丝渐开螺旋线与卡爪牙弧的啮合位置。

自定心卡盘的特点是三爪能自动定心，装夹和校正工件方便、快捷，自定心卡盘装夹工件的方法有正爪和反爪装夹工件，图1-5所示为正爪装夹工件。将三块正爪卸下，安装另外三块反爪，就可装夹较大直径盘类、套类工件。

短圆柱型手动自定心卡盘通过法兰盘与机床主轴相连接，短圆锥型手动自定心卡盘可直接安装到机床主轴上，自定心卡盘与机床主轴连接如图1-6所示。

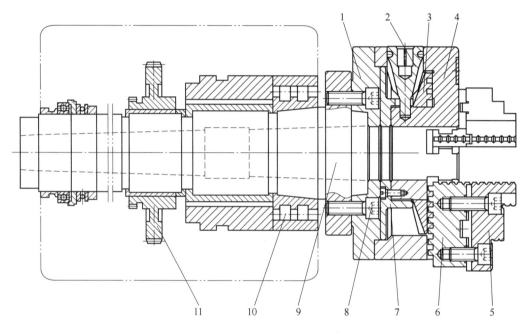

图1-6 自定心卡盘与主轴连接示意图

1—法兰盘 2—锥齿轮 3—盘丝 4—盘体 5—顶爪 6—基爪 7—挡盖 8—螺钉 9—主轴 10—轴承 11—齿轮

二、单动型手动卡盘

单动型手动卡盘主要由盘体、卡柱、丝杆、卡爪、扳手头及扳手杆等零件组成。卡盘的卡爪都可独立移动，因为各爪的背面有半瓣T型螺扣（相当于螺母）与丝杆螺纹相啮合，把扳手头的方轴（或方孔）插入丝杆的方孔（或方轴）中，通过扳手杆输入力矩，就能够带动相应的丝杆转动，使卡爪（或基爪）沿盘体工字槽单独进行向里或向外移动，重复以上操作，可以分别完成对其他卡爪（或基爪）的移动，进而实现卡盘对工件的夹紧与松开。丝杆与卡爪的接触位置，决定了卡盘夹紧工件直径的大小。

用单动卡盘可夹持截面为圆形、方形、长方形、椭圆形以及其他不规则形状的工件，也可车削偏心轴和孔。也常用于装夹较大直径的正常圆形工件。用单动卡盘装夹工件，需要仔细地找正，以使加工面的轴线对准主轴旋转轴线。用划线盘按工件内外圆表面或预先划出的加工线找正，如图1-7所示。

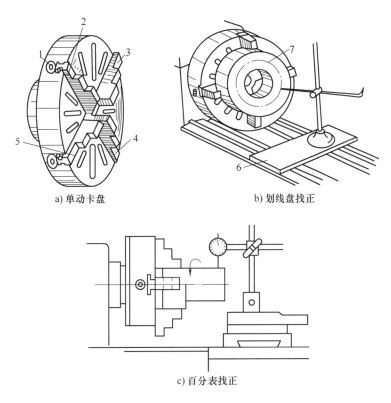

a) 单动卡盘　　　　　　　　b) 划线盘找正

c) 百分表找正

图1-7　单动卡盘装夹工件时的找正

1—丝杆　2、3、4、5—卡爪　6—划线盘　7—工件

单动卡盘可全部用正爪或反爪装夹工件，如图1-8a所示，也可用一个或两个反爪，其余仍用正爪装夹工件，如图1-8b所示。

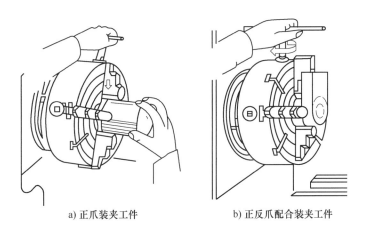

a) 正爪装夹工件　　　　　　b) 正反爪配合装夹工件

图1-8　用单动卡盘装夹工件

单动卡盘短圆柱型卡盘通过法兰盘与机床主轴相连接，短圆锥型卡盘可直接安装到机床主轴上，单动卡盘与机床主轴连接如图1-9所示。

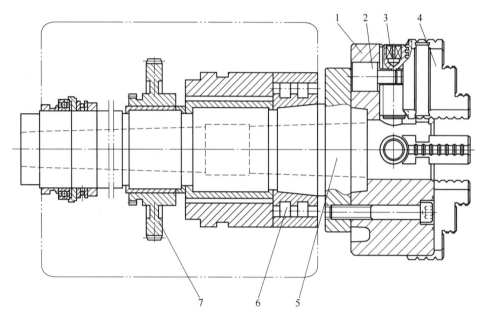

图1-9　单动卡盘与主轴连接示意图

1—盘体　2—卡柱　3—丝杆　4—卡爪　5—主轴　6—轴承　7—齿轮

第三节　机床手动卡盘国内外研究现状与近期发展态势

机床工具行业是关系到国计民生的基础工业，被称为"装备工业中的基础性、战略性及不可或缺的产业"，功能部件是机床的基础部件，在我国的机床产业链中，功能部件的发展与主机相比严重滞后，是制约我国机床产业发展的关键因素之一。随着我国经济的不断发展，制造行业对于工作母机的要求迅速提高，与之配套的机床功能部件行业也随之面临更高的要求。

经过近数十年的发展，我国机床功能部件产品的水平已经有了很大的提高。产品品种不断完善，主要性能指标也有了较大的提高，基本上满足了我国生产的中低档机床的配套需求。

由于我国整体工业水平的关系，机床工具业的发展与国外先进国家相比，仍存在一定的差距，作为机床功能部件之一的卡盘，它的设计与制造也存在同样的情况。随着新技术、新工艺、新材料、新设备以及先进制造技术的应用，势必会进一步缩短与国外产品的差距。

一、机床手动卡盘国内外研究现状

随着数控机床的快速发展及普及，在国外，手动卡盘的市场份额日趋缩小，国外许多著名的卡盘生产企业已经很少生产手动卡盘产品，特别是小规格盘丝结构的卡盘，多数已经被动力卡盘取代。而在国内，由于机床产业发展的不均衡，手动卡盘还存在一定的市场。2002 年 ~ 2008 年，是我国机床工具业快速发展时期，手动卡盘的生产也达到了历史新高。以 2007 年相关统计数据为例，呼和浩特众环（集团）有限责任公司全年生产了机床手动卡盘 58.6 万台，占国内当年手动卡盘生产总量近 45% 的份额。

目前，国内生产机床手动卡盘产品的企业主要有呼和浩特众环（集团）有限责任公司、瓦房店永川机床附件厂、浙东机床附件有限公司、浙江园牌机床附件有限公司、浙江三欧机械股份有限公司等，近几年在浙江台州地区、辽宁瓦房店地区、山东烟台地区也涌现出了一批生产机床手动卡盘的小规模企业。

我国第一台自主研发的 KZ200 自定心卡盘由呼和浩特众环（集团）有限责任公司的前身烟台机床附件厂生产。现在，该公司是我国卡盘类机床附件产品国家标准的制定单位，同时也是《全国金属切削机床标准化技术委员会机床附件分技术委员会卡盘工作组（SAC/TC22/SC9/WG1）》组长单位，其产品研制能力、生产规模、市场份额均为国内领先。

由于盘丝型卡盘自身结构造成的夹持精度低、使用寿命短且夹紧力小等缺点，在欧美国家此类卡盘几乎不用于车床，只是用于简易镗床和铣床。而在亚洲、非洲、南美洲等地区市场仍然很大，主要用于普通机床的配套。

20 世纪，以呼和浩特众环（集团）有限责任公司为代表的企业，就开始进行了手动高精度卡盘的研发，例如：KM31、KM33 系列符合美国标准的精密可调卡盘，TKM11 系列符合日本标准的精密自定心卡盘等产品。进入 21 世纪，又相继研发出了符合 DIN 德国标准的精密自定心卡盘。国内其他卡盘生产企业近几年也开始陆续进入了精密卡盘的研发与试制阶段，比如浙东福尔大和浙江圆牌等企业。

在西方发达国家，普通手动卡盘在逐渐减少，高精度手动卡盘使用量逐渐增多。德国著名卡盘生产厂家 RÖHM 公司推出的斜齿滑块式传动手动卡盘，此类卡盘在动力传递时为斜齿滑块间的面接触式传动，传递效率比盘丝类卡盘提高很多。盘丝型手动卡盘与斜齿滑块式卡盘性能比较见表 1-1（以 250 型号为例）。

表 1-1　盘丝型手动卡盘与斜齿滑块式手动卡盘性能比较

项　　目	盘丝型手动卡盘	斜齿滑块式手动卡盘
夹持精度/mm	0.10	≤0.04
最大夹紧力（静态）/N	46000	94000
极限转速/r·min^{-1}	1800	2500
使用寿命/年	≤2	≥10

与盘丝型手动卡盘相比，斜齿滑块式手动卡盘有许多优点，见表 1-2。

表1-2　盘丝型手动卡盘与斜齿滑块式手动卡盘的特点比较

盘丝型手动卡盘	斜齿滑块式手动卡盘
平面盘丝齿与卡爪齿之间为线接触	滑块齿与卡爪之间为大面积接触
由于不利的接触条件和盘丝传动形式，夹紧力和转速的提高受到限制	由于有利的接触条件和特有的内部传动机构形式，可以实现很大的夹紧力和很高的转速
平面盘丝齿与卡爪齿的接触部位耐磨性较差	滑块齿与卡爪齿的接触部位有很好的耐磨性
盘体和平面盘丝通常不经热处理硬化	盘体和滑块均经热处理硬化
重复夹紧精度不够高，夹紧精度因磨损较大而丧失较快	重复夹紧精度高，夹紧精度因磨损小而可以长期保持
更换卡爪需要较长时间	卡爪更换迅速
整体爪或基爪不能调转180°使用	整体爪或基爪可以调转180°使用
夹持范围大，夹持直径大幅度改变时间较长	夹持范围大，夹持直径可以很快改变
价格较低，但使用寿命短，需要经常更换	价格较高，但使用寿命长，性价比好

二、机床手动卡盘近期发展态势

卡盘作为机床的功能部件，它的发展必然伴随着机床的发展而发展，据《2019年～2024年中国机床行业市场前景及投融资报告》中显示中国机床呈现如下方面发展态势：首先，机床行业产业升级，中高档数控机床市场需求不断增加；其次，中高档数控机床的需求稳步上升，进口替代空间大；第三，机床数控化率的提升仍有较大空间。卡盘也将随着机床的发展态势而发展，由于中高档数控机床市场需求不断增加，与之配套的高速、高精手动卡盘也将不断增加，自20世纪90年代末快速发展至今，已经由过去的增量发展到了现在的优化存量阶段。随着国内市场中高档卡盘的供给增加，特别是一些优秀企业的产品得到市场的广泛认可，综合竞争力大幅提高，在行业结构升级的基础上，逐渐形成进口替代的趋势。未来我国卡盘行业适应数字化仍有望进一步提高。

(一) 高速发展时期

"十一五"前期，机床功能附件行业呈现增长态势，但2008年受国际金融危机影响，产品市场从第四季度开始逐步萎缩，2009年市场同比下滑幅度达到40%左右，企业经营面临巨大压力。2009年末，国内机床市场呈现复苏迹象，先进的、高效的数控机床附件市场逐步回暖。但是，产能充足的传统产品的复苏乏力，用户需求结构发生了重大变化。行业、企业充分认识到转型升级的紧迫性，努力搞好产品结构调整，在新产品开发、提高产品技术水平、完善产品规格等方面做了大量工作。随着我国风电、造船、家电及手机等产业的发展，机床加工能力向大小规格两极发展，原有产品规格不能满足市场需求。传统的数控转台、卡盘规格一般在630mm以下。随着大规格产品的市场需求上升，企业需要延伸系列产品的规格。例如烟台环球集团将数控转台规格从630mm延伸至5000mm，众环集团将自定心卡盘直径延伸到2000mm，新产品的经济效益为企业持续发展提供了资金保障。

"适应市场需求、完善产品规格"是企业发挥技术底蕴优势，减少投资风险，提高经济效益的有效途径之一，"十一五"期间，行业企业的产品结构调整初见成效，为企业提高抗风险能力打下了重要基础。

2002 年～2010 年，是中国机床工具行业高速发展的黄金时期，是机床附件品种、规格快速增长的阶段，行业一方面向高端技术水平产品方向发展，另一方面向特、大（大小两极延伸）、精、专方向迈进。比如：通过多年的努力，众环集团生产的高档手动卡盘和液压缸产品质量基本处于稳步上升的状态，但与国外产品相比，仍有改进之处。鉴于此，在 2004 年，对该厂生产的高档手动卡盘量大面广产品进行了全方位的准确对标。在此基础上，完成了 K11（G）、K11/（G）、K21（G）、KM11（DG）、KM11/（DG）、K72（G）、K72/（G）等系列钢体精密手动卡盘的完善、改进工作，达到了在主机厂能够与波兰野牛产品互换的要求。在特殊产品方面，为需要防锈功能的开发了 ϕ160mm、ϕ200mm 规格以及异形 1400mm 不锈钢卡盘；另外从规格上开发了大规格（ϕ1400mm～ϕ2000mm）自定心卡盘，满足了国内用户对特殊大规格产品的市场要求。企业逐渐加大了产品结构调整力度，高档及专精特产品比重增加，卡盘产品在各类机床功能部件中的占比有较大提升，2012 年呼和浩特众环集团约生产 40 万台，市场占有率达到 40%。

（二）调整升级时期

"十二五"期间，是我国数控机床附件核心技术升级的重要时期，行业企业从做大普通产品向做强数控产品或优质优价产品的方向调整，努力向中高端技术产品、优质优价产品方向转型升级。围绕"转型升级"的产品结构核心技术攻关、工艺攻关、产品质量攻关、加工检验设备的研制攻关等转型升级工作成为企业各项工作的主旋律。

2012 年开始，市场需求升级的态势日益明显，国内市场对传统产品的需求大幅下滑，大部分企业运营困难，企业遇到了前所未有的挑战。我国数控机床重大专项的实施，推进了企业转型升级工作，消除了企业为转型升级投资的迷茫和徘徊，增强了企业的信心。在技术攻关、研究提升产品性能、研制产品实验检验设施等方面投入的人力、物力可谓是前所未有，在高端产品的核心技术突破方面取得了很多成果。数控产品的可靠性、精度保持性和产业化技术水平均有大幅度提升。

1. 国家科技重大专项的实施

为了提高我国高档数控机床与基础制造装备的自主开发能力，满足国内对制造装备的需求，我国实施了高档数控机床与基础制造装备科技重大专项，为了提升数控机床功能部件的可靠性、保持性等综合基础性能，机床功能附件行业骨干企业承担并实施了部分科技重大专项课题。

2. 国家科技重大专项定义

国家科技重大专项（National Science and Technology Major Project）是为了实现国家目标，通过核心技术突破和资源集成，在一定时限内完成的重大战略产品、关键共性技术和重大工程。《国家中长期科学和技术发展规划纲要（20062020）》确定了大型飞机等 16 个重大专项。这些重大专项是我国到 2020 年科技发展的重中之重。

众环集团牵头及参与的重大专项情况见表 1-3、表 1-4。

表 1-3 众环集团牵头专项表

课题编号	课题名称	责任单位	参与单位	实施周期
2011ZX04011-021	大型刀库及自动换刀装置的研发	众环集团	北工大 北一机	2011.1~2012.12
2012ZX04002-061	高精度动力卡盘及回转油缸规模化制造技术与装备的研发	众环集团	清华大学 北工大	2012.1~2014.12
2012ZX04002-051	刀库及自动换刀装置规模化制造技术与装备的研发	众环集团	北工大	2012.1~2014.12
2013ZX04008-021	凸轮式自动换刀机构关键制造工艺及产业化	众环集团	北一机、北工大、华中数控、湖南大学	2013.1~2015.12

表 1-4 众环集团参与专项表

课题编号	课题名称	责任单位	参与单位	实施周期
2012ZX04010-021-12	高档数控机床、数控系统及功能部件关键技术标准与测试平台研究	国家机床质量监督检验中心	众环集团等	2012.1~2015.12
2013ZX04005-001-3	参与沈机集团昆明机床股份有限公司"KHC100/2 精密卧式加工中心	沈机集团昆明机床	众环集团等	2013.1~2015.12
2014ZX04001-033	数控机床功能部件优化设计选型工具开发及应用	南京理工大学	众环集团等	2014.1~2016.12
2015ZX04001-202	国产高档数控系统、数控机床在航空发动机盘、机匣类零件制造中的示范应用	贵州黎阳	众环集团等	2015.1~2017.12
2015ZX04008-002-006	高档数控装备及工艺在导弹大型整体舱段集成制造中的示范应用	湖北三江红阳	众环集团等	2015.1~2018.12
2016ZX04002-004-009	国产刀库与主机性能的可靠性设计分析与配套示范应用	首航航天	众环集团等	2016.1~2018.12
2016ZX04002-003-006	多功能集成刀库	天津大火箭	众环集团等	2015.1~2018.12
2017ZX04008-008-002-005	国产刀库在航天复杂筒段结构件中的适用性与应用验证	南京晨光	众环集团等	2017.1~2019.12
2017ZX04010-001-006	航天筒段镜像铣计划	上海拓璞	众环集团等	2017.1~2019.12

第四节 机床手动卡盘相关技术标准（国际、国内）

自我国第一台自主研发的 KZ200 自定心卡盘诞生起，标准化工作的开展也已经同步进行，当时主要参考 ГOCT 标准。每个标准都是按照从申报开始，到起草、征求意见、讨论、修订，直至报批结束这一工作流程，经过几十年的行业专家的共同努力，卡盘的标准也从 CB 厂标（或者 QB 企标）上升到 JB 部标、GB 国标。

以下是国际、国内关于手动卡盘的一些相关技术标准。

ISO 702—1：2001《机床 主轴端部与卡盘连接尺寸 第 1 部分：圆锥连接》

ISO 702—2：2007《机床　主轴端部与卡盘连接尺寸　第2部分：凸轮锁紧型》

ISO 702—3：2007《机床　主轴端部与卡盘连接尺寸　第3部分：卡口型》

ISO 702—4：2010《机床　主轴端部与卡盘连接尺寸　第4部分：圆柱连接》

ISO 3089：2005《机床　整体爪手动自定心卡盘检验条件》

ISO 3442—1：2005《机床　分离爪自定心卡盘尺寸和几何精度检验　第1部分：键、槽配合型手动卡盘》

DIN 6350—1（2010-05）《车床用手动卡盘　圆柱连接》

DIN 55026—1980《机床　主轴端部与卡盘连接尺寸圆锥连接》

DIN 55027—1980《机床　主轴端部与卡盘连接尺寸　卡口型》

DIN 55029—1980《机床　主轴端部与卡盘连接尺寸　凸轮锁紧型》

JIS B 6151—1993《盘丝型卡盘》

ANSI／ASME B5.8—2001《卡盘和卡爪》

ГОСТ 2675—1980《自动定心卡盘　基本尺寸》

GB/T 4346—2008《机床　手动自定心卡盘》

GB/T 5900.1—2008《机床　主轴端部与卡盘连接尺寸　第1部分：圆锥连接》

GB/T 5900.2—1997《机床　主轴端部与花盘 互换性尺寸　第2部分：凸轮锁紧型》

GB/T 5900.3—1997《机床　主轴端部与花盘 互换性尺寸　第3部分：卡口型》

GB/T 23290—2009《机床安全　卡盘的设计和结构安全要求》

GB/T 23291—2009《机床　整体爪手动自定心卡盘检验条件》

GB/T 31396.1—2015《机床　分离爪自定心卡盘尺寸和几何精度检验　第1部分：键、槽配合型手动卡盘》

JB/T 3207—2005《机床附件　产品包装通用技术条件》

JB/T 6566—2005《单动卡盘》

JB/T 9935—1999《机床附件　随机技术文件的编制》

JB/T 11134—2011《大规格单动卡盘》

JB/T 11768—2014《机床　精密可调手动自定心卡盘》

参考文献

[1] 张云，张国斌，刘成颖. 数控机床功能部件优化设计选型应用手册——动力卡盘分册 [M]. 北京：机械工业出版社，2018.

[2] 刘夏. 机床附件行业纵览 [J]. 机电产品市场，1999（12）：16-19.

[3] 沈健. 斜齿滑块式手动卡盘的结构特点和性能分析 [J]. 组合机床与自动化加工技术，2003（11）：73-74.

[4] 孙明晓. 国内外卡盘技术水平的比较 [J]. 机械制造，1997（1）：7.

第二章　机床手动卡盘结构型式及参数

机床手动卡盘常用的类型有盘丝型自定心卡盘、单动卡盘和复合卡盘。机床手动卡盘作为用来夹紧工件的机械装置，广泛应用于车床、磨床、加工中心等机床，也可与各种分度装置配合使用，用于铣床和钻床上。连接型式有短圆柱型和短圆锥型等结构，可直接或通过法兰盘与机床主轴端部相连接，也可通过定位盘固定于机床工作台面上，或者与分度头、转台配合成为机床的第四根轴。本章介绍机床手动卡盘常见的结构型式，以供选型时参考。

第一节　盘丝型手动自定心卡盘

一、按照连接型式分类

按照机床手动卡盘与机床主轴的连接型式，分为短圆柱型手动卡盘、短圆锥型手动卡盘和锥柄型手动卡盘等几种型式。

（一）短圆柱型手动卡盘

短圆柱型手动卡盘也称直止口型手动卡盘，是通过法兰盘与机床主轴连接的。短圆柱型手动卡盘结构如图 2-1 所示。

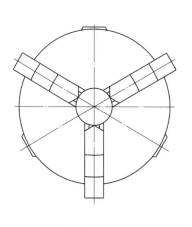
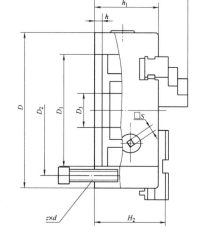

图 2-1　短圆柱型手动卡盘

（二）短圆锥型手动卡盘

短圆锥型手动卡盘也称短圆锥卡盘，卡盘的短圆锥结构设计在短圆锥压盖上，一般均采用螺钉与盘体装配在一起，形成封闭式结构，可直接安装到机床主轴上。目前国内外机床主轴端部已广泛采用短圆锥结构型式。短圆锥型手动卡盘结构如图 2-2 所示。

图 2-2 短圆锥型手动卡盘

机床短圆锥尺寸已形成国家标准，短圆锥锥角半角尺寸为 7°7′30″（1∶4），短圆锥型手动卡盘根据机床的主轴头型式不同，又分 A_1 型、A_2 型、C 型、D 型四种型式，短圆锥型式如图 2-3 所示。短圆锥连接参数符合 GB/T 5900.1 ~ GB/T 5900.3（ISO702）标准，按照短圆锥手动卡盘结构型式分类如下：

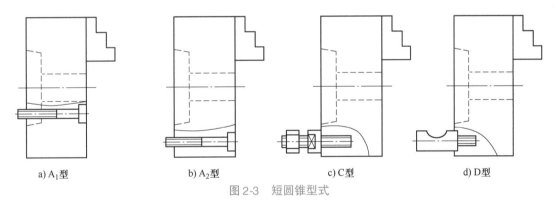

a) A_1 型   b) A_2 型   c) C 型   d) D 型

图 2-3 短圆锥型式

（1）短圆锥 A_1 型手动卡盘 短圆锥 A_1 型手动卡盘与主轴直接连接（内圈贯通螺钉连接）。此连接型式相对较少，由于受结构限制，一般主轴头号要比正常配套卡盘小 1 ~ 2 号。短圆锥 A_1 型手动卡盘结构如图 2-4 所示。

（2）短圆锥 A_2 型手动卡盘 短圆锥 A_2 型手动卡盘分外圈贯通连接和法兰盘连接两种型式。外圈贯通连接用螺钉直接和主轴连接；法兰盘连接先将短圆锥 A_2 型法兰盘安装于机床主轴上，再将卡盘用前穿螺钉与 A_2 型法兰盘连接。短圆锥 A_2 型手动卡盘结构如图 2-5 所示。

（3）短圆锥 C 型手动卡盘 短圆锥 C 型手动卡盘与机床主轴端部连接采用插销螺栓紧固（拨盘、螺栓锁紧连接），它属于快换卡盘的一种，可快速装卸，短圆锥 C 型手动卡盘结构如图 2-6 所示。

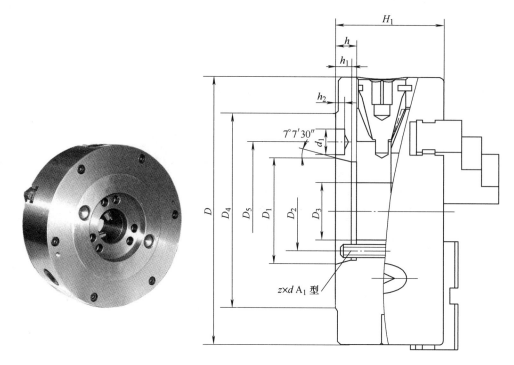

图2-4 K11 短圆锥 A$_1$ 型自定心卡盘

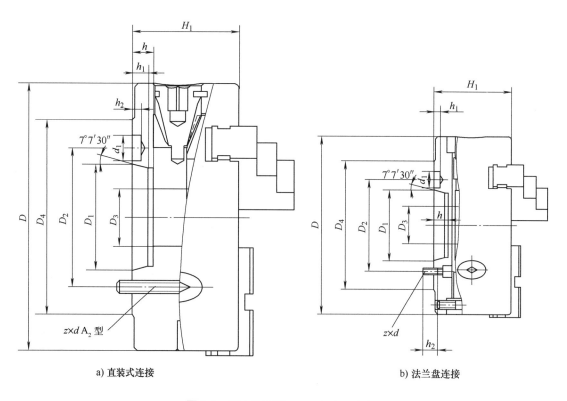

a) 直装式连接

b) 法兰盘连接

图2-5 K11 短圆锥 A$_2$ 型自定心卡盘

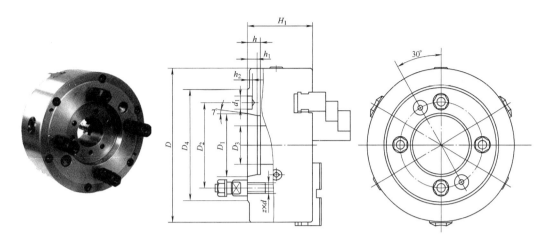

图 2-6　K11 短圆锥 C 型自定心卡盘

（4）短圆锥 D 型手动卡盘　短圆锥 D 型手动卡盘与机床主轴端部连接采用拉杆紧固，由主轴端部凸轮锁紧，也属于快换卡盘，可快速装卸。短圆锥 D 型手动卡盘结构如图 2-7 所示。

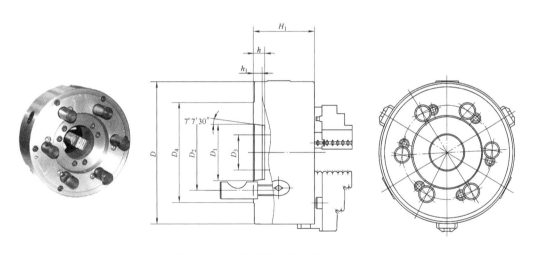

图 2-7　K11 短圆锥 D 型自定心卡盘

（三）锥柄型手动卡盘

锥柄型手动卡盘也称锥柄卡盘，分为 KB11 和 RKB11 两种结构型式。KB11 自定心锥柄手动卡盘属轻负荷卡盘，通过 5C 弹性夹头安装于机床上，便于安装和拆卸；RKB11 自定心锥柄手动卡盘通过 2、3、4、5 号莫氏锥柄与机床尾座相连，卡盘采用铸铁盘体（或者钢盘体）和封闭的球轴承结构。KB11 锥柄型手动卡盘结构如图 2-8 所示，RKB11 锥柄型手动卡盘结构如图 2-9 所示。

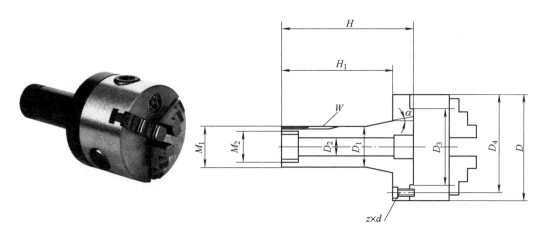

图 2-8 KB11 自定心锥柄卡盘

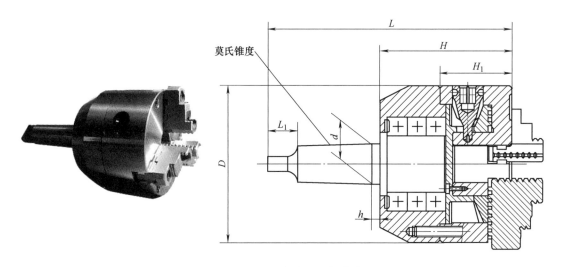

图 2-9 RKB11 自定心锥柄卡盘

二、按照盘体材料分类

机床手动卡盘按照盘体材料可分为：灰铸铁（简称灰铁）盘体手动卡盘、球墨铸铁（简称球铁）盘体手动卡盘、钢盘体手动卡盘等几种型式。

（一）灰铸铁盘体手动卡盘

铸铁盘体手动卡盘的盘体通常选用抗拉强度 $R_m \geqslant 300\text{MPa}$ 的 HT300 灰铸铁材料。灰铸铁的组织由石墨和基体两部分组成，基体可以是铁素体、珠光体或铁素体加珠光体。因此，铸铁的组织可以看成是钢基体上分布着石墨。其强度高，耐磨性好，但白口倾向大，铸造性能差，需进行人工时效处理。用灰铸铁做盘体生产的手动卡盘极限转速和夹紧力小于用球墨铸铁和钢做盘体生产的手动卡盘极限转速和夹紧力。在卡盘型号后没有任何标记的一般是灰铸铁盘体卡盘。

（二）球墨铸铁盘体手动卡盘

球墨铸铁盘体手动卡盘的盘体通常采用 QT450 球墨铸铁，抗拉强度 $R_m \geqslant 450$MPa。由于球墨铸铁碳是以球形石墨形态存在，其力学性能远胜于灰铸铁而接近于钢，具有较高的韧性、塑性，具有一定的耐腐蚀性。它具有优良的铸造和耐磨性能，有一定的弹性。用球墨铸铁盘体生产的手动卡盘具有较高转速和较大的夹紧力等特点。在卡盘型号后加球铁的首个大写拼音字母（QT）表示盘体材料为球墨铸铁卡盘。

（三）钢盘体手动卡盘

钢盘体手动卡盘的盘体通常选用抗拉强度 $R_m \geqslant 600$MPa 的 45 钢或者 40Cr 钢，具有较高的强度和较好的可加工性。用钢做盘体生产的手动卡盘具有高转速、高夹紧力、寿命长等优点。在卡盘型号后或前加钢的首个大写拼音字母（G）表示钢盘体卡盘，加德钢的首个大写拼音字母（DG）表示德国标准的钢盘体卡盘，加美钢的首个大写拼音字母（MG）表示美国标准的钢盘体卡盘。

三、按照精度级别分类

机床手动卡盘按照精度执行等级可分为普通精度手动卡盘和高精度手动卡盘两种。

（一）普通精度手动卡盘

普通精度手动卡盘结构型式又分为手动自定心卡盘和手动可调自定心卡盘两种。

1. 手动自定心卡盘

手动自定心卡盘采用平面螺纹结构，通过齿轮、盘丝，使卡爪同时移动，对工件实现自动定心夹紧。以 K11 自定心卡盘为例，这种型式的卡盘多用于金属切削机床上，能自动定心夹紧或撑紧圆形、三角形、六边形等形状的外表面或内表面的工件，可以进行各种机械加工，夹紧力可调，能满足普通精度机床的配套要求。

2. 手动可调自定心卡盘

以 K31 可调自定心卡盘为例。这种型式的卡盘具有可调结构，卡盘调整是依靠卡盘后端止口处 4 个调整螺钉使卡盘夹持中心与机床主轴旋转中心重合，并消除卡盘与机床之间的安装误差，从而使卡盘的自定心精度得到合理补偿，达到普通卡盘也能满足精密加工的需要。该卡盘卡爪结构参数与 K11 系列自定心卡盘的卡爪结构参数相同。卡盘和机床主轴采用短圆柱连接型式，结构如图 2-10 所示。

（二）高精度手动卡盘

高精度机床手动卡盘又分为精密自定心卡盘和精密可调自定心卡盘两种型式。

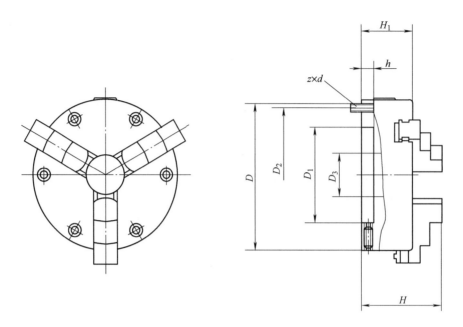

图 2-10　K31 可调自定心卡盘

1. 精密自定心卡盘

以 KM11（DG）精密自定心系列卡盘为例，卡盘盘体采用钢盘体，适用于较高转速，卡盘符合 DIN6350 德国标准，能满足工件精密加工的需要。与机床主轴采用短圆柱连接型式，结构如图 2-11 所示。

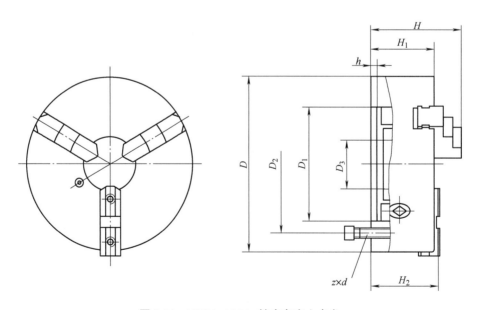

图 2-11　KM11（DG）精密自定心卡盘

KM11（DG）短圆锥精密自定心卡盘有 C 型和 D 型两种型式，卡盘盘体采用钢盘体，适用于高转速。C 型卡盘符合 DIN55027 德国标准，D 型卡盘符合 DIN55029 德国标准，并能满足工件精密加工的需要。与机床主轴采用直装式连接，结构如图 2-12、2-13 所示。

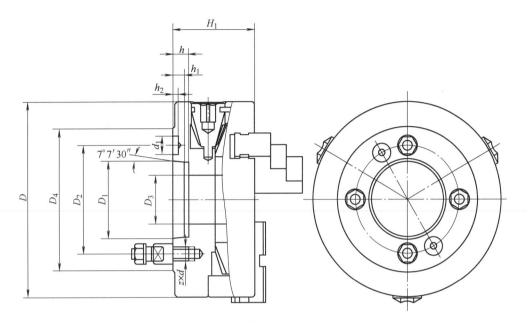

图 2-12　KM11 短圆锥 C 型精密自定心卡盘

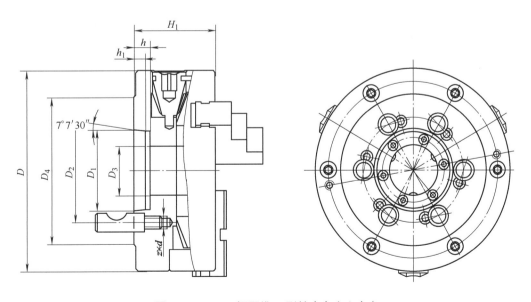

图 2-13　KM11 短圆锥 D 型精密自定心卡盘

　　TKM11 系列精密自定心卡盘符合 JISB6151 日本标准。本产品是为适应机床工业发展而开发的一种高精度的精密机床附件产品，精度达到了国际标准卡盘的一级精度标准要求。卡盘连接型式为短圆柱连接型式，结构如图 2-14 所示。

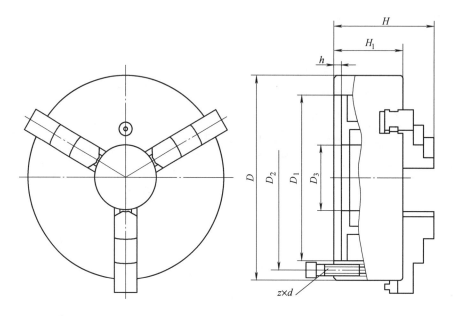

图 2-14　TKM11 精密自定心卡盘

2. 精密可调自定心卡盘

　　精密可调自定心卡盘是符合 ANSIB5.8 美国标准。该卡盘的调整是依靠卡盘后端止口处 4 个调整螺钉使卡盘夹持中心与机床主轴旋转中心重合，并消除卡盘与机床之间的安装误差，从而使卡盘的自定心精度得到合理补偿。卡盘与主轴的安装采用短圆柱连接，主轴端（或法兰盘）与卡盘连接处配合应保证足够的间隙（一般在 0.2 ~ 0.3mm），以利于调整；调整后应将卡盘连接螺钉拧紧。该产品主要适用于精密磨床、精密车床及其他机床上进行精密加工场合。

　　精密可调自定心卡盘包括 KM31、KM31（G）系列精密可调自定心卡盘，以及 KM33、KM33（G）系列精密可调六爪自定心卡盘等结构型式。

　　KM31、KM31（G）系列卡盘制作精良，选材优异，框架结构刚度好，重复定位精度高，调整后的卡盘精度可达到 0.013mm，15in 及以上规格调整后的卡盘精度可达 0.025mm，未经调整的卡盘精度也能达到 K11 系列卡盘精度水平，结构如图 2-15 所示。

　　KM33、KM33（G）系列精密可调六爪自定心卡盘，是 KM31 系列卡盘的派生产品。该产品具有定心准确、夹持可靠、工件变形小的特点，尤其适用于薄壁易变形工件的精加工，结构如图 2-16 所示。

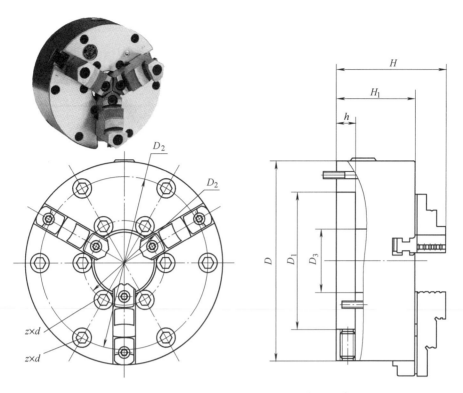

图 2-15　KM31、KM31（G）精密可调自定心卡盘

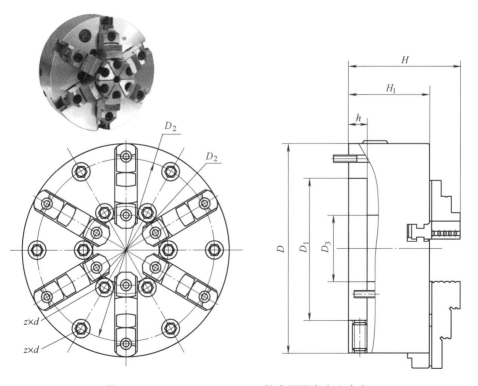

图 2-16　KM33、KM33（G）精密可调自定心卡盘

四、按照执行标准分类

机床手动卡盘按执行标准可分为符合 GB/T 4346 国家标准的手动卡盘、符合 DIN6350 德国标准的手动卡盘、符合 ANSI B5.8 美国标准的手动卡盘和符合 JIS B6151 日本标准的手动卡盘。

（一）符合 GB/T 4346 国家标准手动卡盘

符合 GB/T 4346 国家标准的机床手动卡盘主要包括 K10、K11、K12、K13 等系列的手动自定心卡盘，包含短圆柱型、短圆锥 A_1 型、短圆锥 A_2 型、短圆锥 C 型、短圆锥 D 型的普通铸铁盘体自定心手动卡盘。

（二）符合 DIN6350 德国标准手动卡盘

符合 DIN6350 德国标准的机床手动卡盘，有 KM11（DG）精密自定心卡盘和 K15 自定心卡盘系列。

K15 自定心卡盘是按照德国标准进行设计制造的，盘体采用钢盘体，适用于高转速。该系列卡盘有普通级和精密级两个级别，与机床主轴连接型式有短圆柱型和短圆锥型两种型式，短圆锥型包括 A_1 型、A_2 型、C 型和 D 型。

（三）符合 ANSI B5.8 美国标准手动卡盘

符合 ANSI B51 美国标准的机床手动自定心卡盘有 KM31、KM33、KM31（G）、KM33（G）精密可调自定心卡盘等型式。

（四）符合 JIS B 6151 日本标准手动卡盘

符合 JIS B 6151 日本标准的机床手动自定心卡盘有 TKM11 精密自定心卡盘，卡盘采用短圆柱连接型式，自定心精度达到了国际标准。

五、按照卡爪连接型式分类

机床手动卡盘的卡爪按照连接型式可分为整体卡爪手动卡盘（以下简称整体爪手动卡盘）和分离卡爪手动卡盘（以下简称分离爪手动卡盘）两种型式。

（一）整体爪手动卡盘

基爪和顶爪为一体的卡爪称为整体卡爪（以下简称整体爪）。使用整体爪卡盘统称为整体爪手动卡盘。整体爪手动卡盘又分为整体硬卡爪手动卡盘（以下简称整体硬爪手动卡盘）和整体软卡爪手动卡盘（以下简称整体软爪手动卡盘）两种型式。

（1）整体硬爪手动卡盘　整体硬爪手动卡盘中的硬卡爪一般选用优质结构钢作为材料，其主要工作表面经热处理达到要求的硬度，其中卡爪夹持台弧面硬度不低于53HRC，卡爪牙部硬度不低于52HRC，两大侧面硬度为 30~50HRC。卡盘规格后没有字母的表示配带的为整体硬爪，整体硬爪包括正爪、反爪各一副，如 K11100、K11250 等规格。

（2）整体软爪手动卡盘　整体软爪手动卡盘中的软爪一般选用优质结构钢作为材料，其加工后经热处理调质硬度为 25～30HRC。卡盘规格 K10、K11、K12、K13 等系列卡盘均可安装配带整体软爪，以及各种特殊软爪。

（二）分离爪手动卡盘

分离爪手动卡盘中的分离爪由基爪和顶爪两部分组成。直接与盘丝啮合并能够安装顶爪或直接夹持工件（这种情况很少使用，一般均与顶爪共同参与夹持工件）的零件称为基爪，安装在基爪上并直接用于夹持工件的零件称为顶爪，顶爪又分为硬顶爪和软顶爪。顶爪通常情况下可调整为正爪或反爪使用。基爪和硬顶爪台弧面经热处理硬度不低于 53HRC，牙部硬度不低于 52HRC，两大侧面硬度为 30～50HRC。软顶爪经调质处理后硬度为 25～30HRC。其中分离爪有 A 型、C 型、D 型、E 型和 F 型等几种型式。

1. 符合 C 型分离爪手动卡盘

符合 C 型分离爪手动卡盘是在主参数后加 C 进行表示，如：K11250C、K11200C/D5 等。C 型分离爪为传统结构分离爪，基爪和顶爪宽度相同，其中 200mm、240mm、250mm、320mm、325mm、380mm 等规格的卡盘有 C 型分离爪结构。

2. 符合 A、D 型分离爪手动卡盘

符合 A、D 型分离爪手动卡盘是在主参数后加 A、D 进行表示，如：K11200A、K11380A、K11400D、K11500D/$A_2$8 等。A 型和 D 型分离爪卡爪连接尺寸符合 ISO3442 国际标准，A 型分离爪基爪带有夹持弧，一般 500 及以下规格的卡盘有 A 型分离爪结构（除 325、380 基爪不带夹持弧外），D 型分离爪基爪不带夹持弧，一般 400mm 及以上规格的卡盘有 D 型分离爪结构。A 型和 D 型分离爪顶爪的宽度比基爪宽。

3. 符合 E 型分离爪手动卡盘

符合 E 型分离爪手动卡盘是在主参数后加 E 进行表示，如：K11630E、K111000E/$A_2$20、K111600E 型等。E 型分离爪卡爪连接尺寸符合 ISO3442 国际标准，结构尺寸较大，卡爪夹持弧既有横沟又有竖沟（又称老虎牙），一般 630mm 及以上规格的卡盘有 E 型分离爪结构。

4. 符合 F 型分离软爪手动卡盘

符合 F 型分离软爪手动卡盘是在主参数后加 F 进行表示，如：K10160F、K11250F 等，F 型分离爪软爪连接尺寸即可以按照 ISO3442（A 型）国际标准卡爪尺寸设计也可以按照传统结构卡爪尺寸进行设计（C 型）。分离软爪选用优质结构钢，其加工后经调质硬度为 25～30HRC。

六、按照卡爪数量分类

按照机床手动卡盘卡爪数量来分，又分为 K10 二爪自定心手动卡盘、K11 自定心手动卡盘、K12 四爪自定心手动卡盘、K13 六爪自定心手动卡盘以及多爪自定心手动卡盘。

（一）K10 二爪自定心手动卡盘

K10 二爪自定心手动卡盘卡爪采用 180°分布。适用于各种异形零件、对称零件，如管件、矩形截面等零件的加工，卡爪一般采用分离软爪结构。结构如图 2-17 所示。

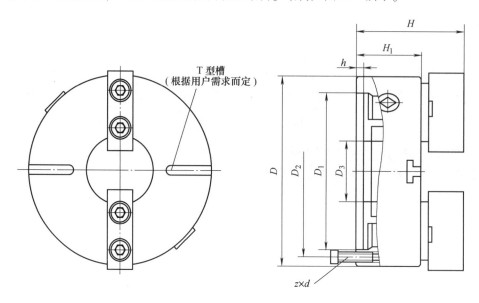

图 2-17　K10 二爪自定心卡盘

（二）K11 自定心手动卡盘

K11 系列自定心卡盘卡爪采用 120°分布，可自动定心，快速夹紧。适用于盘类、棒料等零件的加工，卡爪有 A、C、D、E、F、R 型等结构型式。结构如图 2-18 所示。

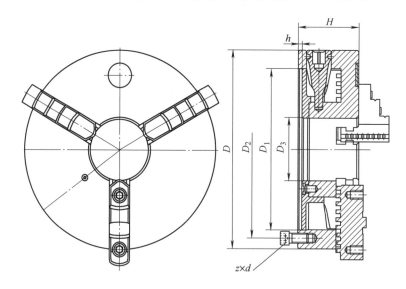

图 2-18　K11 系列自定心卡盘

（三）K12 四爪自定心手动卡盘

K12 四爪自定心卡盘卡爪采用 90°分布，可自动定心，快速夹紧。适用于正方形、八棱形等零件的加工。结构如图 2-19 所示。

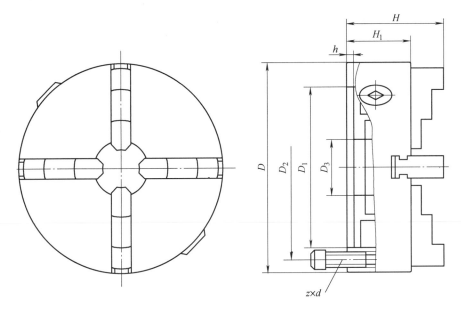

图 2-19 K12 四爪自定心卡盘

（四）K13 六爪自定心手动卡盘

K13 六爪自定心手动卡盘卡爪采用 60°分布，可自动定心，快速夹紧。适用于各种薄壁工件的加工，尤其适用于各种柄类刃具的磨削，能减少夹紧工件而引起的变形。卡爪有台阶形和斜坡形两种型式。结构如图 2-20 所示。

七、按照与机床配套分类

机床手动卡盘按照与机床配套要求可分为卧式车床用手动卡盘、立式车床用手动卡盘、加工中心用手动卡盘、磨床用手动卡盘及其他机床用手动卡盘等型式。

（一）卧式车床用手动卡盘

机床手动卡盘作为机床附件，长期以来主要服务于主机配套及终端市场卡盘报废的更换，90%以上的手动卡盘为卧式车床配套使用。对于一般普通卧式车床，根据车床型号、主轴连接型式和零件尺寸、精度等要求选用相应的手动卡盘，即可满足机床配套要求。

（二）立式车床用手动卡盘

立式车床用手动卡盘有 KF11 系列三爪手动防水卡盘和 KF12 系列四爪手动防水卡盘等型式。该结构卡盘盘体工字槽两侧带有密封结构，卡盘为中实结构且工字槽采用不贯通结构。具

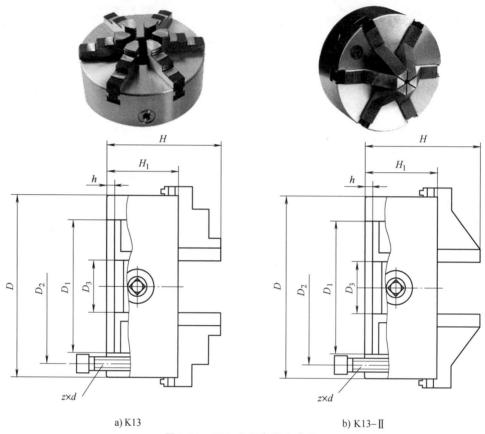

a) K13

b) K13–II

图 2-20　K13 六爪自定心卡盘

有很好的密封性能，可防止水、油、杂质、灰尘及铁屑等渗漏进卡盘内部和机床主轴内部，适用于具有防尘及防水要求的场合的机床配套。结构如图 2-21、2-22 所示。

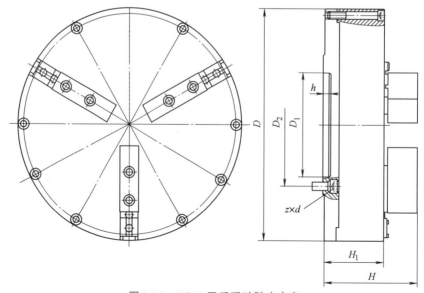

图 2-21　KF11 三爪手动防水卡盘

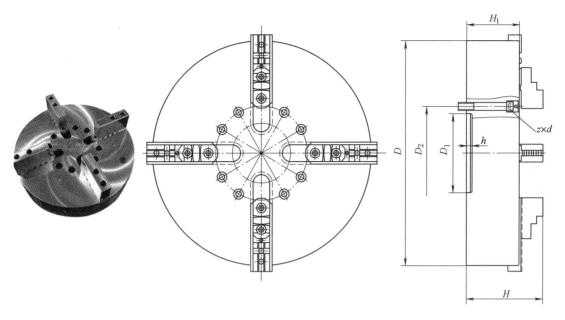

图 2-22 KF12 四爪手动防水卡盘

（三）加工中心用手动卡盘

加工中心用手动卡盘主要有 KF12 方形卡盘等结构型式。适合于铣床、钻床及加工中心等机床。能够在加工中心机床工作台面上同时安装多台卡盘，实现多工位加工，可提高机床加工效率。结构如图 2-23 所示。

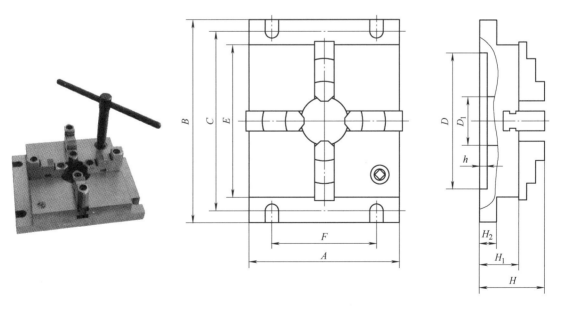

图 2-23 KF12 四爪方形卡盘

（四）磨床用手动卡盘

磨床用手动卡盘主要有 KM11（DG）、TKM11、KM31、KM33、KM31（G）、KM33（G）精密自定心和精密可调等型式。

（五）其他机床用手动卡盘

1. 单面、双面卡盘

A-K11 单面自定心卡盘主要用于各种汽车制动毂的加工，是汽车行业专用卡盘。结构如图 2-24 所示。

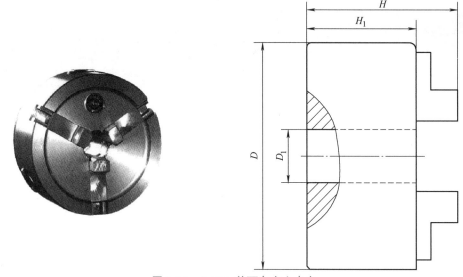

图 2-24　A-K11 单面自定心卡盘

SA-K11 双面自定心卡盘主要用于各种汽车制动毂的加工，也是汽车行业专用卡盘。双面卡盘可在两面夹持不同规格制动毂，通过心轴与机床定位连接，重复定心精度高，加工效率高。结构如图 2-25 所示。

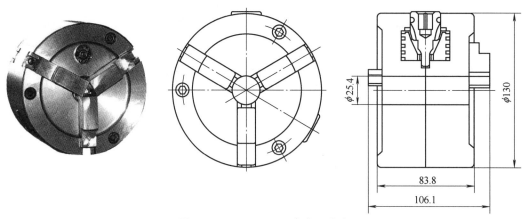

图 2-25　SA-K11 双面自定心卡盘

2. FK01110B 可倾式分度卡盘

FK01110B 可倾式分度卡盘用于刻模铣床，也作为普通机床的通用附件或维修工具使用。适用于轴类、盘类、套类零件的刻线、刻字、划线及切削等加工。结构如图 2-26 所示。

3. K01 手紧卡盘

K01 手紧卡盘主要与仪表机床配套使用，适用于有色金属及塑料等非金属材料的切削加工。其特点是结构紧凑、体积小、操作方便（用手或扳手杆直接拨动盘丝完成对工件的夹紧与松开），与机床主轴的连接型式有两种：K01B 短圆柱连接和 K01B－Ⅱ 螺纹连接。结构如图 2-27 所示。

图 2-26 FK01110B 可倾式分度卡盘

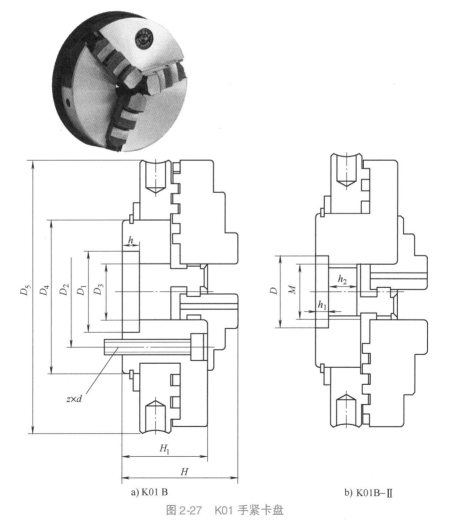

a) K01 B

b) K01B–Ⅱ

图 2-27 K01 手紧卡盘

KH01 轻型手紧卡盘用于管类工件的焊接与切割，主要与焊接机床配套使用。结构紧凑、操作方便（用手或扳手杆直接拨动盘丝完成对工件的夹紧与松开），与机床主轴采用短圆柱连接型式，结构如图 2-28 所示。

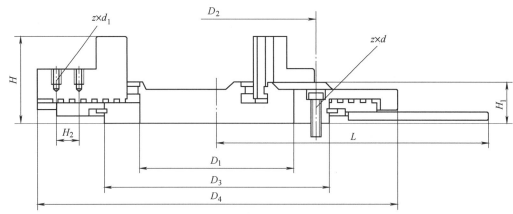

图 2-28　KH01 轻型手紧卡盘

第二节　手动单动卡盘

单动卡盘是由盘体、丝杠、卡爪、卡柱等主要零件组成。工作时通过单动卡盘扳手输入力矩传递给丝杠，丝杠分别带动四个卡爪沿盘体工字槽前后移动，实现对工件的夹紧与松开。因此单动卡盘没有自定心功能，它适用于夹持偏心零件和各种矩形、不规则形状零件的场合。也可以通过调整四爪位置，达到实现夹持圆形工件的目的，特别适合毛坯件加工时用单动卡盘找正。

一、按照连接型式分类

按照单动卡盘与机床主轴的连接型式分为：K72 短圆柱型单动卡盘、K72 短圆锥型单动卡盘和锥柄型单动卡盘等几种型式。

（一）K72 短圆柱型单动卡盘

K72 短圆柱型单动卡盘也称直止口型单动卡盘，是通过法兰盘与机床主轴连接。盘体材料为钢盘体的在型号后面加（G）表示。配带分离爪（基爪和顶爪连接尺寸符合 ISO3442 国际标准）的单动卡盘，其型号分别为 K72A、K72D、K72E 等。结构如图 2-29 所示。

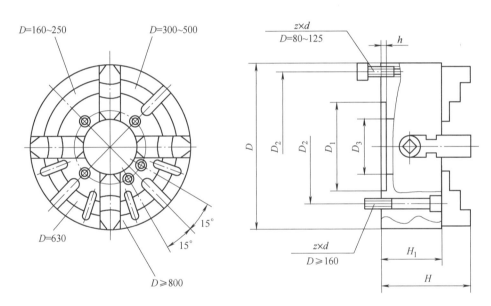

图 2-29　K72、K72（G）单动卡盘

（二）K72 短圆锥型单动卡盘

K72 短圆锥型单动卡盘简称短锥单动卡盘，卡盘的短锥结构设计在盘体上，可直接安装到机床主轴上，具有悬伸短，刚度强的优点。

短圆锥尺寸已形成国家标准，短圆锥锥角半角尺寸为 $7°7'30''$（1∶4），短锥单动卡盘根据机床的主轴头型式不同，又分 A_2 型、C 型、D 型三种型式，短圆锥型式如图 2-3 所示。短圆锥连接参数符合 GB/T 5900.1 ~ GB/T 5900.3（ISO702）标准。配带分离爪（基爪和顶爪连接尺寸符合 ISO3442 国际标准）的单动卡盘，其型号为 K72A，K72D，K72E 等。

1. K72 短圆锥 A_2 型单动卡盘

K72 短圆锥 A_2 型单动卡盘采用外圈贯通连接，用螺钉直接和主轴连接。结构如图 2-30 所示。

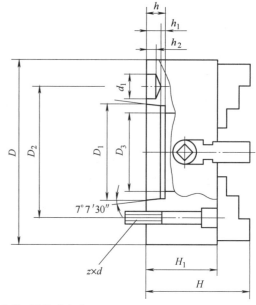

图 2-30　K72／A_2 型单动卡盘

2. K72 短圆锥 C 型单动卡盘

K72 短圆锥 C 型单动卡盘与机床主轴端部连接采用插销螺栓紧固（拨盘、螺栓锁紧连接），属于快换卡盘的一种，可快速装卸。结构如图 2-31 所示。

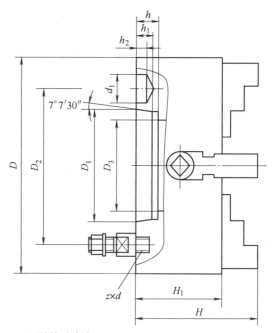

图 2-31　K72／C 型单动卡盘

3. K72 短圆锥 D 型单动卡盘

K72 短圆锥 D 型单动卡盘与机床主轴端部连接采用拉杆紧固，由主轴端部凸轮锁紧，属于快换卡盘的一种，可快速装卸。结构如图 2-32 所示。

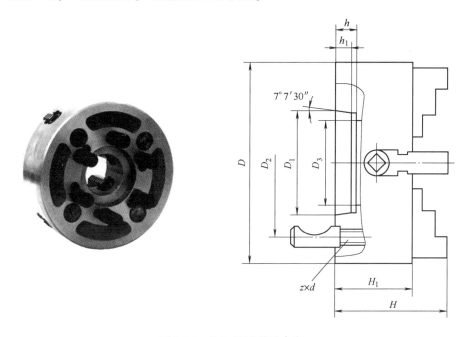

图 2-32　K72/D 型单动卡盘

（三）锥柄型四爪单动卡盘

锥柄型单动卡盘又称单动锥柄卡盘，分为 KB72 和 RKB72 两种结构型式，KB72 锥柄卡盘属轻负荷卡盘，通过 5C 弹性夹头安装于机床上，且便于安装和拆卸；RKB72 通过莫氏锥柄安装在机床尾座上。结构分别如图 2-33、图 2-34 所示。

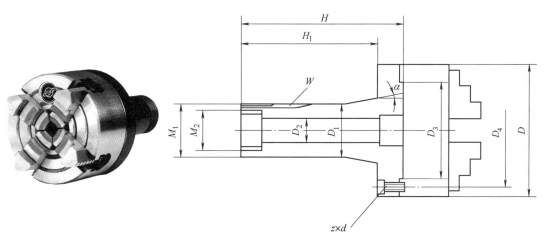

图 2-33　KB72 型单动锥柄卡盘

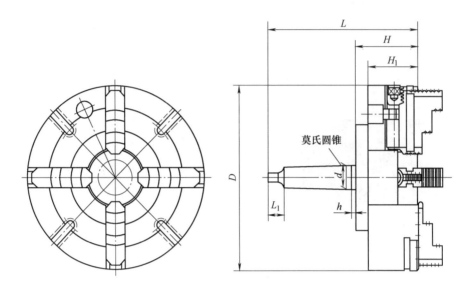

图 2-34   RKB72 单动锥柄卡盘

二、按照承载负荷分类

重型单动卡盘按照承载负荷大小可分为：重型、超重型、强力型及强力重型等几种型式。

1. K78 重型单动卡盘

K78 重型单动卡盘有短圆柱型和短圆锥型两种连接型式。K78 重型单动卡盘短圆柱连接时，承载负荷属于重型（与 K72 系列卡盘比较）。卡爪单动可调卡爪与丝杠安装在卡爪座上，通过移动卡爪座可改变卡盘的夹持范围。卸掉卡爪座，可单独作花盘使用。结构如图 2-35 所示。

K78 重型单动卡盘短圆锥连接时，承载负荷属于重型（与 K72 系列卡盘相比）。卡爪单动可调，卡爪与丝杠安装在卡爪座上，通过移动卡爪座可改变卡盘的夹持范围。卸掉卡爪座，可单独作花盘使用。卡盘短圆锥通常采用 A_2 型连接，结构如图 2-36 所示。

2. K72（EHD）超重型单动卡盘

K72（EHD）超重型单动卡盘为短圆锥连接，承载负荷属于超重型（与 K78 系列卡盘相比）。卡盘具有较大夹紧力和大通孔，盘体材料选用优质结构钢，适用于较高转速，卡爪型式为符合 ISO3442 国际标准的 E 型分离爪。结构如图 2-37 所示。

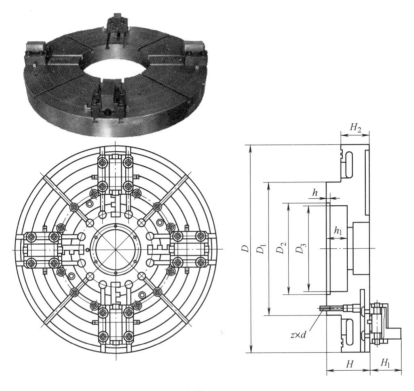

a) 规格1000、1250

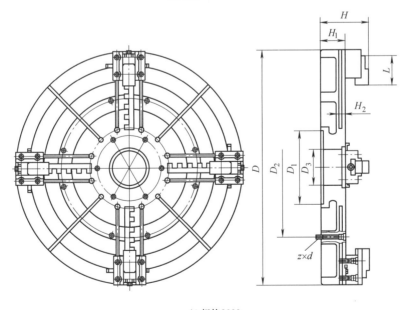

b) 规格2000

图 2-35 K78 短圆柱型重型单动卡盘

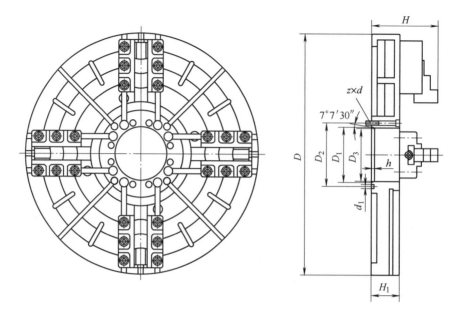

图 2-36　K78 短圆锥型重型单动卡盘

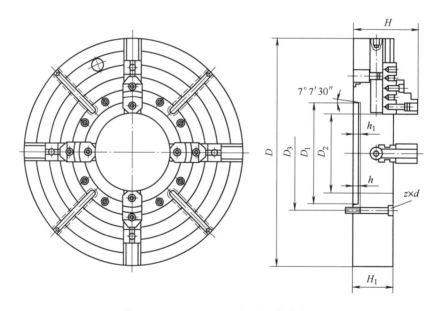

图 2-37　K72（EHD）超重型单动卡盘

3. K73 强力单动卡盘

K73 强力单动卡盘承载负荷属于强力重型［与 K72（EHD）系列卡盘相比］。卡盘结构与 K72 单动卡盘一致，丝杠采用增力丝杠结构，能实现超大夹紧力。结构如图 2-38 所示。

4. K79 强力重型单动卡盘

K79 强力重型卡盘安装了带有增力丝杠的卡爪座，卡盘承载负荷属于强力重型（与 K73 系

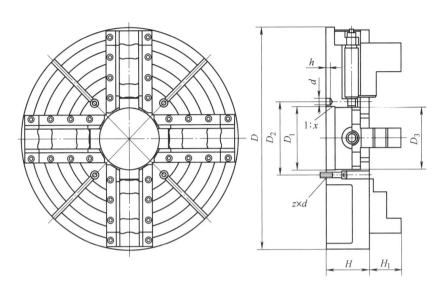

图 2-38 K73 强力单动卡盘

列卡盘相比），卡爪单动可调卡爪与丝杠，可通过移动卡爪座实现卡盘更大的夹持范围。卸掉卡爪座，可单独作花盘使用。丝杠采用增力丝杠结构，能实现超大夹紧力。结构如图 2-39 所示。

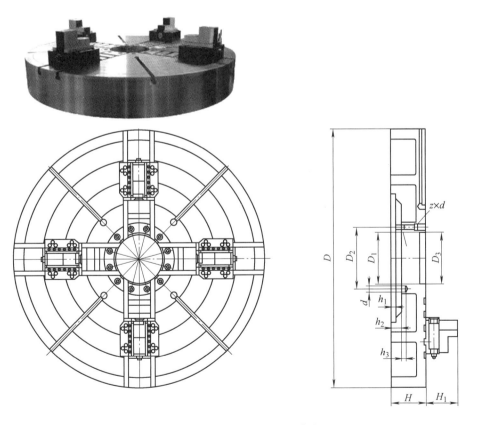

图 2-39 K79 强力重型单动卡盘

5. 卡爪座

卡爪座又称置爪，可作为 K78、K79 等重型单动卡盘独立的夹持单元。它通过 T 型块固定在盘体 T 型槽中，根据加工工件尺寸的不同，可以通过移动卡爪座在盘体 T 型槽的位置来实现夹持范围的调整。卡爪座型式种类比较多，这里只介绍通用型式的卡爪座结构型式，在国外，卡爪座用大写字母 BM 进行表示。结构如图 2-40 所示。

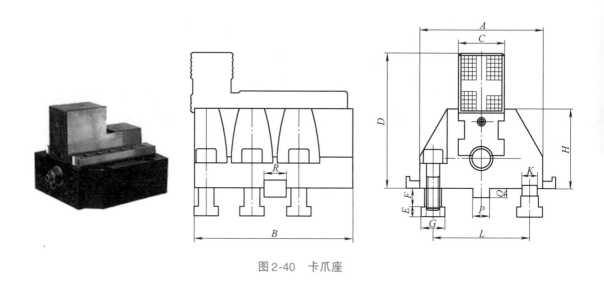

图 2-40　卡爪座

第三节　复合卡盘

复合卡盘顾名思义就是既具有自定心卡盘自动定心功能，又具有单动卡盘卡爪单独可调功能。它综合了盘丝型自定心卡盘和单动卡盘的结构特性，适用于通过单爪调整后，采用联动夹紧的加工要求。对各种异形偏心零件的批量加工尤为适宜，可避免批量工件重复找正的弊端，能够缩短辅助调整工时，提高生产效率。复合卡盘可分为 K61、K62 复合卡盘和 K65、K66 管子复合卡盘两种型式。

一、K61、K62 复合卡盘

（一）K61 三爪复合卡盘

K61 三爪复合卡盘为短圆柱连接型式。卡爪在盘体上呈 120°分布，尤其适用于夹持部位为圆形等偏心零件，结构如图 2-41 所示。

（二）K62 四爪复合卡盘

K62 四爪复合卡盘为短圆柱连接型式。卡爪在盘体上呈 90°分布，尤其适用于夹持部位形状为矩形、方形等偏心零件，结构如图 2-42 所示。

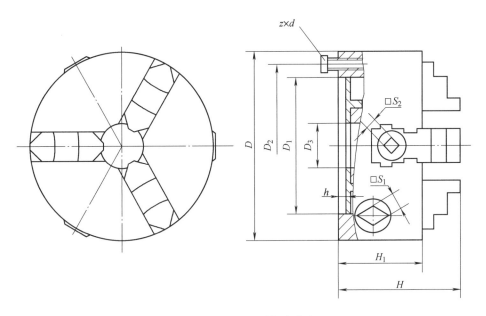

图 2-41 K61 三爪复合卡盘

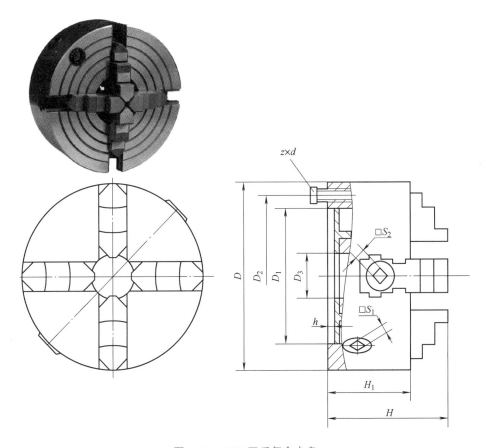

图 2-42 K62 四爪复合卡盘

二、K65、K66 管子复合卡盘

K65、K66 管子复合卡盘是一种专为各种管螺纹车床和管子切断车床配套的机动大规格复合卡盘,一般在机床主轴前后两端各安装一台卡盘,成对配套使用。卡盘卡爪的主运动是通过机床和卡盘上的齿轮副传动驱动盘丝(前后卡盘的盘丝平面螺纹分别为左旋向、右旋向)转动,从而实现卡爪的同步夹紧动作。通过每个卡爪的单动可调机构能对已夹紧的管件进行调整、找正和补充夹紧。卡盘的成对使用可显著提高卡盘的承载能力和切削扭矩。

(一) K65 三爪管子复合卡盘

K65 三爪管子复合卡盘分短圆柱螺纹型和短圆锥型两种连接型式。短圆柱螺纹连接结构如图 2-43 所示,短圆锥连接结构如图 2-44 所示。

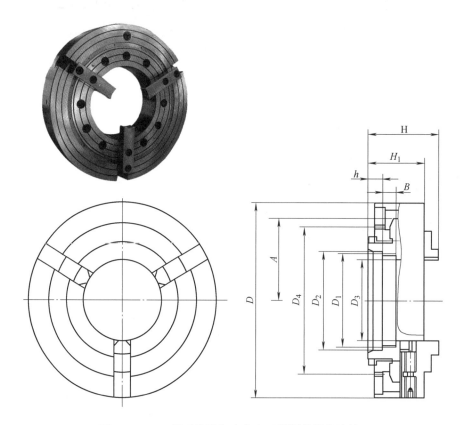

图 2-43 K65 三爪管子复合卡盘(短圆柱螺纹连接)

(二) K66 四爪管子复合卡盘

K66 四爪管子复合卡盘分短圆柱螺纹型和短圆锥型两种连接型式。短圆柱螺纹型连接结构如图 2-45 所示,短圆锥连接结构如图 2-46 所示。

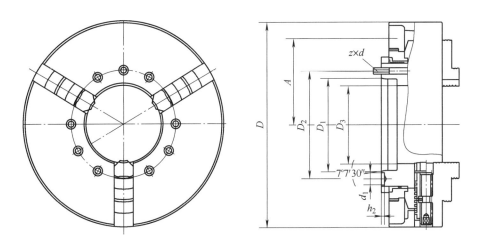

图 2-44　K65 三爪管子复合卡盘（短圆锥连接）

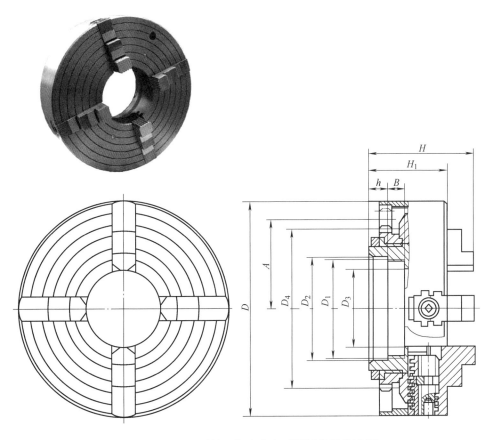

图 2-45　K66 四爪管子复合卡盘（短圆柱螺纹连接）

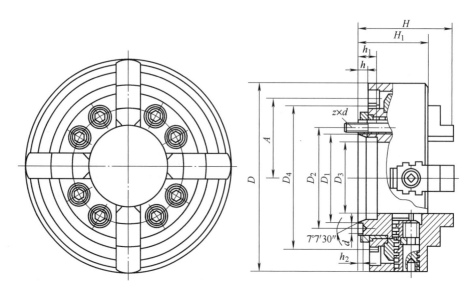

图 2-46　K66 四爪管子复合卡盘（短圆锥连接）

第四节　机床手动卡盘选型参数

一、机床手动卡盘尺寸参数

（一）手动卡盘规格直径 D_{nom}

手动卡盘的规格直径尺寸 D_{nom} 如图 2-47 所示，是机床手动卡盘非常重要的尺寸参数，也是机床选取配套手动卡盘的主要参考依据，手动卡盘的规格直径是按照优选数列进行选取确定的。手动卡盘规格直径的常用优选数列见表 2-1，我们一般执行 R10 系列。

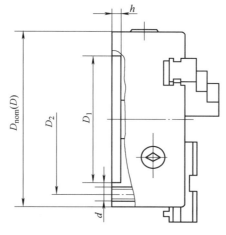

图 2-47　卡盘参数

表 2-1　机床手动卡盘规格直径常用优选数列　　　　　　　　　单位：mm

R5 系列	63	80	100	160	200	250	400	500	630	800	1000	1600
R10 系列	63	80	100	125	160	200	250	315	400	500	630	800

（二）手动卡盘外圆直径 D

手动卡盘外圆直径尺寸 D 是产品的基本尺寸参数，外圆直径 D 与 D_{nom} 的关系为

$$D = D_{nom} \pm 5\%$$

例如：K11250C/A$_2$8 短圆锥自定心卡盘，规格直径为 250mm，外圆直径为 252mm。

（三）手动卡盘止口直径 D_1（短圆锥大端尺寸）

1. 手动卡盘止口直径 D_1

手动卡盘止口直径 D_1 如图 2-47 所示，是手动卡盘通过法兰盘或者直接与机床主轴相连接的关键定位尺寸，手动卡盘的止口尺寸经过多年的发展绝大部分产品已经基本一致（个别厂家在个别规格上略有不同），止口尺寸见表 2-2。

表 2-2　止口尺寸　　　　　　　　　　　　　　　　　　　单位：mm

卡盘公称直径 $D_{nom} \pm 5\%$	80	100	125	130	160	165	190	200	240	250	315
D_1	55	72	95	100	130	130	155	165	195	206	260
D_2	66	84	108	115	142	145	172	180	215	226	285
d	M6	M8	M8	M8	M8	M8	M10	M10	M12	M12	M16
h	3.5	3.5	4	3.5	5	4.5	5	5	8	5	6
卡盘公称直径 $D_{nom} \pm 5\%$	320	325	380	400	500	630	800	1000	1250	1600	2000
D_1	270	272	325	340	440	560	710	905	1060	1340	1258
D_2	290	296	350	368	465	595	760	950	1150	1468	1446
d	M16	M16	M16	M16	M16	M16	M20	M24	M30	M36	M24
h	11	12	6	6	6	7	8.5	9	11	17	14

2. 短圆锥大端尺寸 D_1

短圆锥大端尺寸 D_1 如图 2-47 所示，根据机床的主轴头型式不同，又分 A$_1$ 型、A$_2$ 型、C 型、D 型几种型式，短圆锥型式如图 2-3 所示。短圆锥大端尺寸见表 2-3。

表 2-3　短圆锥尺寸　　　　　　　　　　　　　　　　　　单位：mm

机床主轴代号	大端尺寸 D_1	中心距尺寸 D_2
A$_2$3	53.975	70.6
A$_2$4	63.513	82.6
A$_2$5（A$_1$5）	82.563	104.8（61.9）

（续）

机床主轴代号	大端尺寸 D_1	中心距尺寸 D_2
$A_2$6 （$A_1$6）	106.375	133.4 （82.6）
$A_2$8 （$A_1$8）	139.719	171.4 （111.1）
$A_2$11 （$A_1$11）	196.869	235.0 （165.1）
$A_2$15 （$A_1$15）	285.775	330.2 （247.6）
$A_2$20 （$A_1$20）	412.775	463.6 （368.3）
$A_2$28 （$A_1$28）	584.225	647.6 （530.2）
C3	53.975	75.0
C4	63.513	85.0
C5	82.563	104.8
C6	106.375	133.4
C8	139.719	171.4
C11	196.869	235.0
C15	285.775	330.2
C20	412.775	463.6
D3	53.975	70.6
D4	63.513	82.6
D5	82.563	104.8
D6	106.375	133.4
D8	139.719	171.4
D11	196.869	235.0
D15	285.775	330.2
D20	412.775	463.6

（四）手动卡盘安装螺钉中心距 D_2

手动卡盘安装螺钉中心距 D_2 如图2-47所示，是与机床主轴连接的主要尺寸，直止口或者短圆锥是卡盘的定位尺寸，并通过螺钉将卡盘和机床牢固地连接在一起，短圆锥卡盘 D_2 尺寸符合国家标准要求，直止口卡盘 D_2 尺寸绝大部分符合国家标准尺寸要求，个别企业因市场需要自定该尺寸。具体尺寸参见表2-2、表2-3所示。

二、机床手动卡盘性能参数

（一）输入转矩

输入转矩是指用卡盘随机配带的扳手施加到卡盘机构上的转矩。

（二）最大静态夹紧力

最大静态夹紧力是当输入允许的最大力（或转矩）并处于特定设计结构时所获得的最大夹紧力。也就是当卡盘通过扳手输入允许的最大转矩，并且卡盘处于特定不旋转状态时，卡盘卡爪径向施加在工件上力的总和就是最大静态夹紧力。符号用 $\sum F_{max}$ 表示，单位用 kN 表示。

手动自定心卡盘静态夹紧力应达到表2-4的要求，受力后卡盘，各部位均应正常，并且拆卸后各件均符合设计要求。

表2-4　手动自定心卡盘静态夹紧力

卡盘直径 D/mm	80	100	125	160	200	250	315	400	500	630	800
夹紧力/kN	10	10	17	24	31	37	46	55	65	72	80

注：夹紧力为全部卡爪径向作用力之和。

（三）极限转速

极限转速是卡盘在安全使用状态下允许的最高转速，应由制造者予以规定。极限转速的确定条件为：

1）在极限转速下，卡盘实际夹紧力应不小于表2-4所列静态夹紧力的三分之一。

2）确定极限转速时，卡盘应处在反爪夹持状态，且卡爪外端与卡盘外圆齐平。

极限转速应在随机技术文件以及产品样本中查得（或者获得）。

极限转速是手动卡盘性能的主要指标，也是体现手动卡盘产品质量优劣的关键因素之一。机床操作时不应超过此转速。符号用 n_{max} 表示，单位用 r/min 表示。

（四）卡爪行程

手动卡盘卡爪在直径或半径方向上允许移动的最大距离，是手动卡盘性能参数的重要指标，单位用 mm 表示。卡爪的行程（一般情况下以卡爪与盘丝啮合不少于2～3螺距为确定原则），即卡爪的最大位移量。

（五）静平衡

卡盘一般是在回转状态下进行工作的，当卡盘平衡超标时将引起振动，产生噪声，加速机床轴承磨损，缩短机械寿命。因此，对卡盘必须进行平衡，使其达到允许的平衡精度等级，或使因此产生的机械振动幅度降至在允许的范围内。卡盘在中低速运转时，机械振动不明显，一般只对卡盘进行静平衡便可满足要求，当高速运转或机床有要求时，应进行动平衡。故而动平衡只是有要求时才对卡盘进行动平衡检测，常规只做静平衡检测。

在转子一个校正面上进行校正平衡，校正后的平衡量以保证转子处于静态时是在许用不平衡量的规定范围内。静平衡又称单面平衡。

静平衡试验如图2-48所示，卡盘安装在预先经过平衡的心轴上，卡爪外端与卡盘外圆齐平，然后放置在刀口式（或圆柱式）平衡架上，用试粘砝码的方法测出卡盘的不平衡量。

表2-5　手动卡盘在外圆周上的不平衡量（静平衡）

卡盘直径 D/mm	80	100	125	160	200	250	315	400	500	630	800
不平衡量/g	6	8	12	16	20	25	40	60	120	200	300

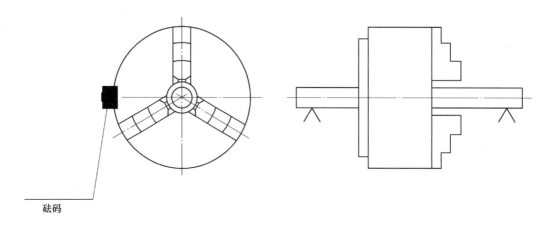

砝码

图 2-48　卡盘静平衡试验

手动卡盘由于结构特点、加工偏差等因素造成了整体卡盘回转的不平衡时，可通过在盘体后端面钻孔（去除材料方式）来校正平衡。三爪手动自定心卡盘剩余不平衡量应不大于表 2-5 的规定。

(六)　动平衡

在转子的两个校正面上同时进行校正平衡，校正后的不平衡量以保证转子处于动态时是在许用不平衡量的规定范围内，为动平衡又称双面平衡。

在动平衡实验机上检测手动卡盘在高速运转情况下的平衡，考核卡盘运转的平稳性和可靠性。手动卡盘动平衡品质级别见表 2-6。

表 2-6　手动卡盘动平衡品质级别

卡盘直径 D/mm	≤160	>160~315	>315~800
平衡品质级别/g	G25	G16	G10

三、机床手动卡盘精度参数

机床手动卡盘精度参数主要指卡盘在无负荷、不运转情况下的形状精度和位置精度，即卡盘的几何精度，不包括卡盘的运转参数（如：旋转速度、夹紧力变化等）和性能参数。卡盘的几何精度综合反映了卡盘零部件组装后的线和面的形状特征、位置或位移的几何误差，包括直线度、平行度、等距度、重合度和跳动度等（见第五章）。卡盘精度参数的规定保证了所设计的卡盘能满足机床加工零件的要求。

机床手动卡盘精度参数包括卡盘外圆径向圆跳动、卡盘前端面的轴向圆跳动或直线度误差、卡盘夹持检验棒的圆跳动、卡爪台面和弧面圆跳动、基爪和顶爪连接面几何误差，这些精度参数是保证机床加工精度的最基本要求。

（一）配带标准硬卡爪几何精度

配带标准硬卡爪卡盘几何精度分配带整体爪卡盘几何精度和配带分离爪卡盘几何精度两种标准规定型式。

配带整体爪卡盘几何精度符合 GB/T 23291—2009 国家标准的规定。配带分离爪卡盘几何精度符合 GB/T 31396.1—2015 国家标准的规定。

（二）配带标准软卡爪几何精度

配带标准软卡爪卡盘几何精度分配带整体软卡爪卡盘几何精度和配带软顶爪卡盘几何精度两种标准规定型式。

配带整体软卡爪几何精度符合 GB/T 23291—2009 国家标准的规定。配带软顶爪卡盘几何精度应符合 GB/T 31396.1—2015 国家标准的规定。

四、典型机床手动卡盘型号编制说明

机床手动卡盘型号及编制方法形成了专门的型号编制标准。机床附件行业企业，大多还能够按照相应的中华人民共和国机械行业标准"JB/T 2326—2005《机床附件 型号编制方法》"进行规范命名。JB/T 2326—2005《机床附件型号编制方法》中机床附件通行方法编制方式如下。

（一）型号组成

机床附件的型号通行方式结构由类代号、通用特性代号、组系代号、主参数代号、第二参数代号、结构代号、重大改进顺序号和与配套主机连接代号或配套主机/主机厂的代号组成，用汉语拼音字母及阿拉伯数字表示。其表示方法如下：

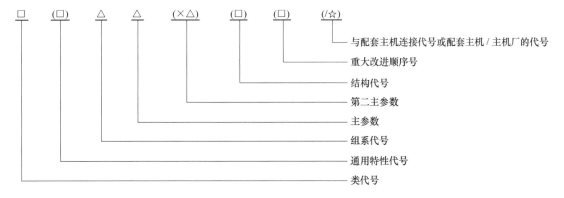

其中，有"（）"的代号或数字，若无内容则删去，反之则去掉括号；"□"符号为大写汉语拼音字母；"△"符号代表阿拉伯数字；"×"和"/"为隔离符号，必要时"/"可变通为"—"；"☆"符号一般为汉语拼音字母和阿拉伯数字组成的特定含义的代号；主机厂的代号可参考 GB/T 15375—2008 中的规定，或与有关方协商。

（二）类代号

机床功能附件按工作状态和基本用途分为 15 类，其代号是用大写的汉语拼音字母组合（夹具下角标有小写字母）表示的，位于型号之首，各类机床功能附件的类代号见表 2-7。

表 2-7　机床功能附件的类代号

类别	刀架	铣头与插头	顶尖	分度头	孔系组合夹具	槽模组合夹具	冲模组合夹具	夹头	卡盘	机用虎钳	刀杆	工作台	吸盘	镗头与多轴头	其他
代号	A	C	D	F	H_k	H_e	H_m	J	K	Q	R	T	X	Z	P

（三）通用特性代号

机床功能附件的通用特性代号位于类代号之后，用大写的汉语拼音字母表示，型号中，一般只表示一个最主要的通用特性。通用特性代号见表 2-8。

表 2-8　机床功能附件通用特性代号

通用特性	高精度	精密	电动	液动	气动	光学	数显	数控	强力	模块
代号	G	M	D	Y	Q	P	X	K	S	T

（四）组系代号

机床功能附件的组、系代号分别用一位阿拉伯数字表示，组代号在前，系代号在后，他们位于通用特性代号之后。

（五）主参数和第二参数

机床功能附件的主参数和第二主参数均用阿拉伯数字表示，位于组系代号之后。两个参数均有时，两者之间用"×"号分开。

（六）结构代号

当同一系列机床功能附件主参数相同而结构性能不同时，在第二主参数后加结构代号表示。结构代号起着在同类机床附件中区分不同结构、性能的作用。用于结构代号的字母有 13 个，即 L、M、N、P、Q、R、S、T、U、V、W、Y、Z。

（七）重大改进顺序号

机床功能附件的重大改进顺序号用大写汉语拼音字母表示，位于原型号中结构代号之后，以命名先后从 A 到 K 的 10 个字母（I 除外）依次选用。

（八）与配套机床的连接代号

当需要表示与配套机床连接型式或配套主机/主机厂代号时，可用与主机相关的连接代号或配套主机/主机厂的代号表示。连接代号应与机床有关代号一致，位于改进顺序号之后，并用斜线"/"与其分开。

卡盘是各类车床夹持工件用的主要附件，也常用于铣床分度头、加工中心及外圆磨床等机床的配套。类代号为 K，分 9 个组系，其组系代号见表 2-9。

表 2-9 卡盘组系划分

组	组系代号	机床附件名称	主 参 数	第二主参数	备 注
手紧自定心卡盘	00	二爪手紧卡盘	卡盘直径	—	—
	01	三爪手紧卡盘	卡盘直径	—	—
	02	四爪手紧卡盘	卡盘直径	—	—
盘丝式自定心卡盘	10	二爪自定心卡盘	卡盘直径	—	—
	11	自定心卡盘	卡盘直径	—	—
	12	四爪自定心卡盘	卡盘直径	—	—
	13	六爪自定心卡盘	卡盘直径	—	—
	15	轻型自定心卡盘	卡盘直径	—	三爪
	18	重型自定心卡盘	卡盘直径	—	三爪
可调自定心卡盘	31	可调自定心卡盘	卡盘直径	—	—
	32	四爪可调自定心卡盘	卡盘直径	—	—
	33	六爪可调自定心卡盘	卡盘直径	—	—
	35	轻型可调自定心卡盘	卡盘直径	—	—
动力卡盘	41	杠杆式动力卡盘	卡盘直径	（通孔直径）	—
楔式动力卡盘	50	二爪楔式动力卡盘	卡盘直径	（通孔直径）	—
	51	楔式动力卡盘	卡盘直径	—	—
	52	楔式动力卡盘	卡盘直径	通孔直径	—
	53	楔式动力卡盘	卡盘直径	（通孔直径）	前置式
	54	高速楔式动力卡盘	卡盘直径	—	—
	55	高速楔式动力卡盘	卡盘直径	通孔直径	—
	57	四爪楔式动力卡盘	卡盘直径	（通孔直径）	—
复合卡盘	60	二爪复合卡盘	卡盘直径	—	—
	61	三爪复合卡盘	卡盘直径	—	—
	62	四爪复合卡盘	卡盘直径	—	—
管子卡盘	65	三爪管子卡盘	卡盘直径	（通孔直径）	—
	66	四爪管子卡盘	卡盘直径	（通孔直径）	—
单动卡盘	72	单动卡盘	卡盘直径	—	—
	75	轻型单动卡盘	卡盘直径	—	—
	78	重型单动卡盘	卡盘直径	—	—
其他卡盘	92	斜齿条手动卡盘	卡盘直径	（通孔直径）	—
	93	斜齿条动力卡盘	卡盘直径	（通孔直径）	—

五、各公司型号编制说明

在一段时期内，新产品的编号基本能够按照标准要求进行命名。进入 21 世纪，民营企业大量进入该行业，国外同类产品逐渐进入国内市场，机床功能附件产品的叫法和命名规则也影响到了后来同行业厂家对产品的命名。下面，暂把能够收集到的同行业公司，而且也能够代表行业水平的公司典型产品命名规则加以说明。

（一）呼和浩特众环（集团）有限责任公司型号编制

1）K11250C/A16 手动卡盘型号编制说明。

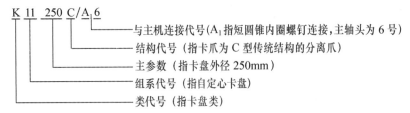

与主机连接代号(A₁指短圆锥内圈螺钉连接,主轴头为 6 号)
结构代号（指卡爪为 C 型传统结构的分离爪）
主参数（指卡盘外径 250mm）
组系代号（指自定心卡盘）
类代号（指卡盘类）

2）KM3110″A 手动卡盘型号编制说明。

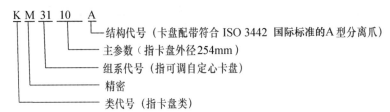

结构代号（卡盘配带符合 ISO 3442 国际标准的 A 型分离爪）
主参数（指卡盘外径 254mm）
组系代号（指可调自定心卡盘）
精密
类代号（指卡盘类）

（二）浙江园牌机床附件有限公司型号编制

1）DK11250A／A16 手动卡盘型号编制说明。

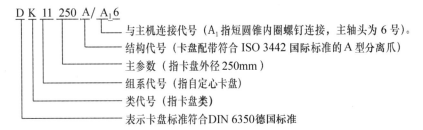

与主机连接代号（A₁指短圆锥内圈螺钉连接,主轴头为 6 号）。
结构代号（卡盘配带符合 ISO 3442 国际标准的 A 型分离爪）
主参数（指卡盘外径 250mm）
组系代号（指自定心卡盘）
类代号（指卡盘类）
表示卡盘标准符合DIN 6350德国标准

2）K72630/D15 手动卡盘型号编制说明。

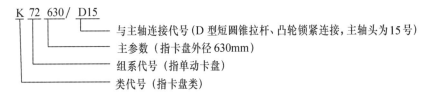

与主轴连接代号(D 型短圆锥拉杆、凸轮锁紧连接,主轴头为15号)
主参数（指卡盘外径 630mm）
组系代号（指单动卡盘）
类代号（指卡盘类）

（三）浙东机床附件有限公司型号编制

1）GK11-250A 手动卡盘型号编制说明。

结构代号（卡盘配带符合 ISO 3442 国际标准的 A 型分离爪）
主参数（指卡盘外径 250mm）
组系代号（指自定心卡盘）
类代号（指卡盘类）
表示钢盘体

2）DK12630A 手动卡盘型号编制说明。

```
D K 12 630 A
          └── 结构代号（卡盘配带符合 ISO 3442 国际标准的 A 型分离爪）
        └──── 主参数（指卡盘外径 630mm）
      └────── 表示四爪自定心卡盘
    └──────── 类代号（指卡盘类）
 └─────────── 表示卡盘标准符合 DIN 6350 德国标准并配有前锁式规格
```

（四）瓦房店永川机床附件有限公司型号编制

1）K11315A 手动卡盘型号编制说明

```
K 11 315 A
        └── 结构代号（卡盘配带符合 ISO 3442 国际标准 A 型分离爪）
      └──── 主参数（指卡盘外径 315mm）
    └────── 组系代号（指自定心卡盘）
 └───────── 类代号（指卡盘类）
```

2）K72500/D8 手动卡盘型号编制说明

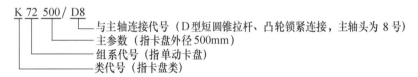

```
K 72 500/ D8
          └── 与主轴连接代号（D 型短圆锥拉杆、凸轮锁紧连接，主轴头为 8 号）
      └────── 主参数（指卡盘外径 500mm）
    └──────── 组系代号（指单动卡盘）
 └─────────── 类代号（指卡盘类）
```

参考文献

［1］机械设计手册编委会．机械设计手册［M］．北京：机械工业出版社，2004.8：3-12～3-38.

［2］全国金属切削机床标准化技术委员会．机床主轴端部与卡盘连接尺寸第 1 部分：圆锥连接：GB/T 5900.1—2008［S］．北京：中国标准出版社，2008.

［3］全国金属切削机床标准化技术委员会．机床主轴端部与花盘第 2 部分：凸轮锁紧型：GB/T 5900.2—1997［S］．北京：中国标准出版社，1997.

［4］全国金属切削机床标准化技术委员会．机床主轴端部与卡盘连接尺寸第 3 部分：卡口型：GB/T 5900.3—1997［S］．北京：中国标准出版，1997.

［5］全国金属切削机床标准化技术委员会．机床手动自定心卡盘：GB/T 4346—2008［S］．北京：中国标准出版社，2009.

［6］中华人民共和国国家发展和改革委员会．机床附件型号编制方法：JB/T 2326—2005［S］．北京：机械工业出版社，2006.

［7］中国机床总公司机床附件联销部，洛阳市亚港机床工具公司等．实用机床附件手册［M］．郑州：河南科学技术出版社，1998.6：46-68.

［8］呼和浩特众环（集团）有限责任公司．呼和浩特众环（集团）有限责任公司产品样本［Z］．2018：1-58.

第三章　机床手动卡盘优化设计及分析

本章将通过锥齿轮及盘丝等卡盘零件的标准化设计，利用专用标准刀具进行加工，对关键尺寸进行重新计算，以使所加工的零件能够实现互换，保证卡盘的使用精度和使用寿命，从而得到标准化的卡盘。

同时应用 SolidWorks 软件对 K11250 自定心卡盘及 K72250 单动卡盘组成零件进行了实体建模，并对关键受力零部件如盘体、盘丝、卡爪、锥齿轮及丝杆等在静止和运动状态进行了力学分析计算，确定了静态夹紧力与动态夹紧力。利用 ANSYS WorkBench 对关键受力零部件进行了有限元分析，验证了零件的力学性能和载荷分布。

第一节　机床手动卡盘标准化计算

为适应配套和市场需求，使所加工的零件能够及时方便地更换，并保证卡盘的使用精度和使用寿命，期望能够将卡盘零件进行标准化设计，并利用标准刀具进行加工。为达到该目的，必须对主要关键尺寸进行核算（包括锥齿轮齿形在内），进而得到标准化的卡盘。

由于工厂所采用的锥齿轮加工刀具都是自制刀具，所以生产出的锥齿轮并没有标准化，而且刀具也需要自己制作，增加了加工成本以及难度，对于一些小型企业，磨损的零件无法更换，导致加工精度越来越低，大大降低了加工效率，如果卡盘的所有零件都标准化，那么及时更换易损零件，必然可以增加卡盘的使用寿命，而且卡盘的使用精度也可以得到保证。本文通过计算锥齿轮和盘丝标准化设计，进行锥齿轮和盘丝的 8 个关键参数计算，确定渐开线形状，进而绘制出标准化齿形。

一、锥齿轮齿形及盘丝齿形设计

（一）设计主要参数

（1）大齿轮分度圆直径　大齿轮分度圆直径的大小根据卡盘的内腔而定，D_A 为大齿轮在 $A-A$ 剖面的分度圆直径，D_B 为大齿轮在 $B-B$ 剖面的分度圆直径（如图 3-1 所示），D_B 的大小根据经验公式可得

$$D_B = (0.7 \sim 0.85) D_A$$

（2）小齿轮齿数　当 $D_A > 250\text{mm}$ 时，采用齿数为 9，即 $Z_小 = 9$；当 $D_A < 250\text{mm}$ 时，采用齿数为 10，即 $Z_小 = 10$。这里我们取 $Z_小 = 10$。

（3）大齿轮齿数　按照经验公式可求出大齿轮齿数 $Z_大$ 为

$$Z_大 = \sqrt{\frac{D_A}{0.0325}}$$

（4）基本计算　传动比 $i_{大小} = Z_小/Z_大$，节锥角 $\tan\varphi = i_{大小}$。

在自定心卡盘中 $i_{大小}$ 一般在 $0.078 \sim 0.27$ 之间，大齿轮展开的齿廓曲线可近似成直线，即可在以后的设计中看作齿条与小齿轮的啮合进行设计。

（二）标准化计算

1）如图 3-1 所示，在 $A-A$ 剖面上，大小齿轮的基本尺寸计算。

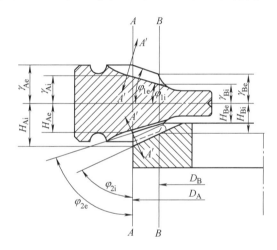

图 3-1　锥齿轮盘丝配合轴向剖面图

大齿轮分度圆半径：$R_A = D_A/2$

小齿轮分度圆半径：$r_A = R_A\tan\varphi_小$

小齿轮基圆半径：$r_{AO} = r_A\cos\alpha$

式中　α——分度圆上渐开线压力角，取 $\alpha = 25°$。

端面周节的计算：$T = \pi D_A/Z_大$

端面模数：$M_A = T/\pi$

2）如图 3-1 所示，在 $B-B$ 剖面上大小齿轮的基本尺寸计算。

大齿轮分度圆半径：$R_B = D_B/2$

小齿轮分度圆半径：$r_B = R_B\tan\varphi_小$

小齿轮基圆半径：$r_{BO} = r_B\cos\alpha$

式中　α——分度圆上渐开线压力角，取 $\alpha = 25°$。

端面周节的计算：$t = \pi D_B / Z_大$

端面模数：$M_B = t/\pi$

（三）齿形的构成

构成齿形应满足以下要求：

1）不允许出现根切现象。

2）大小齿轮的齿形均能用成形铣刀一次分度铣成。

3）传动应为渐开线传动。

齿形的构成可以采用作图法和计算法两种方法作出。

1. 作图法

用作图法绘制齿形构成图，通常采用20∶1的比例作图，其作图步骤如下（如图3-2所示）：

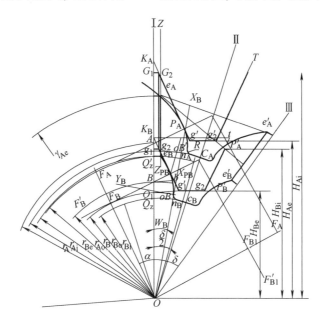

图3-2　自定心卡盘大小齿轮齿形构成图

1）以 O 为圆心，以 r_A 和 r_B 为半径作两圆弧，分别与 O-I 线交于 A 点、B 点。

2）将齿角 $\delta\left(\delta = \dfrac{360°}{Z_小}\right)$ 分为两等份，自 O 点引出三条线 O-I、O-II、O-III，其相邻内夹角为 $\dfrac{\delta}{2}$。

3）过 B 点作 O-I 垂线 Bb，此线便是大齿轮在 BB 剖面上的分度线。

4）截取 $Bb = \dfrac{t_B}{4}$，过 b 点作一条直线与 O-I 呈25°的夹角，其交点为 K_B，此直线则为 BB 剖面上大齿轮齿形的一个侧面。

5）过 B 点作 $K_B b$ 的垂直线，交 $K_B b$ 于 P_B 点，BP_B 即是大小齿轮在 BB 剖面的啮合线，点 P_B 是图示状态下大小齿轮在 BB 剖面上的啮合点。

6）以 O 为圆心作啮合线 BP_B 的垂线，与其延长线交于 F_B 点，以 OF_B 为半径（r_{BO}）作弧，此弧是小齿轮在 BB 剖面上的基圆弧。与 O-Ⅰ线交于 Q_1 点。

7）过 A 点作一直线与 O-Ⅰ线呈65°夹角，与 OF_B 的延长线交于 F_A 点，$F_A A$ 为大齿轮在 AA 剖面的啮合线。

8）以 OF_A 为半径（r_{AO}）作弧，此弧为小齿轮在 AA 剖面上的基圆弧。

9）过 P_B 点作一直线平行于 O-Ⅱ线，并与 $F_A A$ 的延长线交于 P_A 点。P_A 点是图示状态下大小齿轮在 AA 剖面的啮合点。$P_A P_B$ 是图示状态下大小齿轮的齿侧啮合线。

这样确定 P_A 点，使刀具沿 O-Ⅱ线所铣出的小齿轮齿形，可以保证小齿轮任意径向剖面在分度圆上渐开线的压力角 α 相等，$\alpha = 25°$。

10）过 P_A 点作一直线与 O-Ⅰ线呈25°角，其交点 K_A，则 $P_A K_A$ 为大齿轮在 AA 剖面上的一个齿侧面。

11）作 ZZ 线平行于 O-Ⅰ线，两线间的距离为小齿轮齿顶宽的一半，其数值可从以下经验数值选出：小齿轮外圆为 $\phi 20 \sim \phi 25mm$ 时取 $0.4 \sim 0.5mm$；$\phi 25 \sim \phi 35mm$ 时取 $0.6mm$；大于 $\phi 35mm$ 时取 $0.75mm$。

12）以 F_A 为圆心，以 $F_A P_A$ 为半径作弧，交 ZZ 于 e_A 点，此 $\overparen{P_A e_A}$ 弧即是小齿轮 AA 剖面上齿廓的上部曲线。

13）在 $P_B F_B$ 线上截取 $P_B F_B' = P_A F_A$，并以 F_B' 为心，以 $P_B F_B'$ 为半径作弧，交 ZZ 线于 e_B 点。则 $\overparen{P_B e_B}$ 弧是小齿轮 BB 剖面上齿廓的上部曲线。

14）以 O 为圆心，以 Oe_A（r_{Ae}）为半径作弧，此弧是小齿轮在 AA 剖面上的齿顶弧。

15）以 O 为圆心，以 Oe_B（r_{Be}）为半径作弧。此弧是小齿轮在 BB 剖面上的齿顶弧。

16）过 K_B 作 tK_B 垂直于 O-Ⅰ线，使 $tK_B = t$。

17）过 t 作 tq_2 与 $K_B t$ 呈65°夹角。此线是大齿轮 BB 剖面另一侧面。

18）以 r_{BO} 为半径的基圆弧与 O-Ⅰ线交于 Q_1 点，过 Q_1 点作 O-Ⅰ线的垂线交 $K_B b$ 于 q_1，交 tq_2 于 q_2。则 $q_1 q_2$ 是大齿轮 BB 剖面齿顶。

19）过 K_A 点作 TK_A 垂直于 O-Ⅰ线，使 $K_A T = T$。再过 T 点作直线 Tq_2' 与 $K_A T$ 呈65°角。则 Tq_2' 是大齿轮的另一齿侧面。

20）在 $K_A P_A$ 与 Tq_2' 两线之间，截取 $q_1' q_2'$ 平行等于 $q_1 q_2$。则 $q_1' q_2'$ 是大齿轮齿顶。

21）在 O-Ⅰ线上过 Q_1 点作 $Q_1 Q_2 = 0.07t$，以 OQ_2（r_{Bi}）为半径作弧，即得小齿轮 BB 剖面上的齿根弧。$Q_1 Q_2$ 为啮合齿的径向间隙。齿根弧与 O-Ⅱ线交于 C_B 点。

22）作小齿轮 BB 剖面齿廓 P_B 点以下的曲线。小齿轮的此段齿廓曲线是以 r_{BO} 为基圆半径的渐开线，此渐开线可用展成法或查表计算法绘出。

23）渐开线的绘制：

① 展成法，即极坐标法。其绘制原理：一直线沿基圆周滚动时，其直线上任意一点的运动轨迹。

② 计算法，即原点取在渐开线起始点 O_B 的直角坐标法。其计算方法如下：

a. 计算 O 点同基圆上渐开线起点（O_B）的连线 OO_B 与 $O-I$ 线的夹角 W_B：

$$W_B = \frac{90}{Z_{小}} + 1.717°$$

O_B 点即渐开线直角坐标中心点。自 O 点作 OO_B 的延长线为 x_B 轴，过 O_B 点作 x_B 轴的垂线，则为 y_B 轴。

b. 计算最小值 x_{min} 和最大值 x_{max}：x 值很多，不是所有 x 值都被利用，因此需要计算出 x 最小和 x 最大，以便在此范围内选择使用。

$$x_{min} = 0$$

x_{max} 按以下方法确定：自 P_B 点作 x_B 轴的垂线交 x_B 轴于 x_{PB} 点，

则 $x_{max} = \dfrac{O_B x_{PB}}{r_{BO}}$；$O_B x_{PB}$ 可由图中测量出来。

x_{min} 也可推导出，其值为

$$x_{min} = \frac{\cos\theta P_B}{\cos\alpha P_B} - 1$$

c. 在 0 到 x_{max} 范围内，选择座标 x 值数点（一般取 4~6 点）及其对应的 y 数点，并分别乘以基圆半径（r_{BO}）即得出齿廓曲线的 $X_R - Y_R$ 直角坐标系的坐标点。连接各点即得小齿轮 BB 剖面 P_B、O_B 之内的齿廓曲线。由于基圆大于齿根圆（$r_{BO} > r_{Bi}$），且基圆以内无渐开线，则基圆与齿根圆之间的齿廓曲线为沿 OO_B 线上的一段直线及齿根圆以圆弧连接的一段曲线。

24）过 C_B 点作 $O-II$ 线的垂线，与 OO_B 交于 n_B 点。此 $O_B-n_B-C_B$ 线就是小齿轮 BB 剖面上齿底部分的齿廓曲线。为了提高其强度 $O_B-n_B-C_B$ 应以适当的圆弧 R 连接（$R \leqslant OB_x$）。

25）将小齿轮 BB 剖面 P_B 点以下的齿廓曲线 $C_B-n_B-O_B-P_B$ 沿 $O-II$ 线平行移动自 P_B 至 P_A，得 $C_A-n_A-O'_B-P_A$ 曲线；此曲线是小齿轮 AA 剖面上 P_A 点以下的齿廓曲线。此时 AA 剖面小齿轮齿根弧为 $r_{Ai} = OC_A = r_{Bi} + P_A P_B$。

26）r_{Be} 弧与 $O-I$ 线交点 Q'_2，截取 $Q'_2 g_1 = 0.07t$；以 g_1 作 $O-I$ 线的垂线交 $K_B P_B$ 于 g_2 点，则 $g_1 g_2$ 为 BB 剖面大齿轮齿顶 H_{Be}。

27）过 g_2 作 $O-I$ 线的平行线，交 $K_A P_A$ 于 G_2，过 G_2 作 $O-I$ 线的垂线交 $O-I$ 线于 G_1，则 $G_1 G_2$ 为大齿轮 AA 剖面齿根 H_{Ai}。

28）以 $O-II$ 线为对称轴，分别作出小齿轮 AA 剖面齿廓曲线 $e_A-P_A-O'_B-n_A-C_A$ 的对称线和 BB 剖面齿廓曲线 e_B—P_B—O_B—n_B—C_B 的对称线，即得出小齿轮 AA 剖面、BB 剖面的全部齿廓曲线。

29）测量出 r_{Ae}、r_{Ai}、r_{Be}、r_{Bi}、H_{Ae}、H_{Ai}、H_{Be}、H_{Bi} 和大小齿轮 AA 剖面齿槽的各部分尺寸，然后即可作出大小齿轮轴向剖面图和大小齿轮的齿槽工作图。

2. 计算法

用计算法构成齿形，就是利用计算的方法求出 r_{Ae}、r_{Ai}、r_{Be}、r_{Bi}、H_{Ae}、H_{Ai}、H_{Be}、H_{Bi} 等 8 个尺寸，求出大小齿轮在 A–A 剖面、A'–A' 剖面的各部分坐标尺寸，即可绘出所需图形。

（1）计算大小齿轮顶锥角和根锥角　在绘制齿形构成图的基础上再绘制轴向剖面图（如图 3-1 所示），并求出大小齿轮的顶锥角和根锥角。

$$\mathrm{tg}\varphi_{1e} = \frac{r_{Ae} - r_{Be}}{R_A - R_B}$$

$$\mathrm{tg}\varphi_{1i} = \frac{r_{Ai} - r_{Bi}}{R_A - R_B}$$

$$\mathrm{tg}\varphi_{2e} = \frac{R_A - R_B}{H_{Ae} - H_{Be}}$$

$$\mathrm{tg}\varphi_{2i} = \frac{R_A - R_B}{H_{Ai} - H_{Bi}}$$

式中　　φ_{1e}——小齿轮顶锥角；

φ_{1i}——小齿轮根锥角；

φ_{2e}——大齿轮顶锥角；

φ_{2i}——大齿轮根锥角。

（2）绘制大小齿齿轮工作图　即大小齿轮铣刀刀型图。

1）大齿轮（盘丝）成形片铣刀齿形：盘丝铣刀是用直线刃边之片铣刀，其尺寸系以齿形构成图为依据。由于加工时，铣刀移动方向平行于齿底，故铣刀的齿形应当是垂直于齿底的 $A'A'$ 剖面齿形，所以应当将 AA 剖面齿形修正成为 $A'A'$ 剖面齿形（如图 3-3 所示）。

①AA 剖面压力角 $\alpha = 25°$；$A'A'$ 剖面压力角 $\mathrm{tg}\alpha_1 = \dfrac{\mathrm{tg}\alpha}{\sin\varphi_{2i}}$。②AA 剖面齿槽深 H；$A'A'$ 剖面齿槽深 $H' = H\sin\varphi_{2i}$。③AA 剖面和 $A'A'$ 剖面齿槽宽 S 相等。

公式推导：$\Delta bb'O$ 为 AA 剖面；$\Delta bb'O$ 为垂直齿底的 $A'A'$ 剖面。

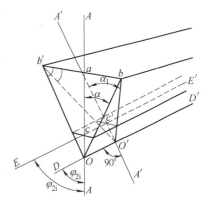

图 3-3　大齿轮成形铣刀齿形

$$\angle aob = \alpha, \quad \angle ao'b = \alpha'; \quad ac = H; \quad ac' = H';$$

$$EE' \parallel DD' \; ; \; AA' \perp DD' \; ; \; b'b = S$$

解：

$$\because ao = \frac{ab}{\text{tg}\alpha} \; ; \; ao' = \frac{ab}{\text{tg}\alpha'}$$

$$\sin\varphi_{2i} = \frac{aO'}{aO} = \frac{\text{tg}\alpha}{\text{tg}\alpha'}$$

$$\therefore \text{tg}\alpha' = \frac{\text{tg}\alpha}{\sin\varphi_{2i}}$$

$$\because ac' = ac\sin\varphi_{2i} \; ;$$

$$\therefore H' = H\sin\varphi_{2i}$$

2）小齿轮成形片铣刀齿形：由于加工时铣刀移动方向平行于齿底，故铣刀的齿形应是垂直于齿底的 $A'A'$ 剖面齿形，所以应将 AA 剖面齿形修正成为 $A'A'$ 剖面齿形（如图 3-4a、b 所示）。

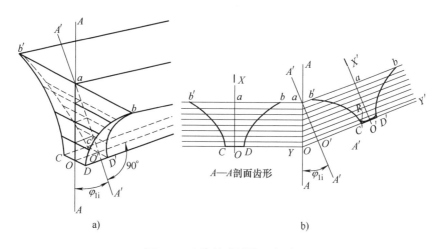

图 3-4　小齿轮成形铣刀齿形

平面 $bb'CD$ 为 AA 剖面；平面 $bb'C'D'$ 为 $A'A'$ 剖面，且垂直于齿底面 OO'；由图 3-4a 得知，AA 剖面和 $A'A'$ 剖面内的 bb' 相等：$y' = y$；由图 3-4b 得知，AA 剖面齿深 x 和 $A'A'$ 剖面齿深 x' 的关系为 $x' = x\cos\varphi_{1i}$；为了加强小齿轮的强度和刀具寿命，铣刀尖采用 $R0.2 \sim R0.4\text{mm}$ 的圆角。

二、盘丝曲线、卡爪弧曲线的理论分析

（一）盘丝曲线的分析（阿基米德螺线）

自定心卡盘的精度和精度稳定性，主要决定于盘丝和卡爪的精度。但由于过去的图样对其曲线的选择及其优缺点没有进行系统分析，现根据我国生产的实际情况进行初步探讨性分析。

我国在 20 世纪 80 年代之前各生产厂都采用阿基米德螺线作为盘丝曲线，其主要利用三个特点：

1）有等距性，理论上通过极心的一直线被螺线所截各段距离相等，即各螺距相等。

2）有等进性，理论上，曲线上各点从不同位置转动，当其转动角度相等时，其径向位移量相等，即当盘丝转动时，三个卡爪径向移动量相等以保持定心精度。

3）当螺距一定时，其曲线各点的极次法距相等。推导如下：

阿基米德螺线即动点 M 沿着半径作直线匀速前进，同时绕极心匀速转动。其极坐标方程为

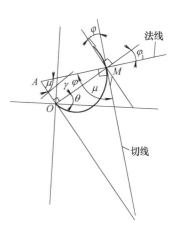

$$r = vt \quad \theta = \omega t$$

$$\therefore \ r = \frac{v}{\omega}\theta \quad \therefore \ \frac{v}{\omega} = \frac{S}{2\pi}$$

式中　S——螺距

$$\therefore r = \frac{S}{2\pi}\theta \quad 令\ \frac{S}{2\pi} = a$$

则

$$r = a\theta$$

a 在阿基米德螺线上的几何意义，如图 3-5 所示。AO 即称为极次法距。

图 3-5　阿基米德螺线

$$AO = \frac{r}{\text{tg}\mu}$$

$$\because \ \text{tg}\mu = \theta$$

$$\therefore \ AO = \frac{r}{\theta} = \frac{a\theta}{\theta} = a = \frac{S}{2\pi}$$

从 $AO = \dfrac{S}{2\pi}$ 中，可看出一条阿基米德螺线的极次法距，当螺距已定，则为一个常数，它不随着 r、μ、θ 的变化而变化，从图 3-6、图 3-7 中可直观地看到 a 的几何意义。

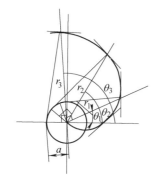

图 3-6　阿基米德螺线特性 1

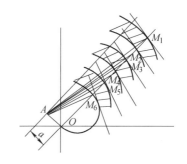

图 3-7　阿基米德螺线特性 2

从图 3-6 中可看出任何一点，其通过极心的连线，再通过极心作连线的垂线与该点法线相交之距离为 $a = \dfrac{S}{2\pi}$，也就是说任何一点的极次法距不变（以 a 为半径的圆称为分割圆）。从图 3-7 中可看出通过极心的一条直线与螺距相等的几条阿基米德螺线相交，其 a 相等，而且都

通过一点。

综上所述，可得出下列结论：①要使盘丝和卡爪配合后的精度高，必须使啮合线通过中心（因只有通过中心所截之螺距才相等并有等进性），而且当卡爪移动时其啮合点不变。②要保证啮合线通过中心，加工盘丝及卡爪弧采用磨削加工时，必须保证使砂轮轴中心线落在该点的法线上。砂轮弧半径按照图3-8的要求，在不同点随时都应改变。

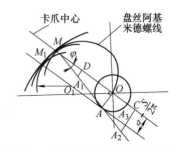

图3-8　卡爪与盘丝的接触点变化图

（二）卡爪牙弧曲线的分析

（1）从上述分析中可知，要使盘丝和卡爪配合后精度高，必须使啮合线通过中心　当卡爪移动时其啮合点不变，从图3-8中明显可看出要达到上述要求，需使啮合点接触在 M_1、M_2、M_3、M_4、M_5、M_6 点上，卡爪牙弧必须满足在 OM_1 线上通过 O 点作垂线以 A 点为圆心，大弧半径为 AM_1、AM_3、AM_5，小弧半径为 AM_2、AM_4、AM_6，而且必须保证当卡爪移动后也保证这个关系，而我们实际加工时采用的卡爪牙弧大弧半径都相等，小弧半径也都相等，因此不可能满足上述条件。因此接触点不可能落在 OM_1 线上，同时当卡爪移动时接触点转移。因此当盘丝为阿基米德螺线时卡爪弧采用圆弧就破坏了阿基米德螺线的等距性和等进性，这是不合理的。

所以，我们认为从理论上，在盘丝采用阿基米德螺线时，卡爪牙弧曲线还找不到一条合理的曲线。国外有采用摆线作牙弧曲线，初步分析达不到上述要求。

（2）采用阿基米德螺线卡爪牙弧选用偏心距 $\left(\dfrac{S}{2\pi}\right)$ 是错误的　我们在设计时选用偏心距的目的是为了加工出的牙弧接触时不产生偏心，而接触在卡爪中心上，从图3-8中看我们希望加工出的牙弧接触点在 M 点上。如按：$AO = a = \dfrac{S}{2\pi}$，如果磨削时采用的磨大弧砂轮半径都等于图3-8中的 MA，砂轮中心在 A 点上，则从图3-8中明显可看出与盘丝接触时接触点落在 M 点。但这在实际中不存在，因磨小弧的砂轮半径应小于盘丝的最小半径，即小于 MA，而磨大弧时砂轮半径应大于盘丝最大半径，即大于 MA，否则就发生沉割，装不到盘丝上去，不可能啮合好，按以前图样中规定偏心距 $a = \dfrac{S}{2\pi}$ 只是一个偏心距。在加工中用垫板将工件垫高 $a = \dfrac{S}{2\pi}$，这样实际磨削出的卡弧，从图3-8中可看出在磨小弧时，砂轮中心落在 O_1 点，而不是 A 点。而与盘丝的接触点在 M_1，而不是在 M。当磨大弧时砂轮中心不是落在 A 点上，而是在 A_3 点上，而与盘丝的接触点也不在 M 点上。小弧接触点接近在 M_1 点上，因此必然产生大小弧的接触点不落在卡爪中心线上，并且由于卡爪移动接触点也移动，使接触点变为接触带，因此是两条偏离中心的斜带（斜带是因为阿基米德螺线每点螺旋角不等）这样必然会影响精度，因为阿基米德螺线的不同点到中心的距离不等。同时由于大小弧接触线不在一条线上，而是有一定距离的两条斜线，因此必然产生不必要的附加扭矩，在工字槽中产生"别劲"现象，造成不应有的磨损。

（三）盘丝新曲线的分析（渐开线）

根据上述分析，盘丝采用阿基米德螺线，则卡爪牙弧不可能有合理曲线，就必然造成精度不稳定及寿命低等现象。而用其对高精度自定心卡盘的设计，从理论上就是不合理的。因之必须打破卡盘制造有史以来110多年的约束。经南京师范学院数学系、南京机床附件厂提出盘丝采用渐开线方案后，于1975年1月17日，由烟台机床研究所组织南京机床附件厂、烟台东方红机床附件厂、呼和浩特机床附件厂、南京师范学院、烟台师专等单位对该方案进行了认真分析，大家一直认为该方案是合理的，解决了阿基米德螺线的先天不足，使卡爪牙弧得到合理设计，能提高精度、精度稳定性及寿命，并有一个突出优点——操作方便，现有专用机床不需改变。当时在烟台东方红机床附件厂及上海机床附件二厂进行了初步试验，效果良好。

1. 渐开线的形成

一直线（如直尺）沿着以 O 为圆心，a 为半径的圆周无滑动地滚动，则直线上定点（如直尺端点 M）就划出一条曲线称为渐开线（如图3-9所示），圆称为渐开线的基圆。

2. 渐开线方程的推导

设 $M(x,y)$ 为渐开线上任意一点（如图3-10所示）过 M 作圆的切线 MP，P 为切点，连接 OP，$OP \perp MP$，$\angle AOP = \varphi$（φ 称滚动角）$PB \perp OA$，$MC \perp PB$，$\angle CPM = \varphi$，$PM = \overset{\frown}{PA} = a\varphi$

于是
$$\begin{cases} x = OB + CM = a\cos\varphi + a\varphi\sin\varphi \\ y = PB - PC = a\sin\varphi - a\varphi\cos\varphi \end{cases}$$

这是以 φ 为参数、基圆半径为 a 的渐开线参数方程。

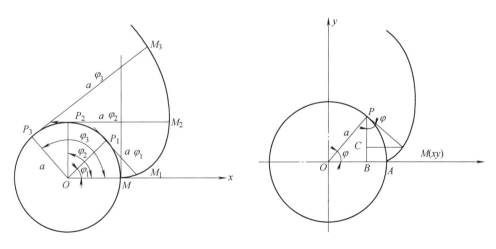

图3-9　极坐标系渐开线　　　　　图3-10　直角坐标系渐开线

3. 渐开线的主要性质

（1）渐开线基圆上一侧切线（不是任意一侧，有方向性）被渐开线所截各段有等距性

如图 3-11 所示，$PM_1 = a\varphi$　　$PM_2 = a(\varphi + 2\pi)$　　$PM_3 = a(\varphi + 4\pi) M_1 M_2 = PM_2 - PM_1 = 2\pi a$

$$M_2 M_3 = PM_3 - PM_2 = 2\pi a$$

$$\therefore M_1 M_2 = M_2 M_3 = M_3 M_4 = \cdots\cdots = 2\pi a = S(\text{螺距})$$

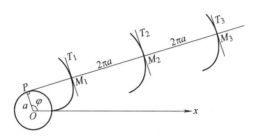

图 3-11　渐开线特性 1

（2）渐开线基圆上一侧切线（不是任意一侧，有方向性）就是渐开线的公法线　设 PM_3 为基圆上的一切线，切点为 P、M_1、M_2、M_3……为渐开线与 PM_3 的交点，其对应的滚动角为 φ、$\varphi + 2\pi$、$\varphi + 4\pi$、……，$M_1 T_1$、$M_2 T_2$、$M_3 T_3$、……分别为 M_1、M_2、M_3、……处的切线。

$M_1 T_1$ 的斜率　　$\dfrac{\mathrm{d}y}{\mathrm{d}x} = \dfrac{a\cos\varphi - a\cos\varphi + a\varphi\sin\varphi}{-a\sin\varphi + a\sin\varphi + a\varphi\cos\varphi} = \mathrm{tg}\varphi$

$M_2 T_2$ 的斜率　　$\dfrac{\mathrm{d}y}{\mathrm{d}x} = \mathrm{tg}(\varphi + 2\pi) = \mathrm{tg}\varphi$

$M_3 T_3$ 的斜率　　$\dfrac{\mathrm{d}y}{\mathrm{d}x} = \mathrm{tg}(\varphi + 4\pi) = \mathrm{tg}\varphi$

因为直线 OP 的斜率也为 $\mathrm{tg}\varphi$，而 $PM_3 \perp OP$，所以 PM_3 为渐开线在点 M_1、M_2、M_3……处的公法线，这个特性是非常重要的，也是区别阿基米德螺线与渐开线的重要特性，这个特性就给卡爪牙弧曲线的合理选择打下了可靠的基础。

这样卡爪牙弧可以正确设计为圆弧，圆心轨迹设计在渐开线基圆的切线上，这样必然使接触点落在切线上，将使卡爪里外弧接触点形成一条离卡爪中心距为 a 的一条接触直线，而不是两条斜线。初步试验证实了这点。

（3）渐开线基圆上一侧各切线（不是任意一侧，有方向性），在不同位置经同一转角时有等进性，与初始位置无关　如图 3-12 所示，设 M 为渐开线上任一点，过 M 作基圆切线 MP，P 为切点，当 OP 转过 $\Delta\varphi$ 到 OP' 时，M 就转到 M'

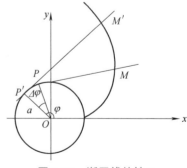

图 3-12　渐开线特性 2

在 $P'M'$ 切线上移动距离为

$$\Delta r = P'M' - PM = a(\varphi + \Delta\varphi) - a\varphi = a\Delta\varphi$$

它与 φ 无关，各点只要 $\Delta\varphi$ 相等，在切线方向移动距离也就相等。

（四）盘丝及卡爪曲线主要参数

1. 盘丝

经上述分析可知：$S(螺距) = 2\pi a$，a 为基圆半径

$$a = \frac{S}{2\pi}$$

图样应标注 S、a 的数据。

2. 卡爪

经上述分析卡爪牙弧采用圆弧是完全合理且经济的。

（1）卡爪牙弧圆心偏心计算　经上述分析，偏心即为盘丝渐开线基圆半径 a。

（2）卡弧半径的选择　从图 3-13 可明显看出：

$$\rho^2 = a^2\varphi^2 + a^2$$

$$\rho > a\varphi \quad a\varphi = \sqrt{\rho^2 - a^2}$$

大弧半径选择：

$$大弧半径 > a\varphi > \sqrt{\rho_{max}^2 - a^2}$$

此时 ρ_{max} 为盘丝最大半径。

小弧半径选择：

$$小弧半径 < a\varphi < \sqrt{\rho_{min}^2 - a^2}$$

此时 ρ_{min} 是盘丝最小半径（盘丝内孔之半）。

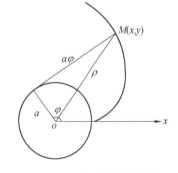

图 3-13　极坐标系渐开线

3. 盘丝渐开线及卡爪弧的磨削

（1）盘丝渐开线的磨削　磨削如图 3-14 所示调整方便，操作简单，因此磨轴不需再调整角度了（因切线是公法线）。

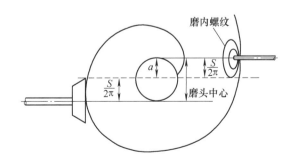

图 3-14　磨削盘丝渐开线示意图

（2）卡爪牙弧的磨削　卡爪牙弧的磨削与现有操作一样，只是将偏心距调整为 a。

第二节　基于 SolidWorks 的自定心卡盘建模与装配

一、基于 SolidWorks 的自定心卡盘三维建模

自定心卡盘主要由盘体、锥齿轮（小锥齿轮）、盘丝（大锥齿轮）和三个卡爪等零件组成，具体结构如图 3-15 所示。三个卡爪在盘体的工字槽中呈 120°均布，并通过相同螺牙与盘丝配合。盘体通过法兰盘或直接与车床主轴前端的短圆锥面配合，起对中定心作用，并通过键来传递扭矩，最后用规定螺钉将卡盘体锁紧在主轴上。

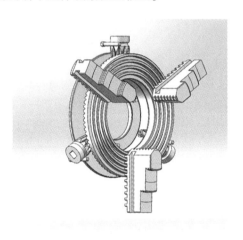

图 3-15　三爪卡盘传动原理图

（一）盘体与压盖的建模

盘体是自定心卡盘主要的组成部件，对整个卡盘装配件起到支撑的作用，实体模型如图 3-16 所示。在卡盘体上均匀分布有三个工字槽，用于放置卡爪，使其在槽内实现径向移动，在相应的盘体端面位置，打印有 1、2、3 三个数字序号，使得与 1、2、3 号基爪（滑座）对应，保证精确配合。卡盘体外径 250mm，内径 80mm。图 3-17 为压盖实体模型示意图，压盖主要作用是支撑和固定盘丝。压盖外径 203mm，内径 80mm。盘体和压盖之间利用螺栓结合在一起，组成装配体，并在相应部位加工出与主轴联接的螺纹孔。

图 3-16　盘体实体模型

图 3-17　压盖实体模型

（二）盘丝的建模

盘丝是由平面螺纹和锥齿轮构成，如图 3-18、图 3-19 所示，平面螺纹和卡爪啮合使之在槽内实现径向移动，而锥齿轮部分在小锥齿轮的作用下使盘丝转动。

图 3-18　盘丝实体模型 a　　　　　　　　图 3-19　盘丝实体模型 b

（三）小锥齿轮及卡爪的建模

小锥齿轮如图 3-20 所示，利用小锥齿轮上的方孔将动力输入，再与盘丝背面的锥齿轮啮合使盘丝运动。卡爪实体模型如图 3-21 所示。

 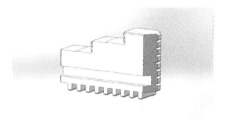

图 3-20　小锥齿轮实体模型　　　　　　　　图 3-21　卡爪实体模型

二、自定心卡盘装配

前文中已建立了 K11250 自定心卡盘的主要零件的三维模型，如图 3-22 所示，现在将其装配到一起，形成完整的装配体。

图 3-22　K11250 自定心卡盘装配图

（一）K11250 自定心卡盘的装配过程

装配过程：

1）新建一个装配文件，导入盘体，给盘体加固定约束。

2）导入卡爪1，选取重合约束，使卡爪1的工字口与盘体工字口配合。同理导入卡爪2、卡爪3，施加重合约束。

3）导入盘丝，选取同心约束，使得盘丝与盘体同心，然后再施加重合约束使盘体与盘丝接触在一起。再选取相切约束，选择卡爪1与盘丝的啮合面，使盘丝与卡爪1接触，同理选择卡爪2、卡爪3施加约束。

4）导入小锥齿轮，选取同心约束，使小锥齿轮与齿轮孔同轴。

5）导入定位螺钉，选取同心约束，使定位螺钉与定位螺钉孔同轴，再选择定位螺钉上表面与盘体表面重合。选择相切约束，使定位螺钉和小锥齿轮配合。

6）导入压盖，选取同心约束，使压盖与盘体同轴，再选取重合约束，使压盖与盘丝接触。

7）导入固定螺钉，选取同心约束，使固定螺钉与螺钉孔同轴，再选取重合约束，使固定螺钉与螺钉孔接触。

8）最后选择圆周零部件阵列，选择小锥齿轮、定位螺钉、固定螺钉，角度120°实例数为3，阵列零件。

（二）K11250 自定心卡盘爆炸图及干涉检验

将所有零部件装配完成后，由于盘体、压盖等零件的遮挡无法了解其内部结构，为了能够了解在总装配体中各个部件所处的布局关系，可生成爆炸视图来展示位置关系（如图3-23所示）。采用 SolidWorks 中生成爆炸图命令，在装配体中进行爆炸生成。

为检验装配体各零部件之间出现因为结构设计不合理而导致的干涉现象，或者需要改进各零部件的结构尺寸设计时，可利用 SolidWorks 中干涉检验命令对其进行检查，从而使得该装配文件能够用于实际生产制造。点击装配体文件中的干涉检查命令，则软件自动显示在装配过程中出现的各种干涉现象。在这些干涉现象中，有些是由于过盈配合导致，对此忽略不计，有些是因为结构尺寸设计不合理导致，则需要对其进行改进。对改进后的装配体进行干涉检验后，除过盈部位外，其余结构设计合理，可满足实际制造生产中的装配要求。

图 3-23　K11250 自定心卡盘爆炸图

第三节　自定心卡盘关键零部件的应力分析

对自定心卡盘，如要满足在实际使用中的需求，需要对卡盘中关键零件的受力进行有限元分析，确定每个零件结构设计合理，满足力学要求。本文采用 ANSYS Workbench 软件的 Static Structural 静力学分析模块对该零件进行有限元分析。

一、小锥齿轮有限元分析

小锥齿轮是自定心卡盘主要受力件和薄弱件，下面以小锥齿轮为例进行其应力分析。

1. 材质选择

小锥齿轮材料为 40Cr，材质屈服极限为 785MPa，密度为 7.85 g/cm³。在软件材质库中设定屈服极限、泊松比和密度。

2. 模型导入

打开 Geometry 选项进入 DesignModeler，选择 file 选项下的 Import External Geometry File 导入小锥齿轮模型，之后关闭 DesignModeler，如图 3-24 所示。

3. 网格划分

打开 Model 选项进入 Mechanical，选择 Outline 中的 Mesh 选项，此时可以在 Detail of "Mesh" 修改网格参数。修改好后右击 Mesh 选项，在弹出菜单中选择 Generate 生成网格，最终网格如图 3-25 所示。

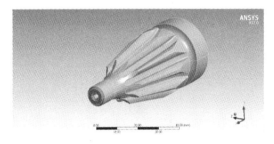

图 3-24　小锥齿轮模型　　　　　　　　　　图 3-25　小锥齿轮网格

4. 添加约束条件与力载荷

由齿轮啮合原理可知，齿轮啮合线固定不动，小锥齿轮依靠盘体支撑，扳手产生的力矩作用在小锥齿轮大端的端面上，根据以上条件施加约束条件与载荷。选择 Outline 中的 Static Structural 选项，在出现的 Environment 工具栏中 Supports 选择 Fix support 命令，在 Detail of "Static Structural" 中 Geometry 选择啮合线施加固定约束。然后在 Environment 工具栏中 Supports 选择 Frictionless support 命令，在 Environment 工具栏中 Loads 选择 Moment 命令，在 Detail of "Static Structural" 中 Geometry 选择与板手接触面施加 X 轴方向 320N·m 力矩，最终约束条件与力载荷如图 3-26 所示。

图 3-26　小锥齿轮约束

5. 求解及后处理

选择 Outline 中的 Solution 选项，在出现的 Solution 工具栏 Strain 中选择 Equivalent，Stress 中选择 Equivalent。在 Probe 中选择 Force Reaction 中的 Detail of "Force Reaction"，在 Boundary Condition 中选择啮合线的固定约束。右击 Solution 在出现的菜单中点击 Solve 进行求解，最后结果如图 3-27 所示。根据 Force Reaction 显示齿轮啮合线处反力为 22786 N，基本与计算结果相同。根据 Equivalent Stress 应力为 660MPa，满足强度要求，最终结果如图 3-28 所示。

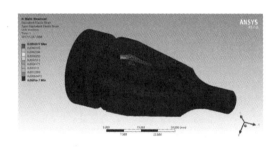

图 3-27　小锥齿轮应变分布图

图 3-28　小锥齿轮应力分布最终结果

二、其他零件有限元分析

对盘丝、卡爪和盘体进行静力学分析，得到各自的有限元分析结果。首先在 Geometry 选项中导入已经装配好的盘丝、卡爪和盘体模型文件，然后在 Mechanical 选择左侧 Outline 中的 Connections 中的 Contacts 命令，编辑各个接触面的属性，划分网格，施加约束和载荷，完成上述步骤进行求解。对盘丝、卡爪和盘体分别进行后处理。

1. 盘丝静力学有限元分析

从盘丝应力分布图 3-29 可以看出盘丝应力主要分布在盘丝与卡爪、盘丝与小锥齿轮接触处。根据 Equivalent Stress 最大应力为 784MPa，接近于 40Cr 钢屈服极限 785MPa。

2. 卡爪静力学有限元分析

从卡爪应力分布图 3-30 可见，应力主要集中在卡爪与工件接触面、卡爪与盘丝接触面。根据 Equivalent Stress，卡爪的最大应力为 656MPa，小于 20CrMnTi 屈服极限 835MPa，满足强度要求。根据 Force Reaction，卡爪夹紧力为37627N，略大于理论值35200N。

图 3-29　盘丝应力分布图　　　　　　　图 3-30　卡爪应力分布图

3. 盘体静力学有限元分析

从盘体应力分布图 3-31 可见，工字口下表面受到一个向上的力，上表面受到一个向下的力，两个力会产生一个力矩使得工字口产生弯曲变形。根据 Equivalent Stress，盘体的最大应力为 304MPa，其他部分最大应力为 100MPa，所以在工字口入口周围加一定的圆角过渡消除集中的应力。

图 3-31　盘体应力分布图

三、自定心卡盘卡爪材料优化

1. 响应面优化设计

优化设计是 20 世纪 60 年代随着计算机的广泛使用而迅速发展起来的一种现代设计方法，在解决复杂的设计问题时，它能够从众多的设计方案中寻得最适宜的方案。目前，优化设计方法被广泛地应用在机械、电子、化工、纺织、冶金、石油、航空航天、航海及建筑等领域，取得了显著的技术和经济效果。

进行优化设计时，首先要根据设计要求和目的，对实际的设计问题进行数学描述，形成数学模型，然后利用某种优化方法和计算机程序进行求解，最后得到一组最优的设计方案。在机械优化问题中，响应面法可以用较少的试验来获取参数与优化目标的具体关系，将它们的关系用响应面表示出来，从而使得计算方便，成本降低。在响应面设计中，设计方法主要包括中心复合设计、Box-Behnken 设计、析因设计、D-optimal 设计等。其中，中心复合设计和 Box-Behnken 设计方法是响应面最常用的两种方法。

中心复合设计（Central Composite Design）是五水平的试验设计，一般水平取值为 0、± 1 和 $\pm \alpha$，其中 0 为中值，α 为极值。其设计试验点包括三部分：析因试验点 2^k、中心点和轴线上的点（极值点），试验点分布如图 3-32 所示。随着因素的增加，试验次数也相应增多。

Box-Behnken 设计方法也是响应面法中常见的设计方法，由因子设计和不完全集区设计结合而成的三水平设计。它的试验点包括中点 0、低水平点 -1 和高水平点 $+1$，具体分布如图 3-33 所示。研究因素与响应间的关系，通过对回归方程的求解寻找最优的参数组合。

图 3-32　中心复合设计试验点分布　　　图 3-33　Box-Behnken 设计方法试验点分布

响应面法同时运用数学方法和统计方法，用一个简单的函数关系拟合实际的复杂仿真模型，能提炼出感兴趣因子的影响效应，并能减少不确定性随机误差，其原理是当某点周围一定数量点的实际函数值已知时，在充分靠近这个点的区域内，可用曲面代替实际函数进行复杂计算，本质是通过自对比试验（筛选试验）来确定优化方向。根据工程问题本身的特性采用不同的响应模型进行拟合。当试验条件偏离响应面最优位置时，常采用一阶模型来逼近。

$$y = a_0 + \sum_{i=1}^{m} a_i x_i + \varepsilon$$

其中 m 为水平数，$i = 1, 2, \cdots, m$，a_i 表示 x_i 的斜率或线性效应，ε 为随机误差。

当试验条件接近响应面最优区域时，常采用二阶多项式模型来逼近。其目的是获得响应面在最优值周围的一个精确逼近，并识别出最佳的试验参数组合。

$$y = a_0 + \sum_{i=1}^{m} a_i x_i + \sum_{i=1}^{m} a_{ii} x_i^2 + \sum_{i=1}^{m} a_{ij} x_i x_j + \varepsilon$$

其中 a_i 也表示 x_i 的斜率或线性效应，a_{ii} 是 x_i 的二阶效应，a_{ij} 表示 x_i 与 x_j 的交互作用效应，ε 为随机误差。工程上多数问题都可以用一阶或二阶模型解决，尽管一阶模型在求解过程中简单，计算量小，但其精度却不如二阶模型，很难反映真实的响应情况。高于二阶的模型虽然拟合精度很高，但由于所含的项太多带来大量的计算，特别是当变量比较多的时候。因此，对于实际问题常选用二阶多项式模型，再结合最小二乘法求解二阶模型系数序贯图，如图 3-34 所示。

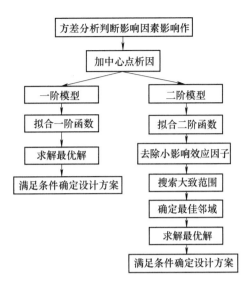

图 3-34　响应面法优化序贯图

2. 自定心卡盘卡爪材料优化

自定心卡盘零件的材料性质对应力、应变具有重要的影响，不同的材料直接影响卡盘性能。目前国外公司生产的卡盘卡爪的材料一般采用合金钢，要求有足够的硬度、耐磨性、较大的弹性模量。常用合金钢材料的力学性能参数如表 3-1 所示。

表 3-1　材料的力学性能参数

材　　料	杨氏模量/Pa	泊　松　比
45 钢	2.09E + 11	0.27
42CrMo	2.12E + 11	0.28
20CrMnTi	2.12E + 11	0.289
30CrMnTi	2.05E + 11	0.25
12Cr18Ni9	1.84E + 11	0.24
12Cr12Mo	2.19E + 11	0.31

以自定心卡盘卡爪作为研究对象，把杨氏模量与泊松比作为设计变量，应变与总位移为目标函数进行优化。在材料库 Engineering Date 把 Young's Modulus 与 Poisson's Ratio 设置为输入参数，再把 Equivalent Elastic Strain Maximum 与 Total Deformation Maximum 设置为输出参数，如图 3-35所示。

ANSYS DesignXplorer 是一个集成在 ANSYS Workbench 中的多目标优化模块，ANSYS DesignXplorer 可针对零件做最佳化设计，它根据 DOE 方法，定出需要求解的设计重点，使用最有效率的方式得到最佳结果。在 ANSYS DesignXplorer 模块中利用蒙特卡罗抽样技术，采集设计参数样点，计算每个样点的响应结构，以实现自定心卡盘卡爪材料的多目标优化，根据要

	A	B	C	D
1	ID	Parameter Name	Value	Unit
2	⊟ Input Parameters			
3	⊟ ▨ Static Structural (A1)			
4	ℓ⃗p P1	Young's Modulus	2E+05	MPa ▾
5	ℓ⃗p P7	Poisson's Ratio	0.3	
*	ℓ⃗p New input parameter	New name	New expression	
7	⊟ Output Parameters			
8	⊟ ▨ Static Structural (A1)			
9	p⃗ↄ P2	Total Deformation Maximum	0.046698	mm
10	p⃗ↄ P4	Equivalent Elastic Strain Maximum	0.0056312	mm mm^-1
*	p⃗ↄ New output parameter		New expression	
12	⊟ Charts			
13	⎍ Parameter Chart 0			

图 3-35　优化设计参数

求，在卡爪结构与受力不变的条件下，以卡爪应变与总位移最小化为目标函数进行优化，其数学模型为

obj：
$$\min M(X) = M(A_1, A_2)$$

st：
$$g(X) = g_i(A_1, A_2), (i = 1, 2, 3 \cdots, m)$$
$$X = (A_1, A_2)^T$$

式中　$M(X)$——目标函数；

　　$g_i(A_1, A_2)$——状态变量；

　　　X——设计变量。

根据合金钢材料性质，设定设计变量变化范围，杨氏模量 A_1 为 $[1.8E+11, 2.4E+11]$、泊松比 A_2 为 $[0.22, 0.38]$，然后进行多目标优化设计。将 Response Surface 模块导入 Static Structural 建立优化分析模型，在 Design of Experiments 设置 Young's Modulus 与 Poisson's Ratio 的 Lower Bound 与 Upper Bound，然后开始计算得到参数样点的有限元结果（如图 3-36 所示）。最后，对所有参数样点进行响应面优化设计，得到 Young's Modulus 与 Poisson's Ratio 对 Equivalent Elastic Strain Maximum 与 Total Deformation Maximum 响应面（如图 3-37、图 3-38 所示）。

	A	B	C	D	E
1	Name ▾	P1 - Young's Modulus (Pa) ▾	P7 - Poisson's Ratio ▾	P2 - Total Deformation Maximum (mm) ▾	P4 - Equivalent Elastic Strain Maximum (mm mm^-1) ▾
2	1	2.1E+11	0.3	0.044474	0.0053631
3	2	1.8E+11	0.3	0.051886	0.0062569
4	3	2.4E+11	0.3	0.038915	0.0046927
5	4	2.1E+11	0.22	0.044822	0.0055597
6	5	2.1E+11	0.38	0.043645	0.0051447
7	6	1.8E+11	0.22	0.052292	0.0064863
8	7	2.4E+11	0.22	0.039219	0.0048648
9	8	1.8E+11	0.38	0.050919	0.0060022
10	9	2.4E+11	0.38	0.038189	0.0045016

图 3-36　参数样点

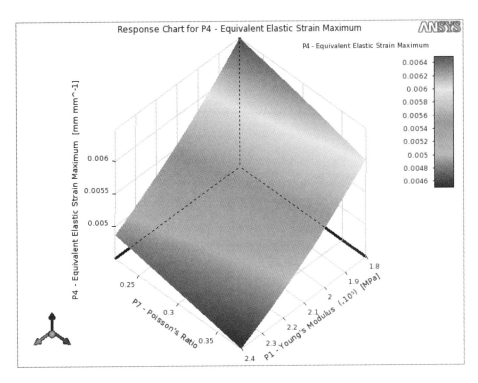

图 3-37 Equivalent Elastic Strain Maximum 响应面

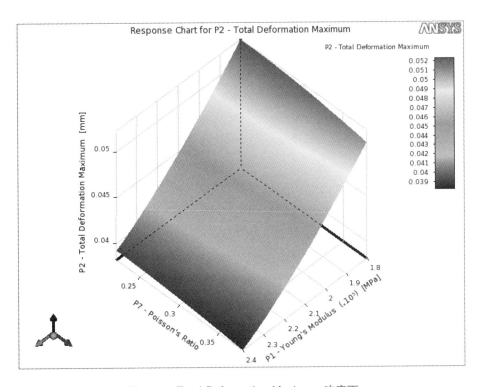

图 3-38 Total Deformation Maximum 响应面

根据响应面，随着 Young's Modulus 与 Poisson's Ratio 的增大，Equivalent Elastic Strain Maximum 逐渐减小，其曲线如图 3-39、图 3-40 所示。因此在选择卡爪材料上，在满足硬度、刚度、强度等条件下，应选择 Young's Modulus 与 Poisson's Ratio 较大的材料来减小卡爪的应变。

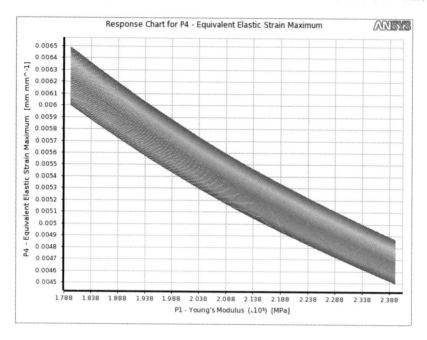

图 3-39　不同 Young's Modulus 的卡爪应变曲线

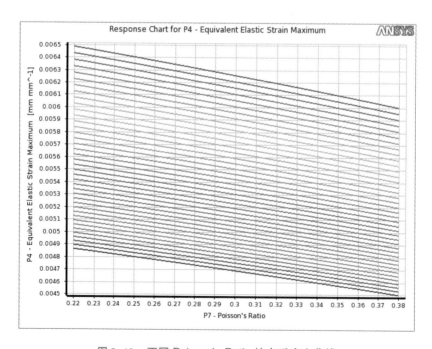

图 3-40　不同 Poisson's Ratio 的卡爪应变曲线

第四节 自定心卡盘静态夹紧力分析

夹紧力是保证自定心卡盘能够正常工作的重要因素，对加工的零件质量、精度和实际生产制造安全非常重要。因此分析研究初始静态夹紧力的相关影响因素，找到各影响因素间的力学关系是卡盘受力分析中的必要环节。本节针对卡盘中关键受力零件，利用力学知识，导出初始静态夹紧力的计算公式。

自定心卡盘的工作原理：扳手将力矩传给扳手头，带动锥齿轮转动，此时转矩不变，半径变小，力变大，实现了增力的作用。锥齿轮安装在盘体上，与盘体有摩擦，通过渐开线锥齿与盘丝配合，带动盘丝转动。卡爪靠牙弧与盘丝配合，实现传动，在渐开线的轨迹中，沿着工字槽运动，实现卡盘的夹紧与松开。

一、锥齿轮静力学分析

图 3-41 为锥齿轮的端面受力图与截面受力图，M_n 为扳手输入力矩，M_{f1} 为锥齿轮大端与盘体产生的轴径摩擦力矩，M_{f2} 为锥齿轮小端与盘体产生的轴径摩擦力矩，R_1 为锥齿轮大端半径，r 为锥齿轮小端半径，G 为锥齿轮自身重力，T 为盘丝反作用力，H 为啮合点的位置 $H \approx 3/4R_1$，θ 为齿形压力角。对锥齿轮轴线取矩得

$$M_n - M_f - T_t H = 0$$

其中，摩擦力矩 M_f 包括 M_{f1}、M_{f2}。以 K11250 为例，带入实际尺寸，$L_1 : L_2 = 25 : 15 = 5 : 3$，$r : R_1 \approx 1 : 3$。

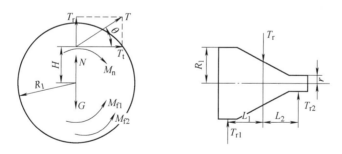

图 3-41 小锥齿轮的端面受力图与截面受力图

根据轴径摩擦公式可以得到

$$M_{f1} = T_{r1} R_1 f_v = \frac{f}{\sqrt{1 + f^2}} T_{r1} R_1$$

$$M_{f2} = T_{r2} r f_v = \frac{f}{\sqrt{1 + f^2}} T_{r2} r$$

式中　f——接触表面间的摩擦系数；

　　　f_v——当量摩擦系数。

再根据截面受力图 3-41 可知：

$$T_{r1} + T_{r2} = T_r$$

$$T_{r1}b_1 - T_{r2}b_2 = 0$$

根据以上公式可以得到摩擦力矩 M_f 为

$$M_f = M_{f1} + M_{f2} = \frac{3}{4}R_1 f_v T_r$$

将该公式带入相应公式可得：

$$T = \frac{M_n}{\frac{3}{4}R_1 \times \left(\frac{f}{\sqrt{1+f^2}} \sin\theta + \cos\theta \right)}$$

$$T_t = \frac{M_n}{R_1 \times \left(\frac{f}{\sqrt{1+f^2}} \tan\theta + \frac{3}{4} \right)}$$

二、盘丝静力学分析

图 3-42 为盘丝的受力简图。盘丝轮齿在小锥齿轮作用力 T' 的作用下旋转，盘丝平面螺纹则受到卡爪牙弧的法向反力 P、盘丝与卡爪的摩擦力 F 和盘丝内孔摩擦阻力 F'。根据受力分析得到平衡方程为

$$\sum X = 0 \qquad T_t' - F' - T_r' f = 0$$

$$\sum M_o = 0 \qquad T_t' R_m - 3P_t H_1 - 3F_t H_1 - f T_r' - M_{f3} = 0$$

其中，H_1 是卡爪与盘丝啮合中点

$$H_1 = r_2 + \frac{1}{2}(R_2 - r_2) = \frac{1}{2}(R_2 + r_2)$$

R_m 是盘丝轮齿齿宽中点处的分度圆半径

$$R_m = r_2 + \frac{2}{3}(R_2 - r_2) = \frac{1}{3}(2R_2 + r_2)$$

M_{f3} 是盘丝轴颈摩擦力产生的力矩

$$M_{f3} = F'r_2 \frac{f}{\sqrt{1+f^2}}$$

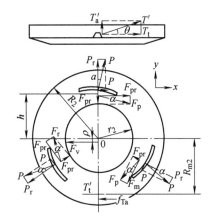

图 3-42 盘丝受力简图

根据平衡方程，可以得到盘丝平面螺纹受到卡爪牙弧的法向反力 P_r。将盘丝反作用力 T 带入相应公式可得

$$P = \frac{T_t \left[\frac{1}{3}(2R_2 + r_2) - \frac{fr_2}{\sqrt{1+f^2}} \right](1 - f\tan\theta)}{\frac{3}{2}(R_2 + r_2)(\sin\alpha + f\cos\alpha)}$$

$$P_r = \frac{T_t\left[\dfrac{1}{3}(2R_2+r_2)-\dfrac{fr_2}{\sqrt{1+f^2}}\right](1-f\tan\theta)}{3(R_2+r_2)(\tan\alpha+f)}$$

三、卡爪静力学分析

图 3-43 为卡爪的受力简图，在盘丝驱动力 P_r 和夹紧反力 F 的作用下，卡爪与盘体导轨接触，受到正压力 N_A、N_B 和摩擦力 f_{N_A}、f_{N_B} 的作用，由此得卡爪的受力平衡方程为

$$\sum Y = 0 \qquad N_A - N_B = 0$$

$$\sum X = 0 \qquad P_r' - F - f_{N_A} - f_{N_b} = 0$$

$$\sum M_B = 0 \qquad P_r'c + Fb - N_A a - f_{N_A} d = 0$$

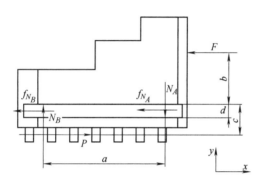

图 3-43　卡爪受力简图

由以上三式得

$$F = P_r'\left[1 - \frac{2f(b+c)}{2fb+fd+a}\right]$$

综合相应公式，得到输入扭矩 M_n 和输出夹紧力 F 的关系

$$F = \frac{M_n}{R_1\left[\dfrac{f}{\sqrt{1+f^2}}\tan\theta+\dfrac{3}{4}\right]} \times \frac{\left[\dfrac{2}{3}(2R_2+r_2)-\dfrac{2fr_2}{\sqrt{1+f^2}}\right](1-f\tan\theta)}{3(R_2+r_2)(\tan\alpha+f)} \times \left[1-\dfrac{2f(b+c)}{2fb+fd+a}\right]$$

根据夹紧力公式可以看出，在零件尺寸不变的情况下，夹紧力与输入扭矩呈线性关系，与摩擦系数呈非线性关系。根据表 3-2 可知输出夹紧力与输入扭矩关系曲线（如图 3-44 所示）和输出夹紧力与摩擦系数关系（如图 3-45 所示）。

表 3-2　结构数据

R_1/mm	f	R_2/mm	r_2/mm	θ /(°)	α /(°)	a/mm	b/mm	c/mm	d/mm
16	0.15	100	60	25	1.28	70	25	20	10

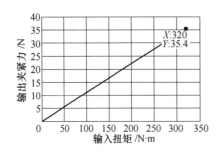

图 3-44　输出夹紧力与输入扭矩关系曲线

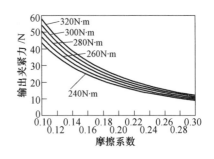

图 3-45　输出夹紧力与摩擦系数关系

第五节　自定心卡盘动态夹紧力分析

当自定心卡盘处在工作状态时，由于卡盘随车床主轴旋转，必然引起卡盘静态夹紧力的下降，其下降的程度取决于以下两个主要因素：一是卡盘旋转时，作用于卡爪的离心力迫使静态夹紧力下降；二是卡爪的弯曲变形所产生的弹性恢复力与上述离心力相抗衡，使静态夹紧力下降程度减弱。卡爪处在工作状态下的夹紧力，称为动态夹紧力。

图 3-46 为卡爪在回转状态下的受力简图，在回转状态下卡爪 Y 轴方向受力基本不变；X 轴方向卡爪处于回转状态，产生的离心力为

$$F_{离} = m\left(\frac{D}{2} + X\right)\left(\frac{2\pi n}{60}\right)^2$$

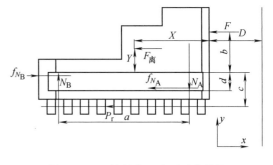

图 3-46　回转状态下卡爪受力简图

式中　　D——夹持工件直径；

X——卡爪卡爪质心到工件表面的距离；

m——卡爪质量；

n——主轴转速。

根据受力简图得到回转状态下卡爪受力平衡方程

$$\sum X = 0 \qquad P'_r - F - f_{N_A} - f_{N_b} - F_{离} = 0$$

$$\sum Y = 0 \qquad N_A - N_B = 0$$

$$\sum M_B = 0 \qquad P'_r c + Fb + F_{离} Y - N_A a - f_{N_A} d = 0$$

联立式以上三式得

$$F_{动} = P'_r \left[1 - \frac{2f(b+c)}{2fb + fd + a}\right] - F_{离}\left[1 + \frac{2f(b+Y)}{2fb + fd + a}\right] = F_{静} - F_{离}\left[1 + \frac{2f(b+Y)}{2fb + fd + a}\right]$$

但卡盘的约束形式为悬臂梁，受上述离心力作用而产生弯曲变形，其弹性恢复力与离心力抗衡使静态夹紧力减小。因此，还需要将离心力 $F_{离}$ 乘以小于 1 的系数 ξ，并将 ξ 定义为卡盘刚度，它从变形的角度反应了夹紧力下降的程度。ξ 的大小可以通过试验加以测定。

$$F'_{动} = P'_r \left[1 - \frac{2f(b+c)}{2fb+fd+a} \right] - \xi F_{离} \left[1 + \frac{2f(b+Y)}{2fb+fd+a} \right] = F_{静} - \xi F_{离} \left[1 + \frac{2f(b+Y)}{2fb+fd+a} \right]$$

为了区别 $F_{动}$ 和 $F'_{动}$，把 $F_{动}$ 称为动态夹紧力的计算值，把 $F'_{动}$ 称为动态夹紧力的修正值。

在工作状态，由于卡爪离心力与夹紧力的方向相反，转速越高，夹紧力的损失就越大。由设计模型可得，$m = 0.894\,\mathrm{kg}$，$X = 47.94\,\mathrm{mm}$，$Y = 6.3\,\mathrm{mm}$，取 $D = 110\,\mathrm{mm}$，根据上述计算结果，利用 MATLAB 软件作出动态夹紧力与转速关系如图 3-47 所示。

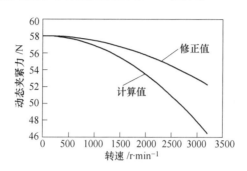

图 3-47　动态夹紧力与转速关系

第六节　机床手动卡盘精度的影响因素及精度分析

卡盘的精度要想提高，首先要对其影响因素进行分析，找出关键影响因素，着重对其进行理论计算分析，了解不同影响因素的影响程度，合理地进行精度设计，才能达到使用要求。

一、机床手动卡盘整体精度分析与计算

卡盘的重复精度受加工精度、安装精度、配合精度等因素影响，这些影响因素对重复定心精度的影响程度又不同，所以需要先找出关键影响因素，对其进行理论计算，才能准确地判断哪些影响因素对重复定心精度影响大，从而有针对性地提高某些加工精度和装配精度，以达到高精密卡盘的要求。首先进行整体分析，先判断卡爪出现径向或周向偏差时，对重复定心精度的影响，然后再找出影响卡爪周向和径向位置的因素进行详细的理论计算，通过计算，就能清晰地判断哪些位置需要提高精度，同时也要考虑加工难度，从而经济地提高工件精度。

夹持中心向量的表示方法：假设不同卡爪存在周向或径向偏移，使得三卡爪不对心，产生夹持中心 O'，利用向量计算的方法，计算出实际的夹持中心与理想的夹持中心的偏心距离，用向量 $\overrightarrow{OO'}$ 表示，该向量的模的大小就可以将误差的大小显示出来。

1）单爪径向存在误差时，夹持中心的偏差计算。

如图 3-48 所示，在 $\triangle OO'B$ 中

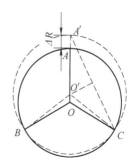

图 3-48　径向误差分析图

$$|\overrightarrow{O'B}| = R + \Delta R - |\overrightarrow{O'O}|$$

又根据余弦定理：$a^2 = b^2 + c^2 - 2bc\cos A$，可以求出

$$|\overrightarrow{O'B}|^2 = |\overrightarrow{O'O}|^2 + R^2 - 2|\overrightarrow{O'O}|R \cdot \cos 120°$$

由上式可得

$$(R + \Delta R - |\overrightarrow{O'O}|)^2 = |\overrightarrow{O'O}|^2 + R^2 + |\overrightarrow{O'O}|R$$

经化简可得

$$|\overrightarrow{O'O}| = \frac{2R\Delta R + \Delta R^2}{3R + 2\Delta R} = \frac{2}{3}\Delta R \cdot \frac{1 + \dfrac{\Delta R}{2R}}{1 + \dfrac{2\Delta R}{3R}}$$

又因为 $\Delta R \ll R$，所以 $\dfrac{\Delta R}{R}$ 近似等于 0，可以忽略不计，

所以可以简化上式得到

$$|\overrightarrow{O'O}| = \frac{2}{3}\Delta R$$

这是单个卡爪存在径向误差时，导致实际夹持中心的偏移。

2）单爪周向存在误差时，计算 $|\overrightarrow{OO'}|$。

如图 3-49 所示，在 $\Delta OO'B$ 中，计算得

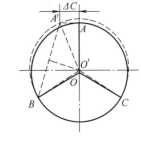

$$|\overrightarrow{O'B}| = \sqrt{\Delta c^2 + (R - |\overrightarrow{O'O}|)^2}$$

根据余弦定理可得

$$|\overrightarrow{O'B}|^2 = |\overrightarrow{O'O}|^2 + R^2 - 2|\overrightarrow{O'O}|R \cdot \cos 120°$$

综合二式可得

$$\Delta c^2 + (R - |\overrightarrow{O'O}|)^2 = |\overrightarrow{O'O}|^2 + R^2 - 2|\overrightarrow{O'O}|R \cdot \cos 120°$$

图 3-49　周向误差分析图

经化解可得

$$|\overrightarrow{O'O}| = \frac{\Delta c^2}{3R}$$

又因为　　　　　　　　　　　　$\Delta c \ll R$

所以　　　　　　　　　　　　$|\overrightarrow{O'O}| \approx 0$

由此我们可以清晰地看出，只有径向误差才能对最终的重复精度有影响，所以可以忽略那些对卡爪产生周向偏移的影响因素，因此我们要着重分析径向误差的来源，而径向角度固定，最终的输出精度可由（理想化）矢量和来确定：

$$\overrightarrow{OO'} = \frac{2}{3}\Delta R_1\overrightarrow{e_1} + \frac{2}{3}\Delta R_2\overrightarrow{e_2} + \frac{2}{3}\Delta R_3\overrightarrow{e_3}$$

$\overrightarrow{e}$ 为单位向量，且相互夹角为 120°。ΔR 是不同卡爪在径向产生的误差。

由上述推导能够了解到有些因素对重复精度的影响很微小，可以忽略不计，还有一些因素

当卡盘安装在机床上后，误差在一定时间内不变，是系统误差，这里不做详细分析。有一些就相对较大，需要找到这些影响较大的因素，即让卡爪产生径向偏差的因素，将直接影响卡盘重复定心精度，对于这样的重复定心误差需要详细的分析。

二、关键零件精度分析与计算

基圆中心偏移就是形成盘丝渐开线的基圆中心与盘丝内孔中心不同心所造成夹持工件中心偏移的误差。此项误差是卡盘制造中最关键的误差，是精度稳定性的主要影响因素。

（一）圆、基圆中心偏移分析与计算

1. 卡爪夹持弧采用配磨

如图 3-50 所示，a、b、c 为自定心卡盘理论夹持点，o 为配磨时夹持中心，A 为基圆中心。当盘丝转动 $180°$，A 转到 A' 处时则 a 爪由 o 点移到 a'' 移动 $2e$，b 爪则移动 b_2b_3 距离，由于 $\angle oab_2 = \angle oA'b_3 = 30°$，则 $ob_2 = ob_3 = \dfrac{e}{2}$，则 b 爪移动到 b'' 处 $ob'' = e$，同理 c 爪移至 c'' 处 $oc'' = e$，则如图 3-50b 所示，新的夹持中心为 o_1，则求 oo_1。

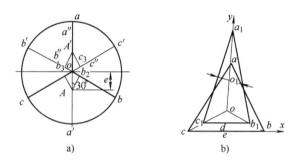

图 3-50　极心偏差分析

已知：$ao = bo = co = r$（a、b、c 为三个卡爪夹持点）

$$aa_1 = 2e$$

$$bb_1 = cc_1 = e$$

由解析几何得知

$$c\left(-\frac{\sqrt{3}}{2}r,0\right) \quad b\left(\frac{\sqrt{3}}{2}r,0\right)$$

$$a\left(0,\frac{3}{2}r\right) \quad c_1\left(-\frac{\sqrt{3}}{2}r+\frac{\sqrt{3}}{2}e,\frac{e}{2}\right)$$

$$a_1\left(0,\frac{3}{2}r+2e\right)$$

a_1c_1 直线的斜率

$$K_{a_1 c_1} = \frac{\dfrac{e}{2} - \dfrac{3}{2}r - 2e}{-\dfrac{\sqrt{3}}{2}r + \dfrac{\sqrt{3}}{2}e}$$

$$= \frac{-\dfrac{3}{2}(r+e)}{-\dfrac{\sqrt{3}}{2}(r-e)}$$

$$= \frac{\sqrt{3}(r+e)}{r-e}$$

$a_1 c_1$ 的中点为 $\left(-\dfrac{\sqrt{3}(r-e)}{4}, \dfrac{3r+5e}{4} \right)$

$\therefore a_1 c_1$ 中垂线方程为

$$y - \frac{3r+5e}{4} = -\frac{r-e}{\sqrt{3}(r+e)} \left[x + \frac{\sqrt{3}(r-e)}{4} \right]$$

$a_1 c_1$ 中垂线与 oy 轴交点，令 $x = 0$ 代入得

$$y = \frac{3r+5e}{4} - \frac{(r-e)^2}{4(r+e)} = \frac{3r^2 + 3re + 5re + 5e^2 - r^2 + 2re - e^2}{4(r+e)} = \frac{2r^2 + 10re + 4e^2}{4(r+e)}$$

$$\therefore oo_1 = \frac{2r^2 + 10re + 4e^2}{4(r+e)} - \frac{r}{2} = \frac{2r^2 + 10re + 4e^2 - (2r^2 + 2re)}{4(r+e)} = \frac{8re + 4e^2}{4(r+e)} = 2e - \frac{4e^2}{4(r+e)} = 2e - \frac{e^2}{r+e}$$

由于 $\dfrac{e^2}{r+e} \approx 0$

$\therefore oo_1 = 2e$

2. 卡爪夹持弧采用单磨

当卡爪夹持弧采用单磨时，情况比较简单，形成新的夹持中心在任何位置都基本接近基圆中心位置而小于基圆中心偏移的数值，$o'o_1 \leqslant e$，这样单磨时因基圆中心偏移而引起的振摆差，远远小于配磨，而且其误差值不因盘丝转动而产生明显变化，其值比较稳定。

3. 结论

1）从减小基圆中心这个角度上看，采用配磨夹持弧是不恰当的，其表面上掩盖了误差，而实质上是扩大了误差。

2）形成卡盘精度不稳定的关键因素是基圆偏心，尤其是采用配磨夹持弧时情况更为严重。由于成品精度采用三个验棒检查时，基本上能使基圆偏心体现出来，因为配磨夹持弧检查时，盘丝在不同位置体现出的基圆偏心数值不一样，因此使三个棒、三个环检查出的数值相差很大，以致超差。

3）为了减少基圆偏心，应尽可能地控制盘丝内孔与盘体的配合间隙和几何形状误差。

4）对高精度卡盘，解决基圆偏心较理想的工艺方案是在一次装夹中将盘丝内孔及盘丝加

工出来。

（二）螺距误差及螺距累积误差分析与计算

螺距误差及其累积误差在三爪上分布是比较复杂的，这里主要考虑误差较大情况，即当其中一爪有 $-\Delta t$ 的螺距误差或累积误差产生偏心而造成的误差，如图 3-51 所示。

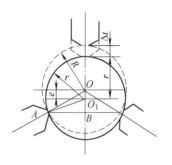

$$\Delta t = R + e - r \qquad （I）$$

$$OB = \frac{R}{2}$$

图 3-51 螺距累积误差

在三角形 AO_1B 中 $\quad AB^2 = r^2 - \left(\frac{R}{2} - e\right)^2$

在三角形 AOB 中 $\quad AB^2 = R^2 - \left(\frac{R}{2}\right)^2$

$R^2 - \left(\frac{R}{2}\right)^2 = r_2 - \left(\frac{R}{2} - e\right)^2$ 将此式的 R 代入（I）式，

$$\Delta t = 1.5e - r + \sqrt{r^2 - \frac{3}{4}e^2}$$

将带根号的一项展开成级数，并只取最初两项，即得

$$\Delta t = 1.5e\left(1 - \frac{e}{4r}\right)$$

由于考虑到 $\dfrac{e}{4r} \longrightarrow 0$

所以 $\qquad \Delta t = 1.5e \qquad e = \dfrac{1}{1.5}\Delta t = 0.66\Delta t$（非振摆值）

从以上分析可以看出，此项误差在精度传递比中是小于1的误差，而且由于多牙啮合，大多出现误差抵消现象。

（三）其他误差

1. 工字槽中心与盘体中心不相交性误差

从图 3-52 中可明显看到由于误差 e 产生了两个误差，一个误差是由于 e 而产生少转或多转一个 δ 角，使 A' 卡爪在工字槽少位移或多位移 $-\Delta S$，由于三爪移动不等而产生新的夹持中心造成夹持偏心。另一个误差如图 3-52b，由于 e 本身就造成三爪不是一个等边三角形，新三角形为 $\Delta A'BC$，其外接圆中为 D'，因之产生 DD' 的偏心。

（1）由 δ 角造成的误差 以 200mm 自定心卡盘为例计算：

$e = 0.05$，盘丝内孔半径 $r = 50$mm，则

$$\text{tg}\delta = \frac{0.05}{50} = 0.001 \qquad \delta = 4'$$

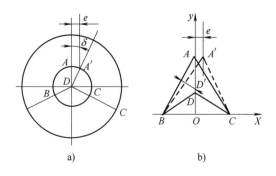

图 3-52 工字槽偏移误差分析图

螺距 $S = 5\,\text{mm}$

$$\frac{360 \times 60}{5} = \frac{4}{x} \qquad x = 0.001\,\text{mm}$$

计算结果由于 δ 角误差而使卡爪少走 $0.001\,\text{mm}$，因此其误差可忽略不计。

（2）DD 误差（如图 3-52） 由解析几何得知：

$$B\left(-\frac{\sqrt{3}}{2}r, 0\right), A'\left(e, \frac{3}{2}r\right)$$

$A'B$ 斜率，$K_{A'B} = \dfrac{-\dfrac{\sqrt{3}}{2}r}{-\dfrac{\sqrt{3}}{2}r - e} = \dfrac{3r}{\sqrt{3}r + 2e}$

其中点坐标：$x = \dfrac{-\dfrac{\sqrt{3}}{2}r + e}{2} = \dfrac{-\sqrt{3}r + 2e}{4}$

$$y = \frac{\dfrac{3}{2}r}{2} = \frac{3r}{4}$$

中垂方程：$y - \dfrac{3r}{4} = -\dfrac{\sqrt{3}r + 2e}{3r}\left(x - \dfrac{-\sqrt{3}r + 2e}{4}\right)$

令 $x = 0$，$y = \dfrac{3r}{4} + \dfrac{(\sqrt{3}r + 2e)(-\sqrt{3}r + 2e)}{12r} = \dfrac{r}{2} + \dfrac{e^2}{3r}$

$$DD' = \frac{r}{2} + \frac{e^2}{3r} - \frac{r}{2} = \frac{e^2}{3r}$$

当 $e = 0.05$，$r = 10\,\text{mm}$ 时，$DD' = \dfrac{0.05^2}{3 \times 10} = 0.001\,\text{mm}$

其误差可忽略不计。

2. 盘体工字槽与盘体底平面的不平行性误差及工字槽与卡爪配合公差的选择

这项误差对卡盘精度及精度稳定性影响是较大的，如图 3-53 所示。

AB：盘体底平面

AO：工字槽

OC：检验棒中心

CD：检验棒振摆量

以 200mm 卡盘为例，最大情况为

OB 公差为 0.015mm，$AO = 70$mm，$OC = 120$mm

$$CD = \frac{0.015}{70} \times 120\text{mm} = 0.026\text{mm}$$

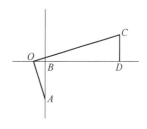

图 3-53　不平行误差示意图

其振摆量为　0.026mm $\times$ 2 = 0.052mm

这项误差是很大的，在设计时应充分考虑此项误差，但在实际检查时由于工字槽与卡爪配合有间隙及变形，在实测中有所补偿。从这项误差角度来看，采用配磨可以消除此项误差。

从上述分析情况看，工字槽与卡爪配合公差的选择与上述同理，其间隙也造成上述误差。

三、卡盘精度设计与分析

掌握了影响卡盘的关键因素后，就可以着重在这几个配合上进行详细的精度分配，通过已有的计算，将误差按一定比例分配到各处。用数学的方法反算出需要的配合间隙以及配合精度。

（一）K11250 卡盘精度影响关键因素

K11250 自定心卡盘存在的配合间隙包括：法兰盘外圆与止口的配合间隙；工字槽与卡爪的两处配合间隙；盘丝内孔与盘体的配合间隙；卡爪牙弧与盘丝渐开线螺纹的配合间隙。

（1）法兰盘外圆与止口的配合间隙　当卡盘装在机床上开始工作时，该配合间隙受工作时的离心力作用，是不变的系统误差。

（2）工字槽与卡爪的俩处的配合间隙　如图 3-54，1 处的配合间隙会影响到卡爪的径向位置，二面的平行度要求较高，否则会使卡爪发生倾斜，影响最终的输出精度。2 处的配合间隙会影响卡爪的周向位置，由之前的计算可以看出，该处的配合间隙对最终的输出重复精度近似为 0，可以忽略不计。

图 3-54　卡爪与盘体工字槽配合图

（3）盘丝内孔与盘体的配合间隙　其偏心转动会导致三个卡爪同时出现偏差，包括径向和周向，所以这里的配合精度要求较高。

另外，盘丝渐开线的基圆与盘丝内孔不同心，也会导致卡爪的径向和周向误差，是破坏卡盘精度的重要因素之一。

（4）卡爪牙弧与盘丝渐开线牙弧配合间隙　这将直接影响到卡爪的径向位置，对重复精度要求较大。

通过以上的分析，可以了解到需要重点分析的地方有三处，即图 3-54 中位置 1 的配合间隙、盘丝内孔与盘体的配合间隙、卡爪牙弧与盘丝渐开线牙弧的配合间隙。

如图 3-55 所示，有三个直接影响卡爪夹持精度的因素：①盘丝内孔与盘体的配合。②卡爪牙弧与盘丝螺纹的配合。③法兰盘与盘体止口的配合。

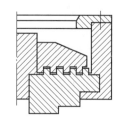

图 3-55　整体误差分析图

我们要做的就是确保最终卡盘的夹持精度在 0～0.04mm 范围内，即夹持中心在以夹持棒中心轴为中心的半径为 0.04mm 的圆内。考虑最大误差的情况，由各个零件的最大误差来确定最终需要的精度，这样得到的精度一定在 0～0.04mm 范围内，才符合设计要求，以下是分配方案。

由于卡盘配合较多，而且不同的影响因素对最终的输出精度影响程度不同，在之前的影响因素分析中我们了解到，对卡盘重复精度影响最大的是卡爪的径向偏差，所以我们需要将误差的主要部分分配到那些影响卡爪径向位置的因素中去。在众多影响因素中，一些系统误差以及影响较小的误差可以忽略不计，但是由于其数量较多，所以这里分配 20% 的误差，并且主要以工厂经验设计为主。然后，我们将 80% 的误差分配到以上三部分主要影响因素中，即将 0.032mm 的误差分配到以上三处，通过数学的方法推算其理论偏差。

（二）K11250 卡盘精度分配方案

1. 盘丝内孔与盘体的配合

该部分配合要求较高，因为盘丝的极心偏误差较大，对卡盘最终输出的重复精度影响较大，而极心偏在加工过程中误差又难以保证，所以要提高盘丝内孔和盘体的配合精度。精度越高，对应的误差就越小，所以这部分我们分配 30% 的误差，即配合误差在 0.01mm 以内。该处的配合间隙等于中心偏差值，所以会导致夹持中心与理想中心的偏差为 0.01mm。对于现阶段的技术水平，0.01mm 的精度难以达到，对加工要求较高，加工成本也会增加，因此这里采用基轴制，6 级精度，过渡配合，即 K7/h6，选用该配合的最大误差会达到 0.035mm，很显然不满足要求，所以我们采用将零件加工好以后，测量每个零件的偏差，按照实际尺寸选配的方法，这样就能够将满足精度要求的两个零件装配在一起，保证最终的重复精度。

2. 卡爪牙弧与盘丝的配合

该处配合较为复杂，我们按照最大误差的情况将 30% 的误差分配到这里，这里的配合也直接影响到卡爪的径向位置，所以也会直接影响到重复定心精度。对于 K11250 来说，最大情况下一次性有 4 个螺纹配合，所以最终的偏差由这 4 个螺纹配合的累计误差组成。

由之前的计算可知，卡爪出现径向位置偏差时，夹持中心与理想中心的偏差为

$$\overrightarrow{OO'} = \frac{2}{3}\Delta R_1 \overrightarrow{e_1} + \frac{2}{3}\Delta R_2 \overrightarrow{e_2} + \frac{2}{3}\Delta R_3 \overrightarrow{e_3}$$

$\overrightarrow{e}$ 向量之间的夹角为120°，当误差最大时，如图3-56所示：

$$|\overrightarrow{OO'}| = 2 \times \frac{2}{3}\Delta R = \frac{4}{3}\Delta R = 0.01\,\text{mm}$$

由此可以求出单个卡爪的最大允许偏移量

$$\Delta R = 0.01\,\text{mm} \times 3/4 = 0.0075\,\text{mm}$$

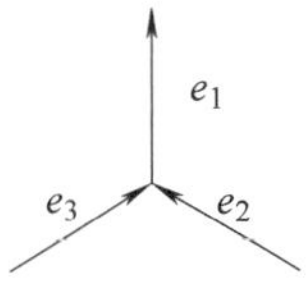

图3-56　卡爪单位向量矢量图

所以4个螺纹配合的累计误差为0.0075mm，单个螺纹的允许误差为0.0019mm。

当一个螺纹配合时，满足要求，该螺纹的允许误差为0.0075mm，所以可以推出盘丝单个螺纹的允许误差范围：0.0019 ~ 0.0075mm。这里取其平均值0.0047mm。

3. 法兰盘与盘体止口的配合

当卡盘安装到机床上以后，该间隙一直不变，所以它对最终的重复精度影响较小，这里分配40%的误差，即0.0128mm的允许配合间隙。同盘丝内孔与盘体配合的情况一样，精度较高，采用选配法装配，以保证这里的配合精度。这里采用七级精度，基孔制，过渡配合即满足要求。

以上就是卡盘0.04mm的精度分配方案，由于卡爪方向的影响情况特殊，难以建立尺寸链，但是以上计算足以证明0.04mm的重复精度。对于其他尺寸的公差，根据表面粗糙度值，以及加工工艺，确定精度等级，查机械加工工艺规程手册确定它们的公差，具体设计如下：

对于锥齿轮与盘体的配合，由于其与盘体直接接触，存在相对转动，表面粗糙度值要求达到 $Ra = 3.2\,\mu\text{m}$，而且该孔的孔径为32mm，查机械加工工艺规程手册，对于孔径 >15 ~ 20mm 的孔，表面粗糙度值达到 $Ra = 3.2\,\mu\text{m}$，采用先钻孔，再扩孔，最后进行铰孔的加工工艺，对应8级精度，由于盘体是基体，采用基孔制，即H8，查表，上偏差为 +0.039mm，下偏差为0。

对于盘体外圆而言，要求表面粗糙度值达到 $Ra = 0.8\,\mu\text{m}$，利用普通机床加工，采用先粗车，再半精车，最后进行磨削的加工工艺，能够达到6级精度，查机械加工工艺规程手册可得公差数值为29μm，由于磨削面属于外圆面，这里采用上偏差 +0.029mm，下偏差为0。

同理，根据孔径大小、表面粗糙度值要求，就可以确定其他公差，进而确定上下偏差值。对于一些要求精度不高，又不存在配合要求的部分，可采用已有的经验设计，合理地分配公差，能够保证卡盘的基本运转，保证其装配精度、夹持精度，有效地增加其使用寿命，也能够有效地降低加工成本，对于影响较小的因素，依据已有的经验进行设计。

通过最大偏差理论分析，我们将0.04mm的误差分配到三个关键部位，并且进行了详细的理论分析和矢量计算，得到关键位置的偏差值，对于一些对卡盘重复定心精度要求较低的部分，依照其表面粗糙度值要求以及加工工艺进行精度设计，使卡盘精度分配更加合理。具体偏差见表3-3：

表3-3　主要精度设计内容

偏差来源	尺寸/mm	偏差值/mm		备　注
盘体内腔凸台	$\phi120$	上偏差：　　0	下偏差：－0.022	精度分配要求： 基轴制 h6
盘体外圆	$\phi252$	上偏差：＋0.029	下偏差：　　0	根据加工工艺和表面粗糙度值确定
盘体止口	$\phi203$	上偏差：＋0.046	下偏差：　　0	根据加工工艺和表面粗糙度值确定
锥齿轮孔	$\phi32$	上偏差：＋0.039	下偏差：　　0	精度分配要求： 基孔制 H8
盘丝内孔	$\phi120$	上偏差：＋0.010	下偏差：－0.025	精度分配要求： 基轴制 K7
锥齿轮大径	$\phi32$	上偏差：－0.025	下偏差：－0.050	精度分配要求： 基孔制 f7
锥齿轮小径	$\phi10$	上偏差：－0.08	下偏差：－0.17	精度分配要求： 基孔制 c11
正卡爪宽	27	上偏差：　　0	下偏差：－0.013	精度分配要求： 过渡配合 h6
正卡爪工字槽高	10	上偏差：＋0.015	下偏差：　　0	精度分配要求： 过渡配合 H7
盘丝厚	22	上偏差：　　0	下偏差：－0.033	根据加工工艺和表面粗糙度值确定
盘体工字槽宽	27	上偏差：＋0.021	下偏差：　　0	精度分配要求： 过渡配合 H7
盘体工字槽平行面	10	上偏差：　　0	下偏差：－0.009	精度分配要求： 过渡配合 h6

第七节　基于 SolidWorks 的单动卡盘建模与装配

一、基于 SolidWorks 的单动卡盘三维建模

单动卡盘由盘体、丝杆、卡柱和 4 个卡爪组成，如图 3-57 所示。4 个卡爪以圆周阵列均匀分布在盘体上的导槽中，并与丝杆螺牙配合，而盘体通过螺栓锁紧在主轴上。

（一）盘体的建模

盘体是单动卡盘主要的组成部件，对整个卡盘装配件起到支撑的作用，其三维模型如图 3-58 所示。在卡盘体上均匀分布有 4 个工字槽，用于放置卡爪，使其在槽内实现径向移动。卡柱用于限制丝杆轴向移动，其三维模型如图 3-59 所示。

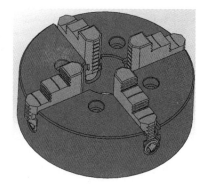

图 3-57　单动卡盘示意图

图 3-58　单动卡盘盘体三维模型

图 3-59　卡柱三维模型

（二）丝杆的建模

丝杆螺纹和卡爪螺纹啮合使之在盘体槽内实现径向移动，丝杆在扳手的作用下转动，如图 3-60 所示。

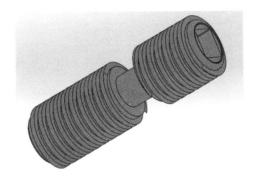

图 3-60　丝杆三维模型

（三）卡爪的建模

卡爪的三维模型图如图 3-61 所示。

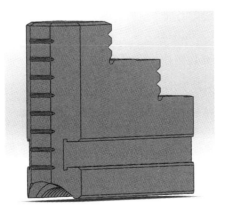

图 3-61　卡爪三维模型

二、基于 SolidWorks 的单动卡盘装配

前文中已建立了 K72250 单动卡盘的主要零件的三维模型，现在将其装配到一起，形成完整的装配体。

（一）K72250 单动卡盘的装配过程

步骤：

1）新建一个装配文件，导入盘体，给盘体加固定约束。

2）导入卡爪 1，选取重合约束，使卡爪 1 的工字口与盘体工字口配合。同理导入卡爪 2 ~ 4，施加重合约束。

3）导入卡柱，选取同心约束，使得卡柱与盘体上所开圆孔同心。

4）导入丝杆，选取同心约束，使得丝杆与盘体半圆槽同心，然后再施加重合约束使丝杆定位平面与卡柱端部平面接触在一起，如图 3-62 所示。

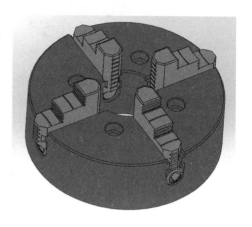

图 3-62　K72250 单动卡盘装配图

（二）K72250 单动卡盘爆炸图及干涉检验

将所有零部件装配完成后，由于盘体的遮挡无法了解其内部结构，为了能够了解在总装配体中各个部件所处的布局关系，可生成爆炸视图来展示位置关系（如图 3-63 所示）。采用 Solidworks 中生成爆炸图命令，在装配体中进行爆炸生成。

为检验装配体各零部件之间出现因为结构设计不合理而导致的干涉现象，或者需要改进各零部件的结构尺寸设计时，可利用 SolidWorks 中干涉检验命令对其进行检查，从而使得该装配文件能够用于实际生产制造。点击装配体文件中的干涉检查命令，则软件自动显示在装配过程中出现的各种干涉现象。在这些干涉现象中，有些是由于过盈配合导致，对

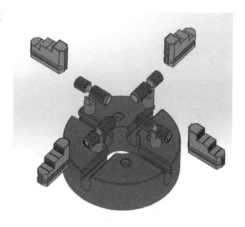

图 3-63　K72250 单动卡盘爆炸图

此忽略不计，有些是因为结构尺寸设计不合理导致，则需要对其进行改进。对改进后的装配体进行干涉检验后，除过盈部位外，其余结构设计合理，可满足实际制造生产中的装配要求。

第八节　K72250 单动卡盘静态夹紧力分析

一、丝杆静力学分析

图 3-64 为丝杆受力示意图。T 为卡柱对丝杆的作用力，M_f 为摩擦力矩，M_n 为驱动力矩，P 为卡爪对丝杆的作用力。对丝杆的轴线 O 取矩得平衡方程

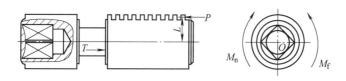

图 3-64　丝杆受力图

$$\Sigma M_O = 0$$

即

$$M_n - M_f = 0$$

很显然，$M_f = PL$。

二、卡爪静力学分析

图 3-65 为卡爪受力图。在工件的夹紧反力 F 和丝杆对卡爪的反力 P' 的作用下，卡爪逆时针倾斜，使工字槽上的 A、B 两点与盘体接触，并在接触点受到摩擦力 f_{N_A}、f_{N_B} 和正压力 N_A、N_B 的作用，因此可以得到卡爪的平衡方程为

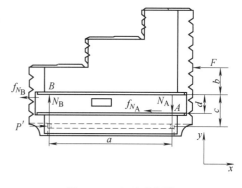

图 3-65　卡爪受力图

$$\Sigma X = 0 \quad 即 \quad P' - F - f_{N_A} - f_{N_B} = 0$$

$$\Sigma Y = 0 \quad 即 \quad N_B - N_A = 0$$

$$\Sigma M_B = 0 \quad 即 \quad P'_c = Fb - N_A a - f_{N_A} d = 0$$

由以上公式求解可得

$$F = P' \frac{a + fd - 2fc}{a + fd + 2fb}$$

联立上式可以求得，对于输入扭矩 M_n，其对应的静态输出夹紧力为

$$F = \frac{M_n}{L} \times \frac{a + fd - 2fc}{a + fd + 2fb}$$

对于 K72250 单动卡盘，其具体参数及夹紧力的计算值见表 3-4。

表 3-4　K72250 手动单动卡盘参数

$M_n/\text{N} \cdot \text{m}$	f	L/mm	a/mm	b/mm	c/mm	d/mm	F（计算值）$/\text{kN}$
150	0.15	12	68	7.5	17	10	11.22

根据夹紧力公式可以看出，在零件尺寸不变的情况，夹紧力与输入扭矩呈线性关系，与摩擦系数呈非线性关系。

第九节　单动卡盘动态夹紧力分析

如图 3-66 所示的是卡爪在回转状态下受力简图，在回转状态下卡爪 Y 轴方向受力基本不变；X 轴方向由于卡爪处于回转状态，所以会产生一个离心力：

$$F_{离} = m\left(\frac{D}{2} + X\right)\left(\frac{2\pi n}{60}\right)^2$$

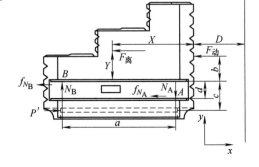

式中　D——夹持工件直径；

　　　X——卡爪质心到工件表面的距离；

　　　m——卡爪质量；

　　　n——主轴转速。

根据受力简图得到回转状态下卡爪受力平衡方程

图 3-66　回转状态下卡爪受力图

$$\sum X = 0 \quad 即 \quad P' - F_{动} - f_{N_A} - f_{N_B} - F_{离} = 0$$

$$\sum Y = 0 \quad 即 \quad N_B - N_A = 0$$

$$\sum M_B = 0 \quad 即 \quad P'c + F_{动} b + F_{离} Y - N_A a - f_{N_A} d = 0$$

由以上公式得

$$F_{动} = P'\left[1 - \frac{2f(b+c)}{2fb+fd+a}\right] - F_{离}\left[1 + \frac{2f(Y-b)}{2fb+fd+a}\right] = F_{静} - F_{离}\left[1 + \frac{2f(Y-b)}{2fb+fd+a}\right]$$

但是，卡盘的约束形式为悬臂梁，受上述离心力作用后而产生弯曲变形，其弹性恢复力与离心力抗衡使静态夹紧减小。因此，还需要将离心力 $F_{离}$ 乘以小于 1 的系数 ξ，并将 ξ 定义为卡盘刚度，它从变形的角度反应了夹紧力下降的程度，ξ 的大小可以通过试验加以测定。

$$F'_{动} = P'\left[1 - \frac{2f(b+c)}{2fb+fd+a}\right] - \xi F_{离}\left[1 + \frac{2f(Y-b)}{2fb+fd+a}\right] = F_{静} - \xi F_{离}\left[1 + \frac{2f(Y-b)}{2fb+fd+a}\right]$$

为了区别 $F_{动}$ 和 $F'_{动}$，把 $F_{动}$ 称为动态夹紧力的计算值，把 $F'_{动}$ 称为动态夹紧力的修正值。

第十节　单动卡盘关键零部件的应力分析

对单动卡盘，如要满足在实际使用中的需求，需要对卡盘中关键零件的受力进行有限元分析，确定每个零件结构设计合理，满足力学要求。本文采用 ANSYS Workbench 软件的 Static Structural 静力学分析模块对该零件进行有限元分析。

一、丝杆静力学有限元分析

1. 材质选择

丝杆材料为 40Cr，材质屈服极限为 785MPa，密度为 7.85g/cm³。在软件材质库中设定屈服极限、泊松比和密度。

2. 模型导入

打开 Geometry 选项进入 DesignModeler，选择 file 选项下的 Import External Geometry File 导入丝杆模型，之后关闭 DesignModeler，如图 3-67 所示。

3. 网格划分

打开 Model 选项进入 Mechanical，选择左侧 Outline 中的 Mesh 选项，此时可以在 Detail of "Mesh" 修改网格参数。修改好后右击 Mesh 选项，在弹出菜单选择 Generate 生成网格，最终网格如图 3-68 所示。

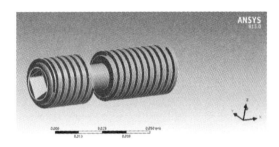

图 3-67　丝杆模型

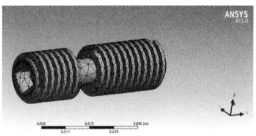

图 3-68　丝杆网格

4. 添加约束条件与转矩载荷

丝杆依靠盘体与卡柱支撑，扳子产生的力矩作用在丝杆方孔内，根据以上条件施加约束条件与载荷。选择左侧 Outline 中的 Static Structural 选项，在出现的 Environment 工具栏中 Supports 选择 Cylindrical Support 命令，选择圆柱轴面。再在 Environment 工具栏中 Supports 选择 Fixed Support 命令，选择与卡柱接触的两端面。在 Environment 工具栏中 Loads 选择 Moment 命令，在 Detail of "Static Structural" 中 Geometry 选择与板手接触面施加 X 轴方向 $150N \cdot m$ 力矩，最终约束条件与力载荷如图 3-69 所示。

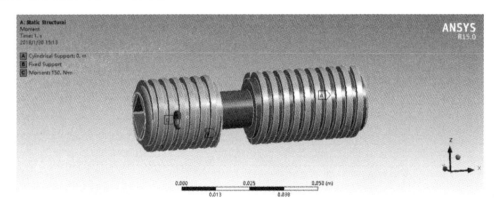

图 3-69　丝杆约束

5. 求解及后处理

选择左侧 Outline 中的 Solution 选项，在出现的 Solution 工具栏 Strain 中选择 Equivalent，Stress 中选择 Equivalent。右击 Solution 在出现的菜单中点击 solve 进行求解，最后结果如图 3-70 所示。根据 Equivalent Stress 应力为 234MPa，满足强度要求，最后结果如图 3-71 所示。

图 3-70　丝杆应变分布图　　　　　　图 3-71　丝杆应力分布图

二、其他零件静力学有限元分析

对卡爪和盘体进行静力学分析，得到各自的有限元分析结果。首先在 Geometry 选项中导入已经装配好的卡爪和盘体模型文件，再在 Mechanical 选择左侧 Outline 中的 Connections 中的 Contacts 命令，编辑各个接触面的属性。划分网格，施加约束和载荷，完成上述步骤进行求解。对卡爪和盘体分别进行后处理。

1. 卡爪静力学有限元分析

从图 3-72 可见，应力主要集中在卡爪与盘体接触面。根据 Equivalent Stress，卡爪的最大应力为 119.89MPa，小于 45 钢的抗拉强度 600MPa，满足强度要求。

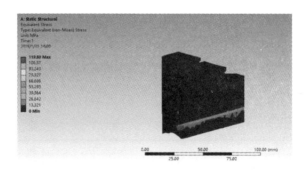

图 3-72　卡爪应力分布图

2. 盘体静力学有限元分析

由于盘体结构对称，我们只分析其四分之一的受力。从图 3-73 可见，工字口下表面受到一个向上的力，上表面受到一个向下的力，两个力会产生一个力矩使得工字口产生弯曲变形。根据 Equivalent Stress，盘体的最大应力为 239.8MPa，其他部分最大应力在 106MPa 左右，所以在工字口入口周围加一定的圆角过渡以消除集中的应力，盘体应变分布图如图 3-74 所示。

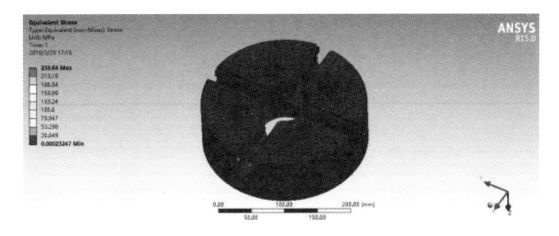

图 3-73　盘体应力分布图

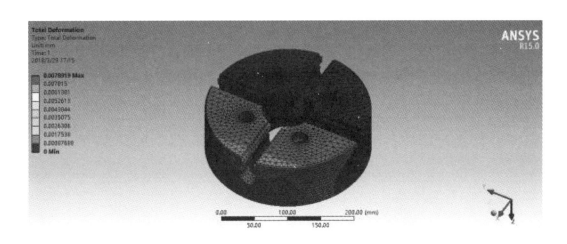

图 3-74　盘体应变分布图

参考文献

［1］呼和浩特机床附件厂设计部.自定心卡盘（联设）［Z］. 1979. 7：80-87，101-107，225-237.

［2］王健健，冯平法，张建富，等.卡盘定心精度建模及其保持特性与修复方法［J］.吉林大学学报
　　（工学版）2016：487-493.

［3］张耀文.三爪卡盘静态夹紧力研究［J］.制造技术与机床. 1999（9）：11-14.

［4］施菊华.旧三爪自定心卡盘精度的提高［J］.机械工人（冷加工）. 1997（7）：3.

［5］赵良，王文胜.盘丝极心偏对三爪自定心卡盘找标精度影响的分析［J］.机械制造，2000（10）：
　　41-42.

［6］黄骥良.自定心卡盘的夹紧力［J］.装备机械. 1981（4）：33-36.

［7］孙志永，只辉，等.自定心卡盘夹紧力及极限转速的测定［J］.陕西机械学院学报，1989，5（4）：

299-303.

［8］刘世德. 盘丝式三爪自定心卡盘误差分析及对策［J］. 江苏机械制造与自动化，1999（4）：29-30.

［9］赛志刚. 三爪自定心卡盘的几何精度检验方法［J］. 现代商检科技，1995.5（6）：10-12.

［10］Rui Ma，Changjing Sun. Development trends and present situation about the error detection of plane thread of three-jaw chuck［C］. //Industrial instrumentation and control systems. 2013：34-39.

［11］王健健，冯平法，等. 高速旋转动力卡盘动态夹紧力的有限元计算方法［J］. 华中科技大学学报（自然科学版），2015（3）：7-11.

［12］M. A. Matin and M. Rahman. Analysis of the Cutting Process of a Cylindrical Work piece Clamped by a Three-Jaw Chuck. J. Eng. Ind 110（4）：326-332.

［13］赵欣，卢学玉，等. 动力卡盘的精度分析和检验方法的研究［J］. 机床与液压，2006（2）：157-158.

［14］徐旭松，杨将新等. 基于齐次坐标变换的制造误差建模研究［J］. 浙江大学学报（工学版）2008（6）：1021-1026.

［15］王健健，等. 楔式动力卡盘静态夹持精度建模与综合［J］. 西安交通大学学报2013（3）：90-95.

［16］J. Manuf. Sci. Eng. Methods for Improving Chucking Accuracy. 134（5），051004（Sep 25，2012）.

第四章 机床手动卡盘关键零件的
工艺流程分析及编制

机床手动卡盘制造经过几十年的发展，产品设计及工艺流程已经相当规范成熟，生产流程基本达到了标准、通用的生产方式。比如：锥齿轮基本采用冷挤压工艺方式，挡盖采用工程塑料压注成形，键轴形成滚压标准件，卡爪毛坯采用精锻完成等。这些新工艺、新技术的应用，极大地推动了行业的快速发展。本章着重对机床手动卡盘的盘体、盘丝、卡爪等关键件工艺流程、加工方法进行介绍。

第一节 关键零件的铸造

手动自定心卡盘主要由盘体、盘丝、卡爪（分离爪为顶爪＋基爪的结构）三大件组成，盘体是卡盘的关键组成件，对整个卡盘装配件起到支撑作用，常规产品的盘体一般选用 HT300作为材料，通过铸造来完成盘体毛坯的制作。

本节主要介绍卡盘盘体铸件铸造生产的基本概念和过程，砂型铸造铸型的制备技术，铸造工艺设计的内容、方法、步骤及设备的应用，对常见的铸件缺陷产生的原因及采取相应的防止措施有一个初步的认识。

一、铸造的概述

铸造就是将合金材料熔化成液态金属浇入到具有一定形状、尺寸的铸型中，经过冷却、凝固形成一定性能的零件毛坯的成形方法。这种制造过程称为铸造生产，铸出的产品称为铸件。绝大多数铸件是不能直接使用的，只能作为毛坯，需经过机械加工后才能成为各种机械零件，铸件的表面根据使用要求多处需要进行机械加工。少数铸件（尤其是结构件）当达到使用的尺寸精度和表面粗糙度值要求时，可作为成品或零件而直接使用。

铸造生产是复杂的，由许多工序共同完成，基本上由混砂、造型、合金熔炼及浇注、落砂与清理等 4 个相对独立的工艺过程组成。砂型铸造基本工艺过程如图 4-1 所示。一般铸造车间主要设有：模样制造、配砂、造型、制芯、熔炼、合型浇注、落砂清理等工段组织生产。

铸造方法有很多，基本可分为砂型铸造和特种铸造两大类。砂型铸造是用型砂紧实成铸型

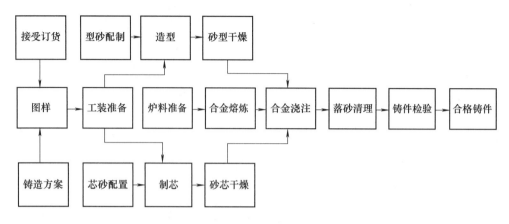

图 4-1　砂型铸造生产工艺流程图

的铸造方法。砂型铸造按其铸型性质不同，又分为湿型铸造、干型铸造、表面干型铸造三种。除砂型铸造外的其他铸造方法统称为特种铸造。特种铸造按其形成铸件的条件不同，又分为熔模铸造、金属型铸造、离心铸造、压力铸造、消失模铸造等。按铸造合金种类不同，又分为铸铁、铸钢、有色合金。其中铸铁、铸钢又叫"黑色金属"，铸铝、铸铜、铸镁等合金叫"有色金属"。

二、铸造工艺及工装设计

铸造工艺设计就是根据铸造零件的结构特点、技术要求、生产批量和生产条件等，来确定铸造方案和工艺参数，绘制铸造工艺图，编制铸造工艺卡片等技术文件的过程。它是铸造生产的直接指导性文件，也是技术准备和生产管理的依据。

（一）工艺设计依据

铸造工艺设计依据主要包括以下内容：

1）产品零件图的审核：看懂图、看是否尺寸完整、结构合理。

2）技术要求：材料的牌号、金相组织、力学性能、质量、尺寸偏差，水压、气压试验，允许存在的缺陷，以及热处理要求等。

3）产品数量，交货时间。

4）设备能力：桥式起重机的吨位、熔化炉吨位、烘干炉大小等。

（二）工艺设计内容

铸造工艺设计内容主要包括铸造工艺图、铸件图、铸造工艺卡片、铸型装配图等内容。

1）铸造工艺图的内容：分型面、分模面、收缩率、起模斜度、反变形量、分型负数、工艺补正量、浇冒口尺寸、内外冷铁，以及砂芯形状、数量及芯头大小等。

2）铸件图的内容：机械加工余量、是否铸出孔。

3）铸造工艺卡片的内容：浇注质量、毛坯质量、砂箱尺寸、烘干温度、浇注时间、浇注温度等。

4）铸型装配图的内容：铸件在砂型中的位置、浇注位置、砂芯安放顺序、浇冒口及冷铁的位置、合型等。

（三）盘体铸造工艺设计思想

盘体是卡盘产品的主要零件，它的材质一般是采用 HT300 高强度孕育灰铸铁，也有采用铸钢、锻钢和球墨铸铁作为盘体材质的。下面主要介绍以灰铸铁作为盘体材料的铸造工艺知识。

我们在多年的生产实践和改进基础上总结出一套利用灰铸铁石墨化膨胀自补缩的原理来实现无冒口铸造的卡盘盘体生产工艺，它大大提高了生产效率，并且使铸造成品率提高了 20%～30%。

盘体类铸件无冒口铸造是利用灰铸铁石墨化膨胀自补缩的原理来实现的。在冷却凝固过程中有液态收缩、凝固收缩，又有石墨化膨胀，在同一时刻发生的膨胀与收缩相抵的作用，即为自补缩能力。对于铸件而言，由于各部分冷却速度不同，在凝固的某一时刻，一部分正在收缩，另一部分已进入石墨化膨胀，时间是同时的，铁液是相通的，这时的膨胀才有可能叠加相抵。当它们在宏观上收缩与膨胀的量相等时，称这个时刻铸件进入了均衡凝固，冒口的补缩作用，只存在铸件均衡凝固到来之前的一段时间，而达到均衡凝固之后，铸件补缩量完全由石墨析出产生的膨胀来补偿。因此铸件与外界联系的通道必须切断，并要求有刚硬的铸型和上下箱锁紧，故采用干砂型铸造，避免型壁位移、膨胀。如果工艺条件促使浇注之后即开始均衡凝固，就可实现无冒口铸造。

1. 盘体零件工艺分析

卡盘盘体属于盘类铸件，其结构特点是回转体，壁厚差大，高径比小，表面积大，铸件本身要求材质高、耐磨、低应力，不允许有气孔、缩松、砂眼等缺陷，因此在工艺设计与控制中，正确选择分型面、浇注系统型式和尺寸，以及冶金质量控制是获得优质铸件的关键所在。

工艺实例：K11250 自定心卡盘盘体。

K11250 卡盘盘体铸件如图 4-2 所示，一般情况下，盘体外圆、止口、内腔凸台内径的机械加工余量在 2.5～4mm，盘体端面、内腔凸台内底面、端面及盘体底面的机械加工余量在 2.5～3.5mm。

2. 盘体材料工艺分析

灰铸铁有自补缩能力，对于 HT300 以上的低碳、低硅的高牌号亚共晶铸铁（CE = 3.4%～3.6%），其结晶温度区间较大，初生奥氏体枝晶较发达，流动性较差，结晶凝固后，枝晶间补缩往往不足而产生缩松和缩孔缺陷。正确掌握石墨化膨胀时间和内膨胀力可以加强枝晶间的补缩，获得组织致密的优质铸件。

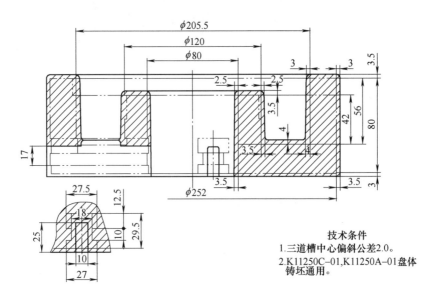

图 4-2　K11250 卡盘盘体铸件图

3. 盘体铸造工艺分析

对于卡盘盘体所采用的铸造工艺进行分析认为：盘体的高径比小，表面积大，铸件外圈薄而中间厚，浇注充满时间较短，其浇注初期冷却速度快，液态补缩较好，又因采用干砂型传热慢，浇注后在一定时间内砂型温度骤升，铁液在砂型内冷却速度缓慢（有利于均匀凝固），凝固速度也缓慢，碳化物形成倾向小，增加石墨化程度，同时，由于冷却速度减慢，结晶收缩速度也减小，相对石墨化膨胀就要提前，促使均衡凝固点提前。因此，采用无冒口和扁薄内浇道，还要正确掌握浇注时间，原则是在共晶凝固前提供液态补缩，而在石墨化膨胀前使内浇道凝固，封死通道，借石墨化膨胀使铸件内腔张力增大，由于所用干砂型有足够的刚度，可避免型壁膨胀或位移，同时也避免了铁液向浇注系统倒流，这时石墨化膨胀产生的内压力也将加强枝晶间的补缩，最终防止了缩松的产生。K11250 铸造工艺卡片如图 4-3 所示，K11250 铸型装配图如图 4-4 所示。

4. 盘体铸造工艺设计

根据盘体是回转体铸件的结构特点和散热条件，采用干砂型、水基焦炭粉涂料，工艺设计上严格计算内浇道尺寸，控制浇注速度，并用扁薄内浇道，在均衡凝固到来之时内浇道封死，这是能否实现无冒口铸造的关键所在。选择最佳浇注温度和浇注速度，合理安排浇注位置和内浇道分布，工字槽处下芯，以改善此处的散热条件。总之，在均衡凝固到来之时，充分利用薄壁低温区的共晶膨胀去补偿热区共晶前收缩，达到自补缩的目的。

在多年的生产实践中，总结出一套切实可行的浇注系统计算公式。内浇道最小截面积计算公式为

$$\sum A_内 = M\sqrt{G}$$

式中　$\sum A_内$——最小内浇道截面积总和；

　　　M——经验系数；

　　　G——铸件总质量。

材料牌号 HT300	毛重 21.60kg	浇冒口重 1.23kg	收得率 94.4%	每箱重量 133.38kg	每台件数 1	砂型烘干温度 350-450℃

模样		砂箱			型板		砂型	面砂	背砂	涂料	芯撑	规格	砂型类别
材料	铸铁	名称	编号	规格	名称	编号	名称	编号	编号	涂刷次数涂前涂后		数量	造型方法及设备
每箱型数 6		上砂箱	Z₁104	970×725×180	上模板		上箱 1			1　1		编号	手工
砂芯总数 1		中砂箱			下模板		中箱					材料	
砂芯数量 18		下砂箱	Z₁104	970×725×180			下箱 1			1　1			

制　芯		检 查 样 板					
砂芯编号 1		编号	用途	数量	编号	用途	数量
芯盒编号 Z₄01Z₃100							
制芯方法 手工							
芯砂编号 1							
芯骨材料 铁丝φ2							
材料编号 1							
烘干前 1							
烘干后							
烘干温度℃ 350-400℃							

特殊操作说明：	浇口杯		内浇道		横浇道		直浇道		冒口		砂型紧固	螺钉4个
	编号	数量	规格	数量	规格	数量	规格	数量	规格	炉料级别 Mb	
1.除漏模板造型外也可用 Z₄01Z₃100铝模。	水口流		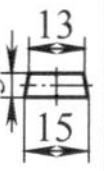 13/5/15	1	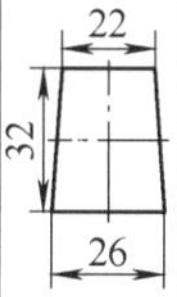 22/32/26	1	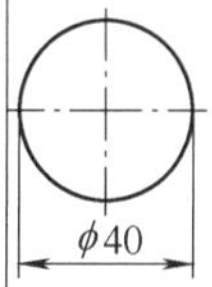 φ40	1		浇注温度 1300~1360℃	
2.K11250C—01,K11250A—01盘体铸坯通用。										浇注时间 21~26s	
										冷却时间 >3h	

图 4-3　K11250 铸造加工工艺卡片

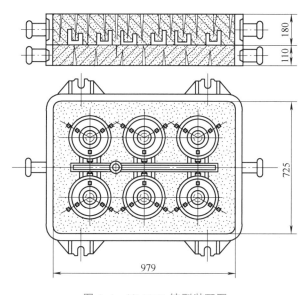

图 4-4　K11250 铸型装配图

根据盘体铸件大小及结构特点，各级压力、冶金质量、M 值的选择、截面尺寸的确定、分布和系统比例关系等因素，都对铸件质量的影响极大。

M 值一般取 0.3~0.5，大件取上限，扁薄梯形内浇道厚度取 4~10mm，如图 4-5 所示，内浇道放置在横浇道下方，这样的内浇道对有效阻止非金属夹杂物及氧化物夹渣进入型腔起很大作用。

根据盘体铸件特点，内浇道的设置应分散，均匀置于薄壁部分，减少热量集中，避免切线引入，防止液流在型腔形成涡流而造成熔渣附壁。

直浇道开在横浇道中间有利于等流量分配，浇道的截面积比为 $A_内 : A_横 : A_直 = 1 : (1.7~2) : (1.4~1.6)$，属于缓流封闭型，使铁液在横浇道能撇渣和减小流速。为提高横浇道的挡渣能力设阻流截面，如图 4-5 所示，其面积为内浇道的 1.2~1.5 倍，横浇道为梯形，高宽比为 1~1.5。

浇注时间计算公式为

$$T = S\sqrt{G}(\text{s})$$

式中　　S——经验系数，取 2.2~3，小件取上限；

　　　　G——型内铸件和浇道总质量。

铸件安放外浇口杯以提高静压力和浮渣能力。

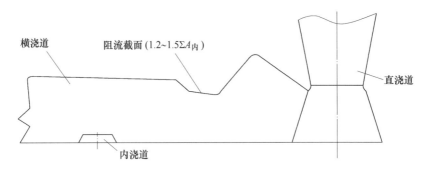

图 4-5　浇注系统截面图

此类铸件多采用慢浇，目的是减轻铁液紊流，提高排渣和型腔中气体的外逸能力，同时浇注时边浇注边凝固，有利于自补缩能力充分发挥，以实现无冒口铸造。

5. 熔炼成分的控制

采用的熔化设备是 2t 中频感应电炉，严格控制金属的化学成分，其配料为废钢 40%~50%，其余为生铁和回炉料，HT300 铸铁的化学成分为：$w_C = 2.95\%~3.15\%$，$w_{Si} = 1.4~1.65\%$，$w_{Mn} = 0.95\%~1.2\%$，$w_S \leqslant 0.125\%$，$w_P \leqslant 0.15\%$，一般碳含量 CE 在 3.45%~3.65%，经炉前孕育处理，基体中 97%~99% 为珠光体，呈细片状。对规格 K721000 盘体厚大件，碳含量 CE 可稍低。一般在熔炼后期提高过热温度，细化珠光体，提高致密度，并改善强度和硬度。为确保强度，可在炉前加适量的纯铜处理，这样可细化珠光体，阻止铁素体的形成，并改善孕育铸铁的流动性，对小浇道是有利的，而对一般铸铁用 75SiFe 孕育即可。

选择合适的浇注温度，尽量缩短铁液在浇注中的静置时间，以保证铁液有足够高的温度来充满小浇道的型腔，但温度又不能过高，因 K72 系列的铸件结构薄厚差较大，温度过高势必加大铸件液态收缩，使上表面出现下凹，在生产中一般将浇注温度控制在 1300~1360℃。

严格控制合金元素的烧损，以减小或防止缩松、气孔等伴生缺陷的产生。控制办法一是炉料要精选、除锈、防潮；二是熔炼工艺参数的控制，炉渣氧化铁 <5%，减小铁液的含氧量；三是孕育剂预热和含铝量的控制。

金属炉料配比应控制炉料中硅铁加入量，加强炉前孕育处理，孕育剂的加入量以保证获得细珠光体为原则，同时，铁液过热温度要求大于 1480℃，以获得珠光体为基体、细片状分布均匀的 A 型石墨组织。

三、铸造生产过程

卡盘盘体的制作过程包括模样的制造、型砂的混制、砂型造型、合金熔炼及落砂清理等环节。

（一）模样的制造

模样是造型工艺必需的工艺装备之一，其作用是用来形成铸型的型腔，因此模样直接关系着铸件的形状和尺寸精度。由于 K11250 卡盘盘体铸件产量大，为了保证铸件质量，提高造型生产率，我们采用造型机漏模造型，模样材质用铸铁，如图 4-6 所示为漏模机模样，每箱 6 件。

图 4-6　漏模机模样

（二）型砂的混制

用来制造砂型和砂芯的材料，统称为造型材料。用于制造砂型的混合物称为型砂，用于制造砂芯的混合物称为芯砂，涂敷在型腔和砂芯表面的混合物称为涂料。型（芯）砂的成分和性能对铸件质量有很大的影响，型（芯）砂质量差会使铸件产生气孔、砂眼、夹砂、粘砂等缺陷。由于型（芯）砂的质量问题而造成的铸件废品约占铸件总废品的 50% 以上。因此，对型（芯）砂的质量要严格控制。

型砂的混制采用 S116 混砂机，如图 4-7 所示。铸铁型（芯）砂配比见表 4-1。水基石墨涂料的配比标准见表4-2。

图 4-7　S116 混砂机

表 4-1　铸铁型（芯）砂配比（%）

编号		成分（%）								加料顺序	干混时间/min	湿混时间/min	总含泥量（%）	湿透气性<	湿压强度/(N/cm²)	干拉强度/(N/cm²)	水分	应用范围
		1 新砂	2 旧砂	3 白泥	4 膨润土	5 煤粉	6 锯木屑	7 焦炭粉	8 水									
干型砂	1	10~20	其余	3~6	1~2	—	1~3	—	适量	1+2+3+4+6+水	1~2	5~7	12~16	70	7~9	8~12	5~6.5	盘体和工具中小件
	2	10~20	其余	9~12	—	—	1~3	—	适量	1+2+3+6+水	1~2	5~7	15~20	70	7.5~10	9~14	6~7.5	较大件型芯通用
湿型砂	3	10~30	其余	—	1~3	1~2	—	—	适量	1+2+3+4+5+水	1~2	5~7	10~12	50	5~8	—	4~6	—
芯砂	1	其余	—	3~6	4~6	—	—	30~40	适量	1+3+4+7+水	1~2	5~7	12~16	70	6~8	—	5~6	盘体芯
	2	其余	—	8~12	3~5	—	—	20~30	适量	1+3+4+7+水	1~2	5~7	14~18	70	7~9	—	6~7.5	工具较大及复杂件
湿型背砂		—	100	—	—	—	—	—	适量	—	—	—	—	—	4~6	—	5~6	—

注：湿型砂加煤粉1%~2%，芯砂加焦炭粉20%~30%。

表 4-2　水基石墨涂料的配比标准

编号					加料顺序	密度/(g/cm³)	过滤器编号
1	2	3	4	5	1+2+3+4+5+水	1.25~1.35 大件取上限 小件取下限	20目
成分（%）							
片状石墨	土状石墨	焦炭粉	白泥	膨润土			
15~25	25~35	35~45	3~6	2~4			

（三）砂型造型

铸件的形状和尺寸由铸型型腔来形成。在砂型铸造中，用砂型形成铸件的外轮廓形状和尺寸，用砂芯形成铸件的内腔形状和尺寸。制造砂型称为造型，制造砂芯称为制芯。将砂芯装配在砂型内组成铸型的过程称为配型。造型、制芯、配型是铸型制备过程的主要工艺环节，直接影响着铸件质量。

造型方法可分为手工造型和机器造型两大类。手工造型主要用于单件或小批量生产，机器造型主要用于大批量生产。

由于 K11250 卡盘盘体铸件产量大，我们采用 ZB1410 微震压实造型机漏模造型，图 4-8 所示为造型机漏模装置，图 4-9 所示为造型机造好的铸型。

图 4-8　造型机漏模装置

图 4-9　造型机造好的铸型

（四）合金熔炼

铸铁的熔炼应满足的要求是优质、高产、低耗、环保、操作便利等。具体表现在铁液温度高，铁液的化学成分控制在所要求的范围内，生产率高、成本低，操作方便，安全可靠等方面。铸铁熔炼的设备有冲天炉或工频、中频感应电炉等几种。我们采用 3t 中频感应电炉熔炼。图 4-10 所示为电炉工作现场。

图 4-10　电炉工作现场

四、铸件的落砂、清理、检验和缺陷分析

（一）铸件的落砂和清理

将铸件从浇注后的铸型中取出来的过程，称为落砂。落砂后的铸件必须经过清理工序。铸件的清理一般包括去除浇冒口、清除砂芯、铲除飞边、清理表面粘砂和缺陷修整等。

落砂方法有手工落砂和机械落砂两种。生产批量较小时常用手工就地落砂，用锤子或风动工具捣毁铸型取出铸件。手工落砂效率低，砂箱使用寿命短，由于灰尘多、温度高，劳动条件差。为改善劳动条件和提高生产率，应尽可能采用机械落砂。

机械落砂是使用落砂机,将要落砂的铸型放在落砂机上,靠铸型与落砂机之间的碰撞实现落砂,使铸件与型砂分离。常用的落砂机有偏心振动落砂机、惯性振动落砂机和电磁振动落砂机。图 4-11 所示为偏心振动落砂机。

铸件的清理一般用抛丸清理滚筒,图 4-12 所示为抛丸清理滚筒机。

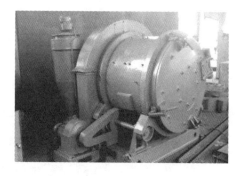

图 4-11　偏心振动落砂机 　　　　　　图 4-12　抛丸清理滚筒机

（二）铸件的检验和缺陷分析

成品铸件的验收项目包括:

1）外观质量的检验用表面观察法进行。

2）尺寸检验用测量法进行。

3）检验力学性能。

4）检验化学成分。

5）分析金相组织。

力学性能主要检验强度和硬度:

1）主要铸件硬度的检验数量不得少于同期批数量的 40%（正常附件产品同批规格不少于 3 件）。

2）在一般情况下,用锤击式硬度计检验。

3）锤击式硬度计应定期与布式硬度计校正。

4）非机械加工面一般不做硬度检验。

测定铸件的抗拉强度:检验抗拉强度时先用一组中的一根试棒进行实验,如果符合要求,则该批铸件在材质上即为合格,若实验结果达不到要求,则可用同批试棒另外两根进行重复实验,重复实验结果若都达到了要求,则该批铸件在材质上仍为合格;若重复实验结果中仍有一根达不到要求,则该批铸件为不合格。

盘体铸件在生产过程中主要产生砂孔、气孔、缩孔（缩松）缺陷,这几种铸造缺陷占整个废品的 70% 以上。另外还有裂纹、浇不足、粘砂以及由于化学成分不稳定造成强度、硬度不合格等。

下面介绍常见铸件缺陷：

（1）砂孔 主要是由于型芯强度不高或责任心不强将型腔中的浮砂没有清理干净造成的。

（2）气孔 气孔分为侵入性气孔、析出性气孔和反应性气孔。侵入性气孔主要是由于型砂和芯砂的透气性不好或型砂水分太高且铸型没有烘干造成的；析出性气孔主要是金属液中的含气量大而液体凝固时没有析出造成的；反应性气孔主要是由于金属物之间发生化学反应产生的气体而造成的。

（3）缩孔、缩松 铸件凝固时因液态收缩和凝固收缩使铸件最后凝固部位出现孔洞，一般将大于2mm的叫缩孔，小于2mm的叫缩松，产生的原因主要是金属液的浇注温度太高、收缩太大、铸件得不到补缩或铸型刚度低、型壁位移使石墨化膨胀力没有充分利用造成的。这种废品一般是批量的。

（4）裂纹 分热裂和冷裂，一般是由于壁厚不均匀收缩应力大于强度极限造成的。S含量高易产生热裂，P含量高易产生冷裂。

（5）浇不足 一般是由于金属液浇注温度太低或内浇道太小以及型砂透气性不好造成的。

（6）粘砂 分机械粘砂和化学粘砂。机械粘砂是由于浇注温度太高或型腔涂料刷得不好造成的；化学粘砂是由于铸件浇注时金属液与铸型界面的高温化学反应造成的。型砂的耐火度不高易产生粘砂。

（三）铸造发展展望

目前，我国的铸件总产量已居世界前列，但是企业的铸造技术水平同国外相差较大。主要体现为：

1）企业规模小，生产率低，机械化程度不高，成品率低。

2）质量、性能、外观差距大。

今后，铸造企业应继续走优质、高效、低耗、清洁、环保、可持续发展的道路，使我国由铸造大国变为铸造强国。

第二节 关键零件的锻造

机加工零件都是在一定的毛坯基础上经过相应的机加工工序加工而来的，所用的毛坯中有很多就是经锻造生产的锻件。手动自定心卡盘的关键零件盘丝、卡爪（顶爪或基爪）、锥齿轮都是由锻件经机加工生产的。

锻造是一种既古老而又正在蓬勃发展中的一种金属加工技术，越来越多的生产实践表明，锻造已遍及国民经济的各个生产领域。现在，锻造已不再只是一种加工零件毛坯的手段，用它直接成形零件的生产实例越来越多。

一、锻造的概述

锻造是在外力作用下，配用工装及模具，将一定大小的毛坯的形状尽可能改变成无限接近零件外形形状和尺寸的过程。按照成形方式的不同，锻造可分为自由锻、胎模锻、模锻及特种锻造。有些锻件成形过程只采用其中一种方式，有些是几种成形方式结合完成的。在企业的实际生产中，以上锻造方式都可以用到。

（一）锻造工艺依据

在整个锻造生产过程中必须依据的关键技术文件是锻造工艺卡片，如图4-13所示。锻造工艺卡片内容包括：①锻件毛坯的大小、规格及原材料成分。②坯料加热所用加热设备，加热温度和到温停留时间，始锻温度，终锻温度。③锻造过程所用全部设备名称、规格。④锻造过程所有步骤说明及每个步骤所用胎模具。⑤锻件的工艺形状、尺寸。⑥锻件的检验内容等。

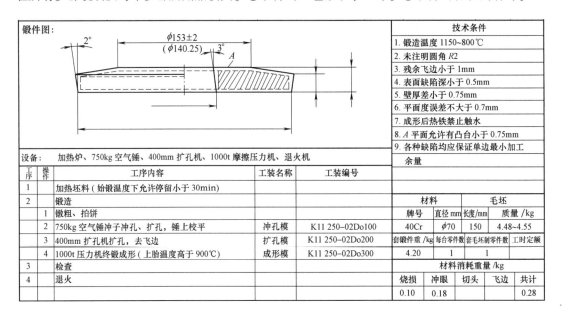

图4-13　锻造工艺卡片

锻造的每个步骤都要依照锻造工艺卡片的规定进行，并且锻造工艺卡片还是检验锻件产品质量的技术依据。因此，锻造工作首先是从编制锻造工艺卡片开始的，卡片的编制体现了生产厂家的各项实力，如技术、人员、设备等。

（二）锻造生产流程

制定完成锻造工艺卡片后，接着要进行的是卡片中所需的工装和胎、模具的设计制造工作，然后才是锻造生产过程。零件锻造生产流程如图4-14所示。

锻造生产过程的准备工作常常是在上述流程的基础上交叉进行的。下面结合生产实际具体介绍K11250卡盘盘丝、锥齿轮、卡爪等零件的锻造工艺过程。

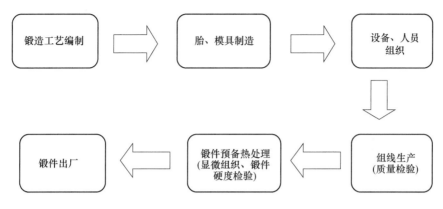

图 4-14　锻造生产流程图

二、盘丝的锻造

(一) 锻造坯料准备 (下料)

1. 原材料的选定

(1) 材料材质　原材料材质必须符合锻件材质要求，如 K11250 盘丝材质为 40Cr，所用原材料必须符合国标要求，见表 4-3。

表 4-3　40Cr 合金结构钢化学成分 (质量分数) (GB/T 3077—2015)　　　(%)

C	Si	Mn	Cr
0.37 ~ 0.44	0.17 ~ 0.37	0.50 ~ 0.80	0.80 ~ 1.10

钢材供应状态：退火或高温回火态，硬度≤207HBW。

(2) 材料规格　依据选定的零件及锻造方式确定原材料规格，如 K11250 盘丝锻造坯料，选用 ϕ70mm 圆钢切制。

2. 坯料切制 (下料)

将符合要求 (材质、规格等) 的原材料切制成符合工艺要求 (大小、质量) 的坯料。

(1) 切制方式　切制方式包括切料机切制、锯床切制等。根据原材料截面形状和规格选定切制方式和对应设备的规格，并准备相应工装等。各种切料方式都有各自的适应性，也各有利弊，如切料机下料相比锯床切制效率高，但切制断面不平整，而且不同截面形状及截面大小需配用不同的切刃和工装，适应性较锯切差，但效率较高，更适合大批量生产。

如 K11250 盘丝坯料选用 500t 切料机剪切，配用 K11250-02D01-001.002 上下刃片及刃座等工装。500t 切料机如图 4-15 所示，工作示意图如图 4-16 所示。

(2) 坯料大小 (长度、质量)　坯料质量是锻件质量、锻造损耗 (烧损、连皮、飞边等) 的总和，如 K11250 盘丝坯料质量是 4.50kg，锻件质量为 4.20kg。

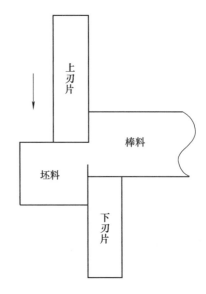

图 4-15　500t 切料机　　　　　　　　　图 4-16　切料

（二）零件锻造

1. 加热

加热是将锻件坯料由常温升高到锻造温度的过程。在这个过程中会有一部分材料烧损，在坯料质量里要考虑到这部分质量损失，如 K11250 盘丝的烧损量为 2.5%。

（1）加热方式　加热分火焰加热、电加热、感应加热等。火焰加热为最普遍的方式，但以火焰为加热介质的加热方式，烧损较大，热能利用率较低，环境污染也较严重。电加热较火焰加热有很大改进。感应加热方式加热速度快，烧损小，热能利用率高，是锻造加热的发展方向。

K11250 盘丝锻造采用火焰加热，炉型为 PDL-01 天然气加热炉，如图 4-17 所示。

图 4-17　PDL-01 天然气加热炉

（2）加热数据　主要包括加热温度、加热时间、加热炉规格、装炉量及加热温度停留时间等。采用 PDL-01 加热炉加热，加热温度控制在 1150～1200℃之间，锻造温度停留时间不大于 30min。

2. 成形

K11250 盘丝的成形过程如图 4-18 所示。

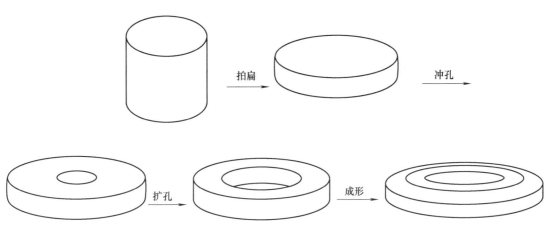

图 4-18　K11250 盘丝成形过程

（1）拍扁　将加热到锻造温度的圆柱形坯料在 750kg 空气锤上拍成圆饼形，如 K11250 盘丝，坯料在 750kg 空气锤上拍成约 30mm 厚圆饼，如图 4-19、图 4-20 所示。

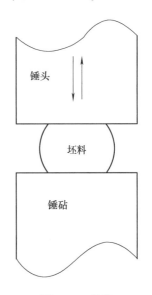

图 4-19　空气锤　　　　　　　　　　图 4-20　拍扁

（2）冲孔　在拍扁的圆饼上冲孔，用到通用工装相应孔直径冲子和漏盘，这个过程会有一个冲孔连皮的锻造损耗。如 K11250 盘丝冲孔直径 60mm，连皮质量为 0.1kg，如图 4-21 所示。

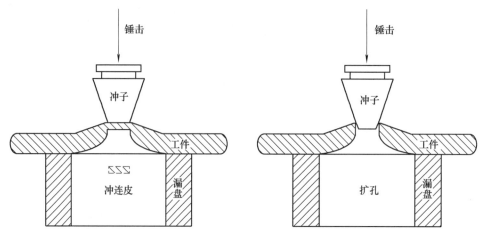

图 4-21　盘丝冲孔

（3）扩孔　将圆饼上用冲子冲成的孔进一步扩大，可用扩孔机扩孔，也可用扩孔冲子和相应的漏盘将孔逐次扩大。如 K11250 盘丝是用 400mm 扩孔机扩孔，配用通用工装K11250 扩盘、芯辊，如图 4-22、4-23 所示。

（4）终锻成形　用终锻成形模和相应设备将锻件最终锻造成形。如 K11250 盘丝用 K11250-02D100 成形模在 1000t 摩擦压力机上终锻成形，如图 4-24、图 4-25 所示。

图 4-22　扩孔机

图 4-24　1000t 摩擦压力机

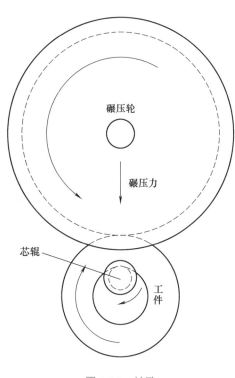

图 4-23　扩孔

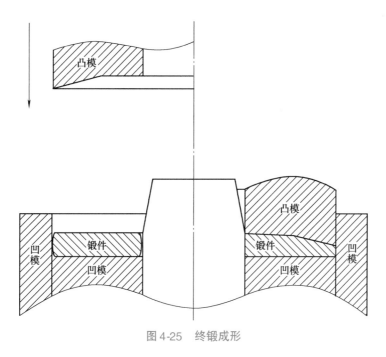

图 4-25 终锻成形

（三）锻件预备热处理

消除锻造应力，调整锻件硬度，调整锻件显微组织，为后续机加工工序和最终热处理做好准备如 K11250 盘丝退火处理。加热规范：加热温度 840～870℃，按工件尺寸确定的保温时间保温后，随炉冷却至 700℃ 以下方可出炉空冷。

（四）锻件质量检测

包括锻件外形尺寸、硬度、显微组织等检测。检测指标：锻件外形形状、尺寸符合相应规格产品的锻造工艺卡片的规定和要求。硬度≤207HBW，晶粒 5～8 级，带状组织≤3 级，脱碳深度≤1.15mm。

三、锥齿轮的锻造

（一）锻造坯料准备（下料）

原始的锥齿轮锻造按照如下方式进行。现在 500mm 以下规格部分采用冷挤压锻造方式。

1. 原材料的选定

（1）原材料材质必须符合锻件材质要求 如 K11250 锥齿轮材质为 40Cr，所用原材料必须符合国标和厂标的物理及化学要求。

（2）依据选定锻造方式确定原材料规格 如 K11250 锥齿轮锻造坯料，选用 $\phi32$mm 圆钢切制。

2. 坯料切制

（1）切制方式 切制方式包括切料机切制、锯床切制等。根据原材料截面形状和规格选定切制方式和对应设备的规格，并准备相应工装等。如 K11250 锥齿轮坯料选用 250t 切料机剪切，配用 K11250-03D01-001.002 上下刃片及刃座等工装。

（2）坯料大小（长度、质量）　坯料质量是锻件质量、锻造损耗的总和。如 K11250 锥齿轮主要为烧损，约 2.5%。

（二）零件锻造

1. 加热

（1）加热方式　加热分火焰加热、电加热、感应加热等。如 K11250 锥齿轮采用 100kW 工频感应加热，配用相应加热工装，如图 4-26 所示。

图 4-26　100kW 工频感应加热

（2）加热数据　主要包括加热温度、加热时间、加热炉规格、装炉量、加热温度停留时间等。如 K11250 锥齿轮，加热温度控制在 1150 ~ 1200℃，火焰加热和电炉加热时，加热温度停留时间不大于 20min。

2. 成形

锥齿轮的锻造采用一次冲挤成形（如图 4-27 所示），配用相应的冲挤模具和压力机。如 K11250 锥齿轮配用 K11250-03D100 冲挤模在 500t 曲柄压力机上锻制，如图 4-28、4-29 所示。

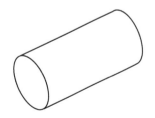

冲挤

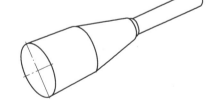

图 4-27　锥齿轮成形

图 4-28　500t 曲柄压力机

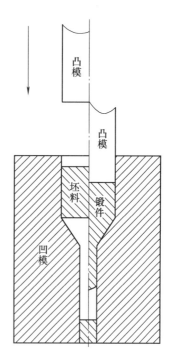

图 4-29　锥齿轮冲挤

（三）锻件预备热处理

消除锻造应力、调整锻件硬度、显微组织，为后续机加工工序和最终热处理做好准备。如 K11250 锥齿轮退火处理。加热规范：加热温度 840～870℃，按工件尺寸确定的保温时间保温后，随炉冷却至 700℃以下方可出炉空冷。

（四）锻件质量检测

包括锻件外形尺寸、硬度、显微组织等检测。检测指标：锻件外形形状、尺寸符合相应规格产品的锻造工艺卡片的规定和要求。硬度 ≤207HBW，晶粒 5～8 级，带状组织 ≤3 级，脱碳深度 ≤1.15mm。

四、卡爪的锻造

原始的卡爪锻造按照如下方式进行，现在常用规格（指量大面广）比如 160mm、200mm、250mm 等均采用精锻来完成。

（一）锻造坯料准备（下料）

1. 原材料的选定

（1）原材料材质必须符合锻件材质要求　如 K11250-05、06 正反卡爪材质为 45 钢。见表 4-4。

表 4-4　45 钢化学成分（质量分数）（GB/T 699—2015）　　　（%）

C	Si	Mn	P、S	Ni、Cr、Cu
0.42 ~ 0.50	0.17 ~ 0.37	0.50 ~ 0.80	≤0.035	≤0.25

（2）依据选定锻造方式确定原材料规格　如 K11250-05、06 正反卡爪规格为 60mm。

2. 坯料切制

（1）切制方式　切制方式包括切料机切制、锯床切制等。根据原材料截面形状和规格选定切制方式和对应设备的规格，并准备相应工装等。

（2）坯料大小（长度、质量）　坯料质量是锻件质量、锻造损耗（烧损、连皮、飞边等）的总和。

（二）锻造

1. 加热

（1）加热方式　加热分火焰加热、电加热、感应加热等。

（2）加热数据　主要包括加热温度、加热时间、加热炉规格、装炉量以及加热温度停留时间等。

2. 成形

卡爪的成形过程如图 4-30 所示（基爪的成形过程类似）。

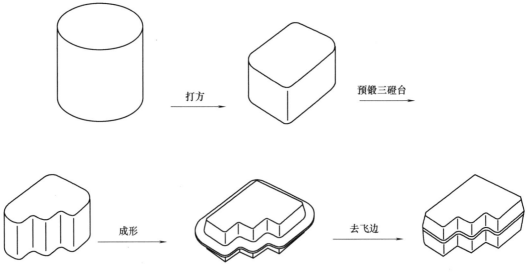

图 4-30　卡爪成形过程

（1）打方　将毛坯料打成规定尺寸的方块，在锤上自由锻完成。

（2）预锻　将打好的方料锻制成接近锻件外形的过程。正反爪须在预锻模内预锻三磴台，如 K11250 正反爪需用 K11250-0506D100 预锻模在 560kg 空气锤上进行预锻，如图 4-31、4-32 所示。

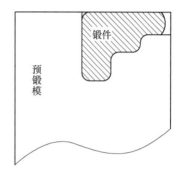

图 4-31　560kg 空气锤　　　　　　　　　图 4-32　卡爪预锻

（3）终锻　将经预锻的毛坯在成形模内锻制成锻件最终外形。如 K11250 正反爪用 K11250-0506D200 成形模在 400t 摩擦压力机上终锻成形，如图 4-33、图 4-34 所示。

图 4-33　400t 摩擦压力机　　　　　　　　图 4-34　卡爪成形模

（4）切飞边　将成形锻件上的飞边去掉。如 K11250 正反爪用 K11250-0506D300 切边模在 250t 曲柄压力机上冷切飞边，如图 4-35、4-36 所示。

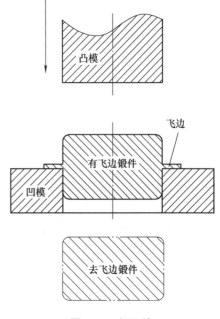

图 4-35　250t 曲柄压力机　　　　　　图 4-36　切飞边

（三）锻件预备热处理

消除锻造应力，调整锻件硬度、显微组织，为后续机加工工序和最终热处理做好准备。如 K11250 正反爪正火处理。加热规范：加热温度 830～860℃，按工件尺寸确定的保温时间保温后，将工件随台车一起出炉以强风对吹快速冷却。

（四）锻件质量检测

包括锻件外形尺寸、硬度、显微组织等检测。检测指标：锻件外形形状、尺寸符合相应规格产品的锻造工艺卡片的规定和要求。硬度 156～217HBW，晶粒 5～8 级，带状组织≤2 级，脱碳深度≤1.15mm。

五、自由锻造

以上介绍的锻造成形过程都属于模锻成形，适合大批量生产，对于一些小批量产品、新研发产品的锻件采用自由锻造成形。自由锻造成形方法灵活多样，胎具工装简单，成形适应性强，是锻造行业的基础，很多大型锻件都是自由锻造成形的。自由锻造的缺点是生产率低，劳动强度大，锻件加工余量大，而且对工人的技能要求较高。

前面已经介绍了卡爪的模锻成形过程，下面介绍一下卡爪的自由锻造过程，如图 4-37 所示。这个过程没有预锻环节，也不用预锻模，只用了压块、切刀等简单工装，在锻锤上一步一步直到成形。整个过程都在自由锻锤上进行，只是根据锻件大小选用相应大小的锻锤。下面以简单的示意图方式介绍一下三台卡爪的锻造过程。图 4-38 所示为 1t 自由锻锤。图 4-39～

图 4-42 为卡爪自由锻造加工成形过程示意。

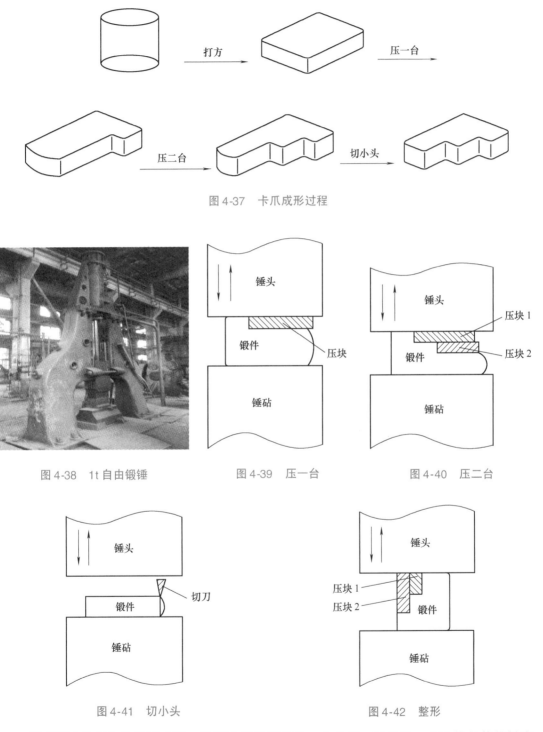

图 4-37　卡爪成形过程

图 4-38　1t 自由锻锤

图 4-39　压一台

图 4-40　压二台

图 4-41　切小头

图 4-42　整形

提到锻造我们往往想到成形，其实这只是锻造的一个功能，锻造另一个功能是使材料成分、组织均匀，比如揉锻。一些重要部件的锻件和高合金成分材料的锻件，为了提高其力学性能，都会进行揉锻，就像我们日常生活中揉面一样。面揉好了更"筋道"，金属材料经过一定的揉锻过程力学性能更好。揉锻可以使金属材料组织细化、均匀，特别是一些高合金成分材料锻件，由于存在成分偏析等，在锻造成形前必须进行揉锻。

六、锻造容易产生的缺陷

（一）锻造加热缺陷

1）坯料温度不均匀，主要由加热保温时间短和加热炉炉温不均匀及装炉不恰当造成。

2）脱碳，加热温度过高，加热时间过长，炉气成分控制不好，氧化性过强。

3）过热、过烧，加热温度过高，加热时间过长。过热可通过热处理方法挽救，过烧无可挽回。

（二）锻造成形缺陷

1）成形不好、缺料，由加热温度低、成形压力小、坯料偏小等引起。

2）错位，由操作不当、模具磨损、模具导柱磨损等引起。

3）坑疤，由氧化皮清理不好、模腔清理不好、出模磕碰等引起。

4）裂纹，锻后冷却方式不当。

（三）锻造预备热处理缺陷

1）硬度高，主要由冷却速度过快等引起。

2）硬度低，主要由冷却速度过慢等引起。

3）硬度不均匀、组织不均匀，由加热温度低和保温时间短等引起。

4）锻件氧化严重，由炉气气氛控制不好、氧化性气氛多、加热温度高等引起。

七、锻造发展展望

随着我国综合国力的增强，锻造行业的发展也日新月异，正在向着加热绿色、环保、节能化、装备大吨位、数控、精准自动化以及模具高强化方向发展，同时也向着更专业化发展。

随着模具新材料的应用和锻造装备的发展，锻造成形领域出现了温锻和冷锻，它们都属于精密锻造。温锻坯料的加热温度，黑色金属只有 200~850℃，有色金属加热温度不高于350℃。冷锻坯料温度为常温，用这种方式锻造出的锻件成形和精度上了一个新高度，相应对模具材料和装备等也要求更高，模具设计也有更高要求。

说到锻造，就会想到模具。模具设计就是综合考虑模具的成形性能、模具材料、制造性能、装备能力及经济适用性等因素的过程，是一个专业性的工作。

结合实际情况，众环集团锻造方法也正向多样化方向发展，比如加热，有电加热、火焰加热、感应加热等，设备、工装、模具也是多种多样，但精密锻造将是发展方向。众环集团部分零件采用精密锻件，如小规格锥齿轮，采用冷挤压工艺，其锻件后序机加工余量单边只有

0.15mm，机加工直接进行磨削加工，省去了车、铣等粗加工。当然所用模具的强度及加工精度较普通锻造工艺也有更高要求，同时，对料坯也要进行预备处理，如清洗、皂化处理等。其他小规格锻件的精锻工艺原理与其相同，这里就不再赘述。

第三节　关键零件的热处理

一、热处理概述

热处理就是将固态金属置于一定的介质中，通过加热、保温、冷却，改变其内部组织结构，以获得预期性能的工艺方法。它是改善和强化金属材料性能、挖掘材料潜力，提高产品（零件）质量和使用寿命的重要途径，因此几乎所有的重要机械零件在制造过程中都必须进行热处理。

热处理的分类：按照热处理目的，热处理可分为常规热处理和表面热处理。

常规热处理包含退火、正火、淬火及回火等工艺。

表面热处理一般包含感应淬火、渗碳、渗氮等工艺。

其中退火、正火又叫预备热处理，按工艺顺序一般排在粗加工之前进行，其作用主要是消除前道工序的应力，改善组织和切削加工性能，为随后的切削加工和最终热处理做好组织准备。

淬火 + 回火（或表面热处理）又叫最终热处理，其目的主要是改善和提高零件的力学性能，即提高零件的强度、硬度，保证足够的韧性，以承受工作时受到的强烈挤压、拉伸、扭转、弯曲、冲击和摩擦等载荷。最终热处理是保证零件使用性能和寿命的关键，因此要安排在粗加工之后、精加工之前进行。

二、热处理工艺

机械零件的加工工艺顺序一般按照：

锻造（或铸造）→退火或正火→机械粗加工→淬火 + 回火（或表面热处理）→机械精加工。

本节重点阐述机床卡盘重要零件最终热处理的工艺设计原则和现场生产工艺参数的确定依据。

(一) 热处理工艺设计原则

热处理工艺设计原则主要包括以下几方面。

1. 产品零件图的分析

零件图是热处理工艺设计的主要依据，也是检验热处理质量的主要依据。

(1) 认真审核图样　由图样可以知道零件的形状、结构、大小、选用的材料以及热处理技术要求。审阅零件图，主要是审阅零件的几何结构是否合理，比如容易引起应力集中的槽、沟、孔等结构是否有圆弧过渡，周边尖角是否可以倒钝等，一般来讲大的整体几何结构是不允许也是不可能变动的，唯有上面提出的这些内容是可以改进的，若不能有较大的圆弧过渡，也要设计小一些的，如 R0.5mm 的圆弧过渡，总比直棱直角要好得多。其实有一定的圆弧过渡，本身也提高了零件的承载能力。

（2）认真审核热处理技术要求　零件图上明确提出了热处理的具体技术要求，主要是硬度要求、淬硬层深度要求、金相组织要求等。特别要注意虽然选用的材料可以满足这些要求，但实际生产未必能达到这些技术要求，因为技术要求数据一般是在直径是 25mm 的试样上得到的，而同样的材料有效厚度越大，常规淬火后得到的硬度值会随之下降，综合多年的生产实践和参考相关资料，表4-5 列出了常见材料的截面厚度与可能达到硬度的经验数据关系。

表4-5　常见材料的截面厚度与可能达到硬度的经验数据关系

材料	截面厚度/mm						
	<3	4~10	11~20	20~30	30~50	50~80	80~120
	淬火后硬度值 HRC						
15 渗碳；水淬	58~65	58~65	58~65	58~65	58~62	50~60	—
15 渗碳油淬	58~62	40~60	—	—	—	—	—
35 水淬	45~50	45~50	45~50	35~45	30~40	—	—
45 水淬	54~59	50~58	50~55	48~52	45~50	40~45	25~35
45 油淬	40~45	30~35	—	—	—	—	—
T8 水淬	60~65	60~65	60~65	60~65	56~62	50~55	40~45
T8 油淬	55~62	—	—	—	—	—	—
20Cr 渗碳油淬	60~65	60~65	60~65	60~65	56~62	45~55	—
40Cr 油淬	50~60	50~55	50~55	45~50	40~45	35~40	—
35SiMn 油淬	48~53	48~53	48~53	45~50	40~45	35~40	—
65SiMn 油淬	58~64	58~64	50~60	48~55	45~50	40~45	35~40
GCr15 油淬	60~64	60~64	60~64	58~63	52~62	48~50	—
CrWMn 油淬	60~65	60~65	60~65	60~64	58~63	56~62	56~60

2. 热处理半成品的来料情况

了解来料是铸造、锻造还是轧制成形材料，材料的化学成分和冶金质量如何，是否经过预备热处理等，这些来料情况直接影响着热处理工艺的设计和热处理工艺参数的确定。这里必须指出的是，卡盘的重要热处理零件必须经过锻造成形且必须进行预备热处理。

3. 生产实际条件

必须根据本单位的设备能力、工人技术水平、辅助设施等情况，尤其是要根据设备能力来设计热处理工艺过程及其工艺参数，如果超出本单位的生产能力，应立即提出，协商解决，或外协。

工艺设计的依据很多，如考虑工艺的先进性、工艺的经济性等，但以上三个方面是进行热处理工艺设计的主要依据。

（二）热处理工艺规范确定

盘丝、卡爪、基爪等是卡盘重要的关键零部件，因其传递扭矩及夹紧力的需要，这些零部件不可避免地要设计出沟、牙、齿及槽等几何结构要素，因此对于热处理来讲，这些零件属于结构复杂的零件。

因此，热处理工艺的设计原则是在保证硬度等力学性能的前提下，重点控制其淬火变形和开裂问题。

下面对 K11250 卡盘的关键零件盘丝、卡爪、基爪等热处理工艺进行详细阐述。

1. 盘丝

（1）材料 40Cr。

（2）外观形状 环类零件，上面有齿，下面有平面螺纹，如图 4-43 所示。

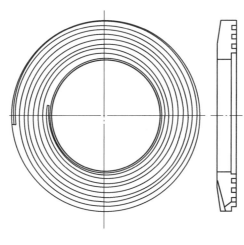

图 4-43 K11250 盘丝

（3）热处理技术要求 硬度：43～48HRC。变形：内孔圆度、螺纹面平面度均有严格要求。

根据上述技术要求确定热处理工序如下：

淬火→清洗防锈→回火→校正×1→检验（硬度、变形）→喷砂或抛丸×2→清洗防锈→检验（喷砂或抛丸质量）→入库

注意：①平面度校正，160mm 规格以上的盘丝一般都进行平面校正。②热处理后不再磨削的表面要进行喷砂或抛丸处理，以增加美观，还可以强化工件表面，提高其疲劳强度。

下面就盘丝的重点热处理工序给出工艺设计的原则和工艺规范：

1）淬火。采用 40Cr 常规淬火的加热、冷却工艺是能保证其硬度要求的。40Cr 常规淬火工艺如下：

加热：采用盐浴炉加热，并在 830 ~ 850℃ 之间进行保温，保温时间可按式（4-1）计算。
冷却：油冷。

$$t = \alpha KD \tag{4-1}$$

式中　t——保温时间（min）；

α——加热系数（min/mm）；

K——装炉间隙系数；

D——工件有效厚度（mm）。

盘丝热处理重点考虑的是淬火变形（特别是大规格盘丝），其加热和冷却方式尤为重要，因此必须设计专门的工装，一般是采用立装加热、水平冷却的方式进行的，如图 4-44 所示。尽管如此，规格较大的盘丝平面翘曲依然超出工艺要求，需要进行校正。

2）回火。采用中温回火即可满足其硬度要求，这里需要说明的是必须给予足够的回火时间，回火保温时间可按式（4-2）计算，以盐浴炉为例，最低回火保温时间不得低于 20min。

$$t = \alpha D + b \tag{4-2}$$

图 4-44　盘丝水平冷却工装

式中　t——保温时间（min）；

α——加热系数（min/mm）；

D——工件有效厚度（mm）；

b——加热基数（min）（一般为 10 ~ 30min）。

3）校正。回火冷却过程中用摩擦压力机进行冲击式的矫枉过正式校正，如图 4-45 所示为摩擦压力机。

校正工序必须设计带有一定斜度的底胎，斜度一般凭经验获得；确定冲击力的大小，一般根据盘丝零件的变形大小而定，一般变形大的，冲击力相应也大，反之，则使用较小的冲击力。校正过程中必须严格监控盘丝的温度，温度过低会被压裂，一般校正完毕以盘丝温度在 150 ~ 200℃ 为宜。对于大型盘丝可以采用淬火态校正法进行校正。

图 4-45　摩擦压力机

2. 卡爪

（1）材料　45 钢（分离爪由 20CrMnTi 制造），以 45 钢制整体爪为例进行工艺的设计分析。

（2）外观形状　板式阶梯类零件带有牙弧、夹持弧、工字槽、沟等几何结构，如图4-46所示，以K11250正卡爪为例。

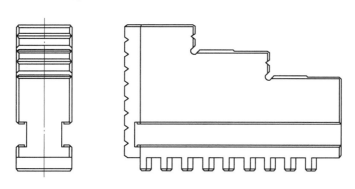

图4-46　K11250卡爪（正卡爪）

（3）热处理技术要求　①整体硬度53～58HRC，牙部高频感应淬火硬度52～58HRC（淬火硬化带的宽度、硬化深度，不同规格的卡爪都有各自的规定）。②变形：牙距变形必须控制在工艺要求的范围内。

根据上述技术要求，确定热处理工序如下：

消除应力→淬火→清洗防锈→回火→清洗防锈→牙部感应淬火→回火→检验（硬度、变形）→喷砂或抛丸→清洗防锈→检验（喷砂或抛丸质量、裂纹）→入库。

下面就卡爪的重点热处理工序给出工艺设计的原则和工艺规范：

1）淬火。由于卡爪形状复杂，材料又是采用45钢制造其淬火开裂问题是行业内攻关的难点，而且硬度又要求取上限，所以设计卡爪热处理的工艺重点，主要是考虑淬火过程中卡爪的淬火开裂问题。①加热温度尽量采用45钢下限淬火加热温度，必要时可根据C、Mn含量以及作为杂质存在于钢中的合金元素含量的高低，进一步调整淬火温度以及其淬火冷却介质。加热采用盐浴炉加热。并在810～820℃之间进行保温。保温时间按式（4-1）计算。②冷却。45钢制卡爪一般采用盐水冷却，以确保硬度。盐水具有冷却速度快、冷却均匀的特点，为了保证卡爪冷却时不开裂，应尽量降低盐水的浓度，并控制冷却时间，使出水温度控制在150～200℃，具体冷却时间由式（4-3）计算，必要时由计算和试验共同确定，冷却时间过长则开裂，过短则硬度不足。

$$t = \alpha D \tag{4-3}$$

式中　t——盐水中冷却时间（s）；

α——冷却系数（s/mm）；

D——工件有效厚度（mm）。

2）回火。低温回火，要求淬火后及时回火。回火设备为油浴炉。

3）牙部高频感应淬火。采用常规高频感应加热设备对卡爪牙部进行淬火，其目的是为了进一步提高卡爪牙部的耐磨性，同时提高牙弧根部韧性。

同样为了保证不开裂，要控制冷却时间和冷却水的压力。具体冷却时间在式（4-2）计算基础上略有增加，至于感应加热的电参数，如阳极电压、阳极电流、栅级电流、槽路电压、灯丝电压等，由试验确定。这里必须指出的是，不能因为牙齿硬化高度、深度不够而过多地提高电参数，否则适得其反，要考虑用其他措施解决。

4）牙部回火。低温回火，以去除高频感应淬火的应力。

3. 基爪

（1）材料 40Cr。

（2）外观形状 带工字槽、牙弧、凸台、螺纹孔的板类零件，如图4-47所示（以K11250C基爪为例）。

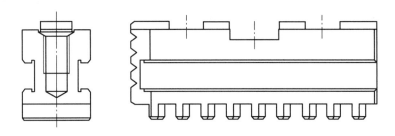

图 4-47 K11250C 基爪

（3）热处理技术要求 ①整体硬度 45～50HRC。牙部高频感应淬火，硬度 52～58HRC。②变形：牙距变形必须控制在工艺要求的范围内。

根据上述技术要求，确定热处理工序如下：

淬火→清洗防锈→回火1→清洗防锈→牙部感应淬火→回火2→检验（硬度、变形）→喷砂或抛丸→清洗防锈→检验（喷砂或抛丸质量、裂纹）→入库

按40Cr常规热处理参数进行热处理，但牙部高频感应淬火要控制冷却时间和淬火冷却介质压力，同时由试验得出感应加热的电参数，以保证变形不超工艺要求和不开裂。

上面对卡盘的重要热处理件的热处理工艺设计原则及工艺规范做了详细的阐述，将以上阐述的内容和每一个工序的内容填入热处理工艺卡片，以指导具体的生产实践。

工艺卡片一般包含以下几个方面的内容：①零件名称、件号或图号。②零件简图，务必标明与热处理相关的主要尺寸。③零件所用的材料牌号。④热处理技术要求。⑤各工序的名称、顺序、工艺参数及简要的操作说明。⑥各工序采用的设备及型号。⑦各工序所使用的工装夹具名称及编号。⑧零件的热处理质量检验要求及检验方法、检测设备等。表4-6是常用的热处理工艺卡片表格，可供参考。

表 4-6　热处理工艺卡片表

厂名	热处理工艺卡片		产品型号		零件名称		零件号		共　页
	车间								第　页
工件加工路线			工件简图		钢号	每台件数		重量	
程序序号	工艺流程	车间					毛坯	粗加工后	净重
					技术要求		检验方法		
					硬度				
					渗碳深度				
					变形				
					注意事项:				

操作程序号	热处理工序号	设备	工装	工艺规范			工人等级	准备终结工时	工时定额
				装炉	加热	冷却			min
		型号编号	名称编号						

编制	日期	核对	日期	审核	日期	会签	日期	批准	日期	摘图	日期

三、卡盘零件热处理的常见缺陷

本节只概述卡盘零件热处理常见的主要缺陷和产生这些缺陷的主要原因。

(一) 淬火裂纹

以 45 钢制卡爪的淬火裂纹为例,进行分析。

(1) 裂纹产生部位　45 钢制卡爪的淬火裂纹大多发生在夹持弧沟内、工字槽底部及工字槽空刀槽内、牙弧底部及弧面上等应力集中的部位。

(2) 裂纹产生的原因　45 钢制卡爪的淬火裂纹产生的原因主要有以下几个方面。

1) 卡爪本身形状复杂。

2) 化学成分方面,C、Mn 含量过高,虽然仍然符合国标规定,但过高的 C、Mn 含量相对地提高了材料的淬透性,表现为油淬不足,水淬则绰绰有余,于是在应力集中处,当淬火应力超过其强度极限时,便产生了淬火裂纹。

3) 热处理参数规范太高,尤其是淬火冷却时间太长时极易造成淬火裂纹。

(二) 变形超差

以 45 钢制卡爪和 40Cr 钢制盘丝为例进行阐述。

（1）45钢制卡爪的淬火变形形式　45钢制卡爪热处理淬火变形的形式主要表现在两个方面：一个是牙距伸长或缩短，另一个是卡爪的两个平面中心凹陷。这些变形一旦超出工艺要求，会使后续磨削加工余量不足，造成废品。

（2）变形的主要原因　①卡爪整体淬火和随后的牙部高频感应淬火配合不协调。②热处理参数规范太高。

2. 40Cr钢制盘丝的淬火变形

（1）变形形式

1）盘丝内圈螺纹向上翘曲，平面度超差。

2）盘丝内孔圆度超差。

（2）变形的主要原因

1）热处理参数规范太高。

2）淬火加热和冷却方式不当。

（三）硬度不足

硬度不足不仅发生在常规淬火的基爪上，而且由45钢制造的卡爪上更是常见。

产生缺陷的主要原因：

1）预备热处理后组织粗大，带状组织超过2级。

2）化学成分偏析尤其是C含量偏析，那么在C含量低的部位硬度必然不足。

3）表面氧化、脱碳。

四、卡盘零件常用热处理设备

（一）加热设备

加热设备一般以盐浴炉为主，盐浴炉具有加热速度快、少无氧化的特点，非常适宜卡盘零件的淬火加热。如图4-48所示为淬火加热盐浴炉。

图4-48　带有自动控温设备的盐浴炉

（二）冷却设备

冷却设备包含冷却水槽，冷却油槽两种。

（1）冷却水（盐水）槽　尽量采用循环水水槽，这样盐水的温度可控。如图 4-49 所示为淬火冷却水槽。

（2）冷却油槽　采用油泵、管道与油箱相连，以便于冷却油的循环降温，必要时需加散热器，但必须保证油槽内淬火油的质量是淬火件质量的 10 倍，以防着火。如图 4-50 所示为淬火冷却油槽。

图 4-49　淬火冷却水槽　　　　　　图 4-50　淬火冷却油槽

（三）抛丸设备

抛丸机与喷砂机相比，抛丸机的作用力大，效率更高，工件表面清理效果更好。如图 4-51 所示为抛丸机。

图 4-51　抛丸机

(四) 校正设备

校正设备一般采用摩擦压力机，如图4-45所示。该设备属于冲击校正设备，非常适用于盘丝零件的平面校正。这里必须指出，盘丝校正不宜采用液压设备进行，否则因卸载速度慢，易产生盘丝被压裂的危险。

(五) 感应淬火设备

一般使用高频感应淬火设备，如图4-52所示，输出功率为100kW，输出频率为200～300kHz。该设备具有加热速度快，淬火温度易于控制的优点。

图 4-52　高频感应淬火设备

五、热处理发展展望

由于卡盘及零件的特殊性，经过多年积累形成的现行热处理方式已经完全能够满足零件的热处理技术要求，也是卡盘零件比较经济的热处理方式，各个生产企业基本都采用这种方式。但随着新材料、新方法、新工艺、新设备的创新与应用，势必会影响及完善现行的热处理，例如：盘丝采用压淬，直接把平面翘曲控制在工艺要求的范围内；卡爪和基爪采用先整体调质，再对使用部位采用感应淬火的方式，国外已进行了这方面的研究与试验。

第四节　关键零件的机械加工工艺规程编制

一、机械加工概述

机械加工是指通过机械设备对工件的外形尺寸或性能进行改变的过程。按加工方式上的差别可分为切削加工和压力加工。机械加工尤其切削加工是常用的加工方法之一，切削加工包括车削、镗削、铣削、钻削、拉削、磨削及特种加工等加工方法。

随着机床、刀具、数字控制系统等现代加工技术的发展，切削加工的应用领域已经得到了极大的发展。在同一台机床上，一次装夹可完成多种加工，如车削、钻削、铣削、甚至磨削的加工，达到缩短工艺流程、减少装夹次数、提高加工质量、完成复杂型面加工的目的。

二、机械加工工艺规程的作用

机械加工工艺规程是机械制造加工组织生产的指导性文件，是生产技术管理的规范性文件，具体归纳为以下三条。

1）机械加工工艺规程是组织车间生产的主要技术文件。

2）机械加工工艺规程是生产准备和计划调度的主要依据。

3）机械加工工艺规程是新建工厂、车间的基本技术文件。

三、机械加工工艺规程制订流程

制订工艺规程需要按照一定的程序进行，即制订工艺规程的编写流程，根据工艺流程编写出工艺规程的具体内容。

1. 制订工艺路线（工艺流程）方案

在对零件进行分析的基础上，制订零件的工艺路线和划分粗精加工阶段。可以先考虑几个加工方案，进行分析比较后，再从中选择比较合理的加工方案。

2. 选择定位基准

根据粗、精基准选择原则合理选定各工序的定位基准。当某工序的定位基准与设计基准不相符时，需对它的工序尺寸进行换算。

3. 选择机床及工装（夹具、刀具、辅具、量具、检具）

机床设备的选用原则是既要保证加工质量，又要经济合理。在中小批量生产的条件下，一般是采用通用机床和夹具工装。

4. 加工余量及工序间尺寸与公差的确定

根据工艺路线的安排，要求逐工序逐表面地确定加工余量。其工序间尺寸公差，按经济精度确定。一个表面的总加工余量，则为该表面的各工序间加工余量之和。

设计中，可用计算法推算，确定各工序的加工余量、尺寸公差、几何公差，也可利用查表法直接从《机械制造工艺设计手册》中查得。

5. 切削用量的确定

在机床、刀具、加工余量等已确定的基础上，要求用公式计算几道主要工序的切削用量，其余各工序的切削用量可由手册中查得。

6. 填写机械加工工艺过程卡片和工序卡片

将前述各项内容以及各工序加工简图，一并填入规定的工艺过程卡片及工序卡片上，卡片的格式分别见表4-7、表4-8。

表 4-7　机械加工工艺过程卡片

机械加工工艺过程卡片		产品型号		零件图号					
		产品名称		零件名称		共	页	第	页

材料牌号		毛坯种类		毛坯外形尺寸		每毛坯件数		每台件数		备注	

工序名	工序名称	工序内容	车间	工段	设备	工艺装备	工时	
							准终	单件
		附录 1						
				设计（日期）	校对（日期）	审核（日期）	标准化（日期）	会签（日期）
标记	处数	更改文件号	签字	日期	标记	处数	更改文件号	签字	日期

表 4-8　机械加工工序卡片

机械加工工序卡片	产品型号		零（部）件图号		共	页
	产品名称		零（部）件名称		第	页

	施工车间	工序号	工序名称
	材料牌号	同时加工件数	冷却液
附录 1	设备名称	设备型号	设备编号
	夹具编号	夹具名称	工序工时
			准终　单件
	工位器编号	工位器名称	

工步号	工步内容	工艺装备			主轴转速（转/分）	切削速度（米/分）	走刀量（毫米/转）	吃刀深度（毫米）	走刀次数	工时定额	
		刃具	量具	辅具						机动	辅助
					编制（日期）	审核（日期）	会签（日期）	标准化（日期）			
标志	处数	更改文件号	签字	日期	标志	处数	更改文件号	签字	日期		

四、机械加工工艺规程的编制

机械加工工艺规程的编制需要考虑四个方面的内容，即规程编制的依据；规程编制遵循的原则；分析零件图；确定生产类型。

（一）工艺规程编制依据

编制工艺规程首先要进行技术资料的准备，具体内容分为以下三种。

1）产品零件图及相关的装配图。

2）产品验收的质量标准。

3）根据产品的生产纲领（劳动量）及工作的专业化程度的不同，机械加工车间可分为大量生产、成批生产和单件生产三种生产类型。

（二）工艺规程编制原则

工艺规程的编制原则是要在确保零件图样中各项技术要求的前提下，尽量考虑零件加工制造的工艺性和经济性，以及生产效率。

1）应以保证零件加工质量，达到设计图样规定的各项技术要求为前提。

2）在保证加工质量的基础上，应使工艺过程有较高的生产效率和较低的成本。

3）应充分考虑零件的生产纲领和生产类型，充分利用现有生产条件，并尽可能做到均衡生产。

4）尽量减轻工人劳动强度，保证安全生产，创造良好、文明的劳动条件。

5）积极采用先进技术和工艺，力争减少材料和能源消耗，并应符合环境保护要求。

（三）零件图分析

零件图分析主要包括：对零件图上的技术要求进行分析；对零件主要加工内容的尺寸、形状及位置精度以及设计基准等进行分析；对零件的材料、热处理及机械加工的工艺性进行分析。

1. 读懂零件图

了解零件的几何形状、尺寸精度、结构组成以及各个加工面的技术要求，如有装配图，应了解零件在装配体中的作用。

零件由多个表面构成，既有基本表面，如平面、圆柱面、圆锥面及球面，又有特形表面，如螺旋面、双曲面等。不同的表面对应不同的加工方法，并且各个表面的精度、粗糙度不同，对加工方法的要求也不同。

2. 确定加工表面

找出零件的加工表面及其精度、粗糙度要求，结合生产类型，可查阅工艺手册中典型表面的典型加工方案和各种加工方法所能达到的经济加工精度，选取该表面对应的加工方法及需经过几次加工，确定表面每次的加工余量，并可计算得到该表面总加工余量。

3. 确定主要表面

按照组成零件各表面所起的作用，确定起主要作用的表面，通常主要表面的精度和粗糙度要求都比较高，在设计工艺规程中首先要保证其精度。

零件分析时，着重抓住主要加工面的尺寸、形状精度、表面粗糙度以及主要表面的相互位置精度要求。

（四）生产类型的确定

企业要根据自己的生产能力和市场需求，以及产品结构的复杂情况去制订生产类型，这决定着生产管理的合理性。

（1）生产纲领　指企业根据市场需求和自身生产能力，在计划期内应当生产的合格产品产量和进度计划。计划期若为一年，生产纲领则为年产量。

零件的生产纲领可按下式计算

$$N = Qn(1 + \alpha)(1 + \beta) \tag{4-4}$$

式中　N——生产纲领（件）；

Q——产品的年产量（台/年）；

n——每台产品中该零件的数量（件/台）；

α——备品率（%）；

β——废品率（%）。

（2）生产类型　生产类型是指企业生产专业化程度的分类，主要根据产品的大小、结构复杂程度及生产纲领而确定。表4-9所列生产类型与生产纲领的关系，可供确定生产类型时参考。

表4-9　生产类型与生产纲领的关系

生产类型	零件的生产纲领/（台/年或件/年）			每月担负的工序数
	重型零件（零件质量大于2000kg）	中型零件（零件质量100~2000kg）	轻型零件（零件质量小于100kg）	
单件生产	<5	<10	<100	不作规定
小批生产	5~100	10~200	100~500	20~40
中批生产	100~300	200~500	500~5000	10~20
大批生产	300~1000	500~5000	5000~50000	1~10
大量生产	>1000	>5000	>50000	1

生产类型不同，产品的制造工艺方法、所用的设备和工艺装备以及生产的组织均不相同。各种生产类型的工艺特征见表4-10。

表 4-10　各种生产类型的工艺特征

工艺特征	生产类型		
	单件生产	成批生产	大批量生产
工件的互换性	一般是配对制造，没有互换性	大部分有互换性，少数用钳工修配	全部有互换性。某些精度较高的配合件用分组选择装配法
毛坯的制造方法及加工余量	铸件用木模手工造型；锻件用自由锻。毛坯精度低，加工余量大	部分铸件用金属型；部分锻件用模锻。毛坯精度中等，加工余量中等	铸件广泛采用金属型机器造型，锻件广泛采用模锻，以及其他高生产率的毛坯制造方法。毛坯精度高，加工余量小
机床设备	通用机床，或数控机床，或加工中心	数控机床加工中心。设备条件不够时，也采用部分通用机床、部分专用机床	专用生产线、自动生产线、柔性制造生产线或数控机床
夹具	多用标准附件，极少采用夹具，靠划线及试切法达到精度要求	采用夹具或组合夹具，部分靠加工中心一次安装	广泛采用高生产率夹具，靠夹具及调整法达到精度要求
刀具与量具	采用通用刀具和万能量具	可以采用专用刀具及专用量具或三坐标测量机	广泛采用高生产率刀具和量具
对工人的要求	需要技术熟练的工人	需要一定熟练程度的工人和编程技术人员	对操作工人的技术要求较低，对生产线维护人员要求有高的素质
工艺规程	有简单的工艺路线卡片	有工艺规程，对关键零件有详细的工艺规程	有详细的工艺规程

五、K11250 盘体典型零件加工工艺规程的编制

K11250 盘体零件是卡盘的主体零件，卡盘的全部零件都将装配于主体零件盘体上，所以在编制盘体零件的加工工艺时，一定要综合考虑各部分结构的相互关系，确保零件图上的设计要求。

（一）K11250 自定心卡盘结构、功能介绍

K11250 自定心卡盘属于盘丝型卡盘，共由 7 个零件组成，传动方式为锥齿轮传动和矩形螺纹传动，工件装卸方便，自定心性能好，适合于加工盘类和棒类等回转体工件。

（1）K11250 自定心卡盘装配图如图 4-53 所示。

（2）K11250 自定心卡盘构成　共有 7 个零件，分别是盘体、盘丝、锥齿轮、定位螺钉、正卡爪、反卡爪及压盖。

（3）K11250 自定心卡盘的用途适用于加工盘类、棒类等回转体工件。正爪夹紧范围：6 ~ 110mm；撑紧范围：80 ~ 250mm；反爪夹紧范围：90 ~ 250mm。

（4）卡盘的传动顺序及传动图　传动顺序：锥齿轮→盘丝→卡爪。传动图如图 4-54 所示。

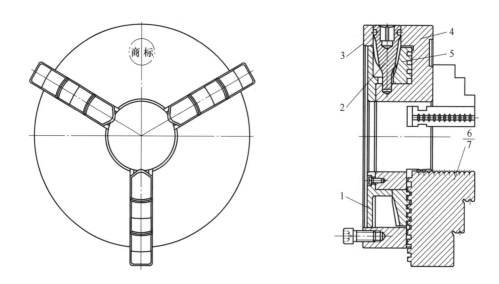

图 4-53　K11250 自定心卡盘装配图

1—压盖　2—锥齿轮　3—定位螺钉　4—盘体　5—盘丝　6—正卡爪　7—反卡爪

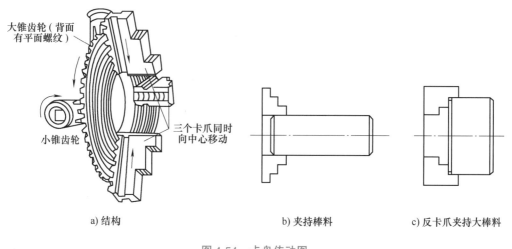

a) 结构　　　　　　　　　b) 夹持棒料　　　　　　c) 反卡爪夹持大棒料

图 4-54　卡盘传动图

（二）零件的生产类型

按照 $Q = 10000$ 台/年，$n = 1$ 件/台；结合生产实际，备品率 α 和废品率 β 分别为 10% 和 1%，代入式（4-4）得该零件的生产纲领：

$$N = 10000 \times 1 \times (1 + 10\%)(1 + 1\%) = 11110(\text{件/年})$$

根据零件质量查表 4-6 可知生产类型属于大批量生产。

（三）K11250 盘体机械加工工艺编制

在编制 K11250 盘体零件的机械加工工序卡片前，要对盘体零件图进行结构分析和工艺分析等，然后制订工艺路线，最后进行工序卡片的编写。

（1）盘体零件　如图 4-55 所示（材料：HT300）。

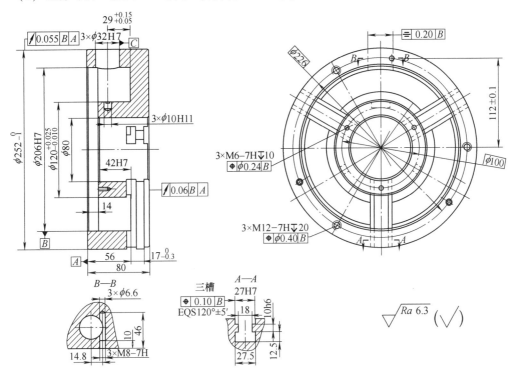

图 4-55　盘体零件机械加工工艺路线

（2）盘体零件在卡盘中的作用　盘体零件是卡盘的主体零件，其他零件如盘丝、锥齿轮、定位螺钉、卡爪及压盖均装配在盘体上，组成了卡盘产品。

（3）盘体部分　结构部位规定名称：如图 4-55 所示，尺寸 $\phi120$ 称为内腔凸台，尺寸 $\phi206H7$ 称为止口，尺寸 $3\times\phi32H7$ 称为锥齿轮孔，尺寸 $3\times\phi6.6$ 称为定位螺纹孔，27-H7 称为工字槽上口，尺寸 10h6 称为工字槽牙厚，尺寸 $3\times M6$-7H 称为压盖安装螺纹孔，尺寸 $3\times M12$-7H 称为卡盘安装螺纹孔，左端面称为底平面，右端面称为大平面。

（4）盘体零件结构分析　盘体零件结构有四个重要部位：内腔凸台及其深度、止口、锥齿轮孔及定位螺钉孔、工字槽。内腔凸台（$\phi120$）及其深度 42H7 与盘丝零件装配；锥齿轮大孔（$\phi32H7$）及小孔 $\phi10H11$ 与锥齿轮零件装配，锥齿轮孔中心至盘体内腔底平面尺寸（29）关系到锥齿轮与盘丝配合传动的精度问题；锥齿轮孔与定位螺钉孔的中心距，关系到锥齿轮的传动问题；盘体工字槽（27H7 及 10h6）将与卡爪宽度（27h6）及两长槽（10H7）相配，最终关系到卡盘的找标精度。

（5）盘体零件工艺分析　盘体上的内腔凸台、止口、锥齿轮孔、工字槽是加工的重点，加工工序的排列非常重要，它直接关系到盘体各重点部位的尺寸精度和相互之间的几何公差精度。在考虑各加工工序的排列顺序时，首先要选择确定好每道加工工序的定位基准，这样才能确保重点工序（即重点结构）的加工精度。盘体上的四个重要部位加工工艺选择：内腔凸台、止口、内腔采用车削加工；锥齿轮孔及定位螺钉孔采用钻镗加工；工字槽采用铣削加工。

（6）确定盘体零件机械加工工艺路线　如图 4-56 所示。

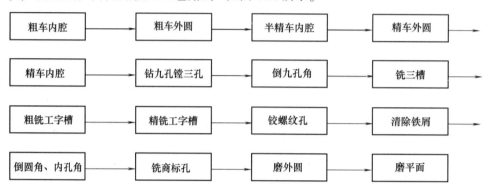

图 4-56　盘体零件机械加工工艺路线

（7）盘体零件机械加工工艺编制　工序如下：

工序 1　粗车内腔（工艺简图略）

定位：以毛坯外圆、大平面定位并夹紧，粗车内腔（包括内腔凸台及内腔各部位）、底平面；设备：普通车床 C3163；夹具：动力卡盘 K51320C；部分工装：刀具、辅具、量具（游标卡尺 0.02mm，0~300mm；游标深度卡尺 0.02mm，0~125mm。

工序 2　粗车外圆（工艺简图略）

定位：以已加工的底平面、止口定位并撑紧，粗车毛坯外圆、大平面、内孔；设备：普通车床 C3163；夹具：动力卡盘 K51250C；部分工装：刀具、辅具、量具（游标卡尺 0.02mm，0~300mm）。

技术要求：粗车完工后进行时效处理。

工序 3　半精车内腔（工艺简图略）

定位：以大平面、外圆定位并夹紧，半精车底面、内腔各部位及内腔凸台底部空刀；设备：数控车床 CY-K400；夹具：动力卡盘 K51320C；部分工装：刀具、辅具，深度量规（测内腔凸台深度），量规（测内腔深度）。

技术要求：加工前车正软爪。

工序 4　精车外圆（工艺简图略）

定位：以底面、止口定位并撑紧，精车外圆、大平面、倒角；设备：数控车床 CY-K400；夹具：动力卡盘 K51250C；部分工装：刀具、辅具、量具（游标卡尺 0.02m，0~300mm；百分表 0.01mm，0~10mm）。

工序 5　精车内腔（工艺简图如图 4-57 所示）

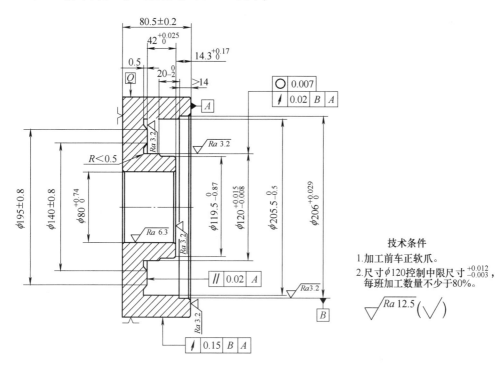

图 4-57　精车内腔

定位：以大平面、外圆定位并夹紧，精车内腔、内腔凸台、止口、底平面及空刀。设备：数控车床 G-CN6150；夹具：动力卡盘 K51320C；部分工装：刀具、辅具，内腔凸台量具（ϕ120），内腔凸台深度量具（42），止口量具（ϕ206），底平面至内腔凸台平面量具（14.3），内腔凸台与止口的同轴度量具，通用量具（游标卡尺 0.02mm，0～250mm；百分表 0.01mm，0～10mm；千分表 0.001mm，0～1mm）。

技术要求：①加工前车正软爪。②要确保简图上的几何公差。

工序 6　钻九孔镗三孔（工艺简图如图 4-58 所示）

定位：以止口、内腔底平面、毛坯口定位，中心拉杆压紧，加工 3×ϕ32H7（锥齿轮孔，3×ϕ10 孔，3×ϕ6.7 孔，3×ϕ5 孔，3×ϕ10.2 孔；设备：三孔镗专机；夹具：镗孔胎；部分工装：麻花钻、镗孔刀、铰刀、塞规（ϕ32mm、ϕ10mm、ϕ6.7mm，同轴度量规（ϕ32mm 与 ϕ10mm 同轴度），通用量具（百分表 0.01mm，0～10mm；刀口角尺 63-1 级）。

采用其他加工工艺介绍：可分为两道工序加工。工序 6-1 钻九孔。设备：立钻；夹具：钻孔胎；工序 6-2 镗三孔。设备：卧式镗床或加工中心；夹具：镗三孔胎或数控回转工作台。

工序 7　倒九孔角

对九孔进行倒角，部分工装：刀具、游标卡尺 0.02mm，0～125mm。

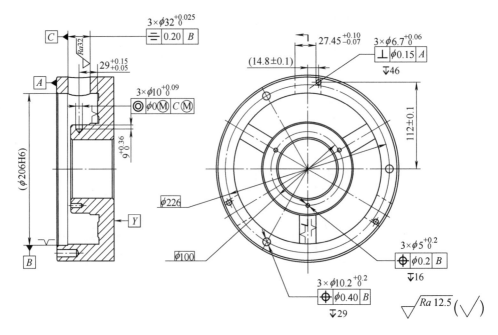

图 4-58　钻九孔镗三孔

工序 8　铣三槽（工艺简图略）

定位：以止口、底面、锥齿轮孔定位，胎具压爪夹紧，加工工字槽中间三槽 3-18，要保证加工三槽与止口的位置度；夹具：铣三槽胎；设备：双头铣专机；部分工装：镶齿三面刃铣刀，三槽位置度检具，通用量具（游标卡尺 0.02mm，0～125mm，百分表 0.01mm，0～10mm）。

注：也可采用普通卧式铣床加工，设计铣工字槽夹具。

工序 9　粗铣工字槽（工艺简图略）

定位：以止口、底面、锥齿轮孔定位，胎具压爪夹紧，粗铣三工字槽各尺寸，要求确保粗铣后的工字槽与止口的位置度，与锥齿轮孔的平行度；设备：专用铣床 HTF-K44；夹具：铣工字槽胎；部分工装：工字槽专用铣刀，通用量具（游标卡尺 0.02mm，0～125mm，百分表0.01mm，0～10mm）。

注：也可选用普通立式铣床 XA5032，选择 T 型铣刀加工。

工序 10　精铣工字槽（工艺简图如图 4-59 所示）

定位：以止口、底面、锥齿轮孔定位，胎具压爪夹紧，精铣工字槽各尺寸，上口尺寸 3-27H7，牙厚尺寸 10h6 及其他尺寸，要求确保工字槽上口与盘体止口的位置度要求，以及对三槽（18）的平行度要求；设备：普通立式铣床 XA5032；夹具：铣工字槽胎；部分工装：工字槽专用铣刀，塞规（27mm），卡规（10mm、73.3mm），通用量具（游标卡尺 0.02mm，0～125mm，百分表 0.01mm，0～10mm，千分表 0.001mm，0～1mm）。

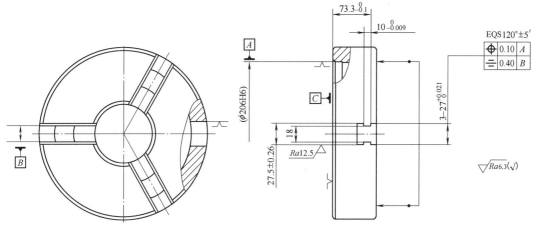

图 4-59　精铣工字槽

注：也可采用加工中心设备配置数控回转工作台进行加工。

工序 11　铰螺纹孔（工艺简图略）

将盘体大平面放置在设备工作台上，进行加工螺纹孔：$3 \times$ M6-7H，$3 \times$ M8-7H，$3 \times$ M12-7H；设备：铰丝机；刀具：机用丝锥；量具：螺纹塞规。

工序 12　清除铁屑（工艺简图略）

用风枪吹净 9 个螺纹孔里的铰螺纹碎铁屑。

工序 13　倒圆角、内孔角（工艺简图略）

定位：以底面、外圆定位夹紧，加工外圆与平面处的圆角及内孔倒角；设备：普通车床 CA6140；部分工装：倒角刀，游标卡尺 0.02～125mm。

工序 14　铣商标孔（工艺简图如图 4-60 所示）

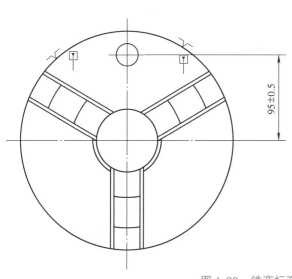
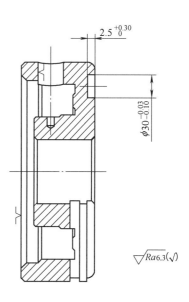

图 4-60　铣商标孔

定位：以底面、锥齿轮孔、外圆定位，压爪夹紧；设备：普通立式铣床 XA5032；工装：铣商标孔刀，塞规（$\phi30mm$）。

工序 15　磨外圆（工艺简图如图 4-61 所示）

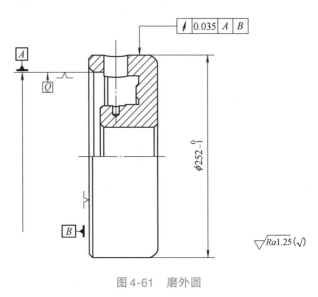

图 4-61　磨外圆

定位：以底面、止口定位、气动夹紧，精磨盘体外圆；设备：外圆磨床 MQ1350A，夹具：磨外圆胎；部分工装：砂轮，外圆跳动检具（游标卡尺 0.02mm，0～300mm，百分表 0.01mm，0～10mm）。

工序 16　磨平面（工艺简图如图 4-62 所示）

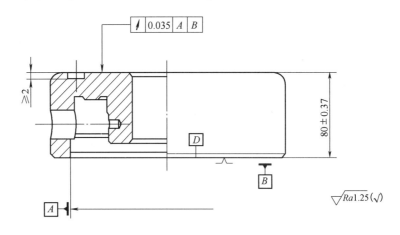

图 4-62　磨平面

定位：以底面定位，电磁盘吸紧。精磨盘体平面。

设备：圆台磨床 M7350A；部分工装：砂轮，测量平面跳动检具（游标卡尺 0.02mm，0～

125mm，百分表0.01mm，0～10mm）。

六、K11250 盘丝机械加工工艺编制

盘丝零件是卡盘的第二个重要零件，盘丝材料：40Cr，在编制机械加工工序卡片时，首先要对盘丝零件进行结构分析和工艺分析等，然后制订工艺路线，最后进行工序卡片的编制。

1. 盘丝零件图（如图4-63所示）

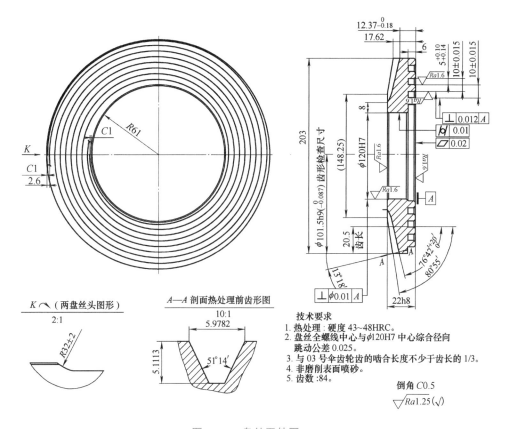

图4-63　盘丝零件图

2. 盘丝零件在卡盘中的作用

盘丝在卡盘中起着传动作用，由锥齿轮带动盘丝做旋转运动，盘丝带动卡爪在盘体工字槽内径向滑动，进行夹紧、松开动作。

3. 盘丝结构部位名称

盘丝零件如图4-63所示，盘丝大平面上螺纹称"平面螺纹"，大平面背面的斜面上是"盘丝齿"。

4. 盘丝结构工艺分析

盘丝整体形状为回转体，外圆、内孔、端面均可采用车削加工工艺；平面螺纹的粗加工可采用车削加工工艺；盘丝共有84个齿，采用铣齿加工工艺；热处理后的硬度为43～48HRC，

精加工先精磨两大平面，然后精磨内孔，再精磨平面螺纹。

5. 确定盘丝零件机械加工工艺路线（如图 4-64 所示）

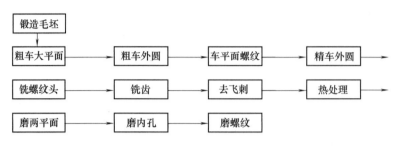

图 4-64　盘丝机械加工工艺路线图

6. 盘丝零件机械加工工艺编制

工序 1　粗车大平面（工艺简图略）

定位：以锻件毛坯端面、外圆定位并夹紧，加工大平面、内孔及倒角；设备：普通车床 CA6140；夹具：动力卡盘 K51250C；部分工装：车刀，游标卡尺 0.02mm，0～200mm。

工序 2　粗车外圆（工艺简图略）

定位：以大平面、内孔定位，撑紧内孔，加工外圆、小端面、斜面；设备：普通车床 CA6140；夹具：动力卡盘：K51250C；部分工装：车刀，游标卡尺 0.02mm，0～300mm。

工序 3　车平面螺纹（工艺简图如图 4-65 所示）

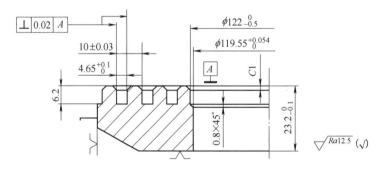

图 4-65　精车内孔、平面螺纹

定位：以端面、外圆定位并夹紧，加工大平面、内孔、平面螺纹；设备：数控车床 CY-K360；夹具：动力卡盘 K51250C；部分工装：内孔车刀和平面车刀，螺纹车刀，测螺纹螺距及螺纹深度量规，游标卡尺 0.02mm，0～125mm。

工序 4　精车外圆（工艺简图略）

定位：以大平面、内孔定位，撑紧内孔，加工外圆、小端面、斜面；设备：数控车床 CY-K360；夹具：动力卡盘 K51250C；部分工装：车刀，测量斜度量规，游标卡尺 0.02mm，0～125mm，游标卡尺 0.02mm，0～200mm。

工序 5　铣螺纹头

定位：以小端面、外圆定位夹紧，铣削掉两端不完整的螺纹头；设备：普通卧式铣床 XA6132；夹具：动力卡盘 K51250C；部分工装：直齿三面刃铣刀，游标卡尺 0.02mm，0 ~ 125mm。

工序 6　铣齿（工艺简图如图 4-66 所示）

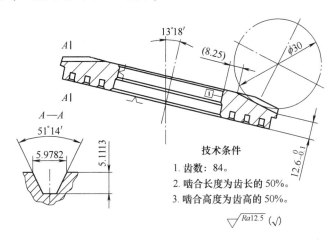

技术条件
1. 齿数：84。
2. 啮合长度为齿长的 50%。
3. 啮合高度为齿高的 50%。

图 4-66　铣齿

定位：以底面、内孔定位，撑紧内孔，加工盘丝齿；设备：双轴铣齿机床；夹具：铣齿胎；部分工装：成形铣齿刀，角度量规，齿形量规，啮合检具。

工序 7　去飞刺（工艺简图略）

清理掉螺纹上、齿棱上的加工飞边；部分工装：秃头扁锉，三角刮刀。

工序 8　磨两平面（工艺简图如图 4-67 所示）

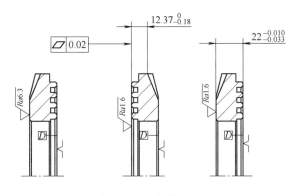

图 4-67　磨两平面

定位：以大平面定位磨小端面，再以小端面定位磨大平面，然后再以大平面定位磨小端面达到图样要求，定位夹紧为电磁盘；设备：立式磨床；部分工装：砂轮，角度量规，塞尺 0.02mm × 100，测量平板，百分表 0.01mm，0 ~ 10mm。

技术要求：

1）磨削完工后进行消磁。

2）清洗掉磨削泥。

工序9　磨内孔（工艺简图如图4-68所示）

定位：以大平面、外圆定位并夹紧，精磨盘丝内孔；设备：内圆磨床M2120，夹具：自定心卡盘K11325C；部分工装：砂轮，垂直度检具，圆度检具。

工序10　磨平面螺纹（工艺简图如图4-69所示）

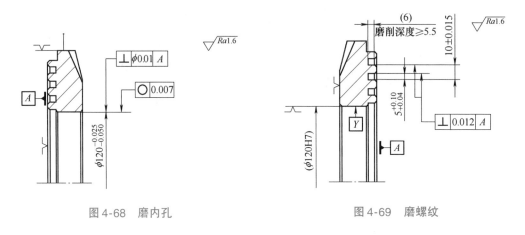

图4-68　磨内孔　　　　　　　　　　图4-69　磨螺纹

定位：以小端面、内孔定位撑紧，精磨平面螺纹内外螺纹；设备：螺纹磨床；夹具：磨螺纹胎；部分工装：砂轮，检查螺纹量规，垂直度量规，基心偏检具。

技术要求：确保全螺线中心与内孔中心的同轴度。

采用新工艺加工介绍：盘丝精磨内孔和精磨平面螺纹两道工序可以合并成一道工序进行加工，采用以车代磨新工艺精车盘丝内孔、平面螺纹工序。以车代磨新工艺的优点是在一道工序中，一次装夹精加工内孔和平面螺纹，可以确保平面螺纹渐开线的全螺线中心与内孔中心线的同轴度。设备选较好数控车床，刀具选能加工淬火工件材料的车刀。

七、K11250卡爪机械加工工艺编制

卡爪零件是卡盘的第三个重要零件，卡爪材料：45钢，在编制机械加工工序卡片时，首先要对卡爪零件进行结构分析和工艺分析等，然后制订工艺路线，最后进行工序卡片的编制。

1. 正反卡爪零件图

（1）正卡爪零件图（如图4-70所示）

（2）反卡爪零件图（如图4-71所示）

2. 卡爪在卡盘中的作用

K11250自定心卡盘共有两副卡爪，每副3块。一副正卡爪，主要用于撑紧内孔，加工工件的外圆、端面及其他；另一副反卡爪，主要用于夹紧外圆，加工内孔、内腔、端面及其他。

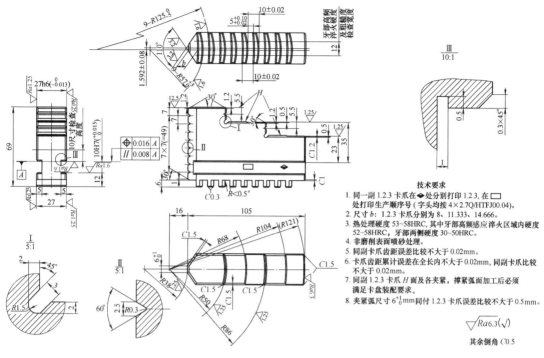

技术要求

1. 同一副 1.2.3 卡爪在◆处分别打印 1.2.3, 在□处打印生产顺序号 (字头均按 4×2.7Q/HTFJ00.04)。
2. 尺寸 b: 1.2.3 卡爪分别为 8、11.333、14.666。
3. 热处理硬度 53~58HRC, 其中牙部高频感应淬火区域内硬度 52~58HRC, 牙部两侧硬度 30~50HRC。
4. 非磨削表面喷砂处理。
5. 同副卡爪齿距误差比较不大于 0.02mm。
6. 卡爪齿距累计误差在全长内不大于 0.02mm, 同副卡爪比较不大于 0.02mm。
7. 同副 1.2.3 卡爪 H 面及各夹紧, 撑紧弧面加工后必须满足卡盘装配要求。
8. 夹紧弧尺寸 6^{+1}_{0} mm同付 1.2.3 卡爪误差比较不大于 0.5mm。

$\sqrt{Ra6.3}(\sqrt{})$

其余倒角 C0.5

图 4-70　正卡爪零件图

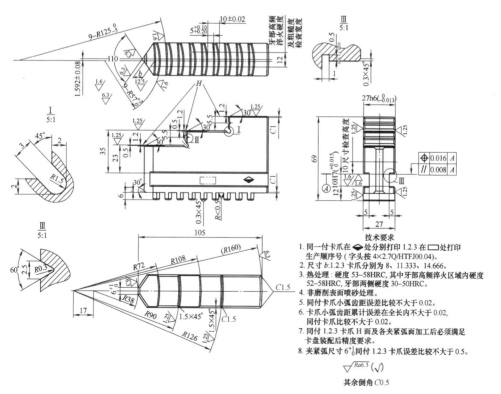

技术要求

1. 同一付卡爪在◆处分别打印 1.2.3 在□处打印生产顺序号 (字头按 4×2.7Q/HTFJ00.04)。
2. 尺寸 b:1.2.3 卡爪分别为 8、11.333、14.666。
3. 热处理: 硬度 53~58HRC, 其中牙部高频淬火区域内硬度 52~58HRC, 牙部两侧硬度 30~50HRC。
4. 非磨削表面喷砂处理。
5. 同付卡爪小弧齿距误差比较不大于 0.02。
6. 卡爪小弧齿距累计误差在全长内不大于 0.02, 同付卡爪比较不大于 0.02。
7. 同付 1.2.3 卡爪 H 面及各夹弧面加工后必须满足卡盘装配后精度要求。
8. 夹紧弧尺寸 6^{+1}_{0} 同付 1.2.3 卡爪误差比较不大于 0.5。

$\sqrt{Ra6.3}(\sqrt{})$

其余倒角 C0.5

图 4-71　反卡爪零件图

3. 卡爪结构部位名称

卡爪整体形状如零件图 4-70，4-71 所示。卡爪与盘丝平面螺纹相配合部位称齿弧（牙扣）；与盘体工字槽配合部位称长槽；夹紧工件部位称台、弧。

4. 卡爪结构工艺分析

卡爪的重点加工部位是齿弧（牙扣）、长槽、台弧。卡爪齿弧与盘丝平面螺纹啮合传动；卡爪长槽在盘体工字槽内配合滑动；卡爪台弧用于夹紧或撑紧工件。齿弧采用铣削方式和磨削方式加工；长槽采用刨削方式和磨削方式加工；台弧采用车削方式和磨削方式加工。

5. 确定卡爪零件机械加工工艺路线（如图 4-72 所示）

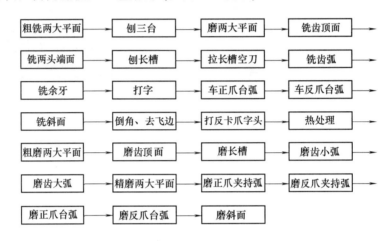

粗铣两大平面	→	刨三台	→	磨两大平面	→	铣齿顶面	→
铣两头端面	→	刨长槽	→	拉长槽空刀	→	铣齿弧	→
铣余牙	→	打字	→	车正爪台弧	→	车反爪台弧	→
铣斜面	→	倒角、去飞边	→	打反卡爪字头	→	热处理	→
粗磨两大平面	→	磨齿顶面	→	磨长槽	→	磨齿小弧	→
磨齿大弧	→	精磨两大平面	→	磨正爪夹持弧	→	磨反爪夹持弧	→
磨正爪台弧	→	磨反爪台弧	→	磨斜面		

图 4-72　K11250 卡爪机械加工工艺路线图

6. 卡爪零件机械加工工艺编制

工序 1　粗铣两大平面（工艺简图略）

定位：以一个平面及一头定位并夹紧，分别加工毛坯两个平面；设备：立铣；夹具：铣平面胎；部分工装：内钳口，外钳口，游标卡尺 0.02mm，0～125mm。

工序 2　刨三台（工艺简图略）

定位：以齿顶面、大平面定位并夹紧；加工卡爪台弧；设备：牛头刨 B665；夹具：三台胎；部分工装：刀杆，刀头，游标卡尺 0.02mm，0～125mm。

工序 3　磨两大平面（工艺简图略）

定位：以其中一个平面定位，电磁盘吸紧，分别加工卡爪两大平面；设备：平面磨床 M7150A；部分工装：砂轮，外径千分尺 0.01mm，25～50mm。

工序 4　铣齿顶面（工艺简图略）

定位：以卡爪高、低台阶及大平面定位并夹紧，加工齿弧（牙扣）顶面，设备：普通立式铣床 XA5032；夹具：液压钳；部分工装：可转位式机夹刀盘，四角刀片，游标卡尺 0.02mm；0～125mm。

工序 5　铣两头端面（工艺简图略）

定位：以一头端面、齿弧顶面、大平面定位，台阶夹紧，分别加工卡爪两头端面；设备：普通立式铣床 XA5032；夹具：铣两端面胎；部分工装：可转位式机夹刀盘，四角刀片，游标卡尺 0.02mm，0～125mm。

工序 6　刨长槽（工艺简图如图 4-73 所示）

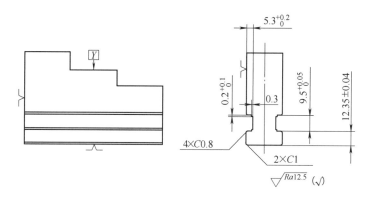

图 4-73　刨长槽

定位：以大平面、齿弧顶面定位并夹紧，分别加工两大平面上的长槽；设备：牛头刨 B665；夹具：刨长槽胎；部分工装：刨刀杆，刀头，塞规，卡规，深度量规，游标卡尺 0.02mm，0～125mm。

工序 7　拉长槽空刀（工艺简图略）

定位：以大平面、齿弧顶面定位夹紧，分别拉削两长槽内空刀；设备：空刀拉床；部分工装：拉刀，刀母，送料盘，推杆，游标卡尺 0.02mm，0～125mm。

工序 8　铣齿弧（工艺简图如图 4-74 所示）

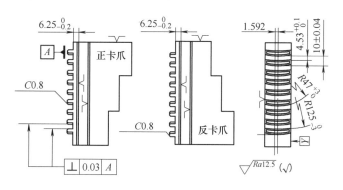

图 4-74　铣齿弧

定位：以一头端面、长槽、大平面定位夹紧，加工卡爪的九个齿弧；设备：齿弧铣床；部分工装：大小弧铣齿刀，刀母盘，定位辅具，齿弧塞规，卡规，垂直度量规。

工序9　铣余牙（齿弧余牙，工艺简图略）

定位：以卡爪台阶、长槽大平面定位夹紧，铣掉多余的齿弧，保留完整的9个齿弧；设备：普通卧式铣床 XA6132；夹具：铣余牙胎；部分工装：铣刀，游标卡尺 0.02mm，0～125mm。

工序10　打字（工艺简图略）

同副卡爪在长槽内打卡爪序号1、2、3爪号，正爪在长槽内打生产顺序号，反爪在卡爪大平面上打生产顺序号。设备：打字机；部分工装：字头。

工序11　车正爪台弧，工艺简图如图4-75所示。

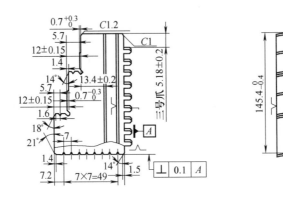

图4-75　车正爪台弧

定位：以长槽、两大平面、齿弧端面定位夹紧，加工卡爪台弧、夹持弧；设备：普通车床 CA6140；夹具：车爪胎；部分工装：车刀，长度量规，角度量规，游标卡尺 0.02mm，0～125mm。

工序12　车反爪台弧（工艺简图略）

定位：以长槽、两大平面、齿弧端面定位夹紧，加工卡爪台弧，夹持弧；设备：普通车床 CA6140；夹具：车爪胎；部分工装：车刀，长度量规，角度量规，游标卡尺 0.02mm，0～125mm。

工序13　铣斜面（工艺简图略）

定位：以长槽、端面、大平面定位夹紧，加工正卡爪大端夹持弧处两斜面，加工反卡爪小端面夹持弧处两斜面；设备：普通立式铣床 XA5032；夹具：铣斜面胎，部分工装：可转位机夹刀盘，四角刀片，角度量规，游标卡尺 0.02mm，0～125mm。

工序14　倒角、去飞边（工艺简图略）

将铇长槽工序和车爪工序中的棱边倒角、去飞边。设备：倒角机；部分工装：砂轮，齐头扁锉，游标卡尺 0.02mm，0～125mm。

工序15　打反卡爪字头（工艺简图略）

根据所查字头，在反爪长槽内打相应的生产顺序号。

工序16　粗磨两大平面（工艺简图略）

定位：以大平面定位，磁盘吸紧，分别磨削两大平面；设备：平面磨床 M7150A；部分工装：砂轮，外径千分尺 0.01mm，25 ~ 50mm。

工序 17　磨齿顶面（工艺简图略）

定位：以大平面、长槽定位并夹紧，精磨齿弧（牙弧）顶面；设备：平面磨床 M7130；夹

具：磨牙弧胎；部分工装：砂轮，检具，百分表 0.01mm，0 ~ 10mm。

工序 18　磨长槽（工艺简图如图 4-76 所示）

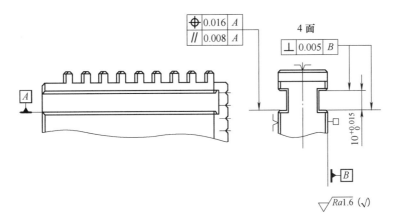

图 4-76　磨长槽

定位：以齿弧顶面、大平面定位，磁盘吸紧，精磨两长槽，要确保两长槽的位置度和平行

度；设备：止口磨床；部分工装：砂轮，磁盘垫板，止口塞规。

工序 19　磨齿小弧（工艺简图如图 4-77 所示）

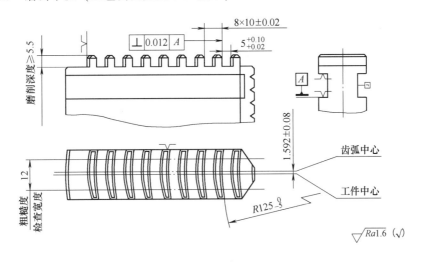

图 4-77　磨齿小弧

定位：以大平面、长槽、齿弧端定位并压紧，精磨齿小弧；设备：齿弧磨床；部分工装：

砂轮，砂轮头，工件垫板及压爪，垂直度量规，牙距仪，百分表 0.01mm，0 ~ 10mm。

工序 20　磨齿大弧（工艺简图如图 4-78 所示）

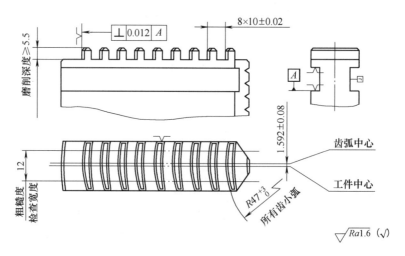

图 4-78　磨齿大弧

定位：以大平面、齿弧端、长槽定位压紧，精磨齿大弧；设备：齿弧磨床；部分工装：砂轮，砂轮头，工件垫板及压爪，塞规，垂直度量规，牙距仪，百分表 0.01mm，0～10mm。

工序 21　精磨两大平面（工艺简图如图 4-79 所示）

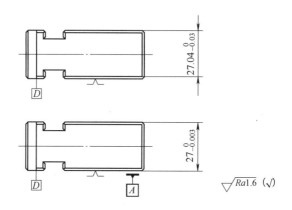

图 4-79　精磨两大平面

定位：以大平面定位，磁盘吸紧，分别精磨两大平面；设备：平面磨床 M7150A；部分工装：砂轮，外径千分尺 0.01mm，25～50mm。

工序 22　磨正爪夹持弧（工艺简图如图 4-80 所示）

定位：以长槽、齿弧、大平面定位并夹紧，精磨正卡爪夹持弧；设备：夹持弧磨床；夹具：磨夹持弧胎；部分工装：砂轮，砂轮杆，弧度量规，中心对称检具，百分表 0.01mm，0～10mm。

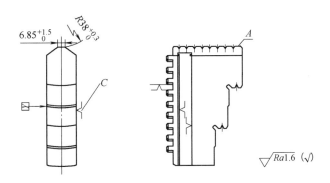

图 4-80　磨正爪夹持弧

工序 23　磨反爪夹持弧（工艺简图如图 4-81 所示）

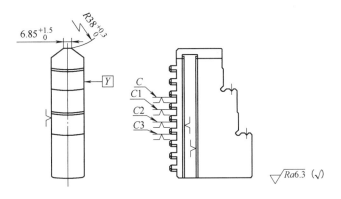

图 4-81　磨反爪夹持弧

定位：以长槽、齿弧、大平面定位并夹紧，精磨反卡爪夹持弧，设备：夹持弧磨床；夹具：磨夹持弧胎；部分工装：砂轮，砂轮杆，弧度量规，中心对称检具，百分表 0.01mm，0～10mm。

工序 24　磨正爪台弧（工艺简图如图 4-82 所示）

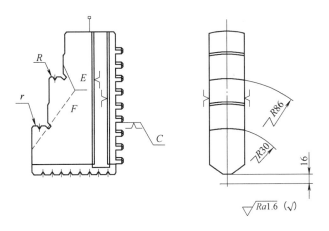

图 4-82　磨正爪台弧

定位：以长槽、齿弧、大平面定位并夹紧，精磨正卡爪台、弧；设备：内圆磨床 M2120；夹具：磨台弧胎；部分工装：砂轮、砂轮杆，台弧检具，表架，百分表 0.01mm，0～10mm。

工序 25　磨反爪台弧（工艺简图如图 4-83 所示）

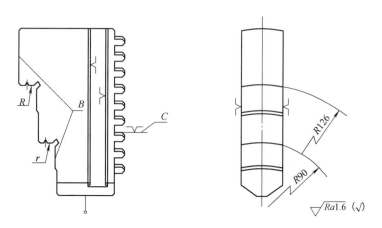

图 4-83　磨反爪台弧

定位：以长槽、齿弧、大平面定位并夹紧，精磨反卡爪台、弧；设备：内圆磨床；夹具：磨台弧胎；部分工装：砂轮、砂轮杆，台弧检具，表架，百分表 0.01mm，0～10mm。

工序 26　磨斜面（工艺简图如图 4-84 所示）

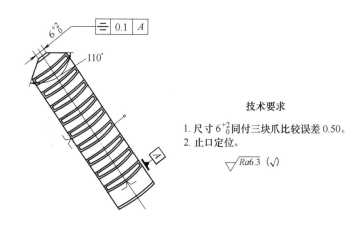

技术要求
1. 尺寸 6^{+2}_{0} 同付三块爪比较误差 0.50。
2. 止口定位。

图 4-84　磨斜面

定位：以弧端面、长槽、大平面定位并夹紧，精磨正、反卡爪斜面；设备：平面磨床；夹具：磨斜面胎；部分工装：砂轮，角度量规，游标卡尺 0.02mm，0～125mm。

第五节　机床手动卡盘的装配、检验、包装

本节主要以 K11250 为例论述手动卡盘的装配、检验、包装工艺过程。

一、K11250-00 手动卡盘产品装配工艺

1. 装配功能和质量要求

装配是整个机械制造过程中的后期工作。各种零部件需经过正确的装配才能形成最终的产品。装配过程必须保证各个零部件制成产品具有规定的精度，达到设计所需要的使用功能和质量要求。

2. 确定 K11250-00 卡盘装配工艺路线

K11250-00 卡盘装配工艺路线如图 4-85 所示。

图 4-85　K11250-00 卡盘装配工艺图

3. K11250-00 装配工艺编制

工序 1　盘体与盘丝选配（见图 4-86）

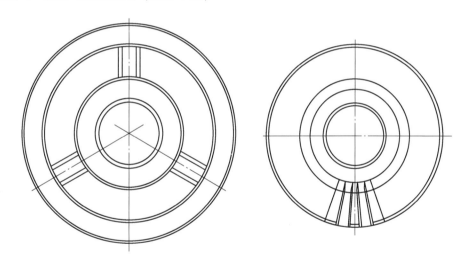

图 4-86　盘体与盘丝选配图

工步 1：盘体与盘丝选配。在盘体机械加工完工检查后，防锈入库前进行盘体内腔凸台实测尺寸分类，实测盘体脐子按最大轴径尺寸为准，用盐酸水写在盘体内腔凸台端面上。盘体内腔凸台尺寸 $\phi 120^{+0.025}_{-0.010}$ mm。

工步 2：根据盘体实测尺寸及数量，通知配磨盘丝内孔部门，盘丝内孔的配磨尺寸按盘体实测数据进行选配加工，盘丝内孔尺寸为 $\phi 120^{+0.035}_{0}$ mm。盘体与盘丝的选配间隙为 ≤0.008mm，盘丝实测值以最小孔径为准，用盐酸水写在盘丝端面上，根据配合间隙提供给装配部门。

工序 2　清洗各零件

1）卡盘各零件的清洁度标准：盘体 ≤190mg；盘丝 ≤80mg；锥齿轮 ≤70mg；卡爪 ≤110mg；

压盖≤140mg；成品卡盘≤800mg。

2）领齐各零件进行以下清洗：①将盘体、压盖分别在清洗机及煤油槽中进行清洗干净（加20%的57-2置换油）。②正反爪去飞边，在清洗机中用32-1清洗剂清洗干净。③将盘丝、锥齿轮在以上煤油中清洗干净。

工序3　装配（如图4-87所示）

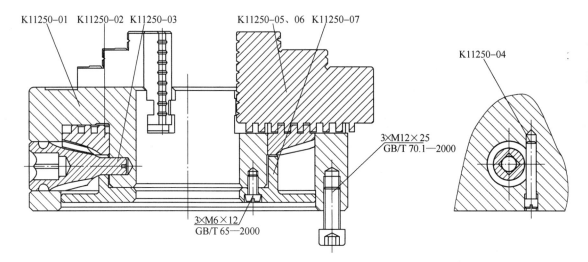

图4-87　卡盘装配图

工步1：将各零件去飞边准备装配。

工步2：在盘体平面上打商标标记及出厂年份标记（如图4-88所示）。

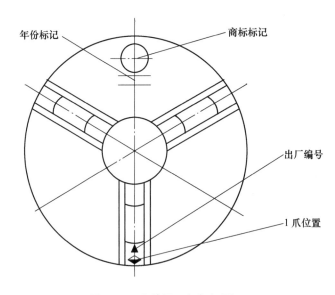

图4-88　盘体平面打标记图

工步3：正反卡爪与盘体进行工字槽配研，如图4-89所示，配好后卸下卡爪，在盘体工字槽底面中心线上打与卡爪相同的出厂编号（如图4-88所示）。

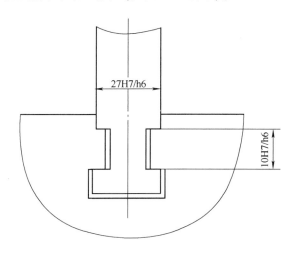

图4-89　卡爪与盘体工字槽配研

工步4：将盘丝内孔、螺纹涂上规定的机械油，然后装入盘体内腔凸台。盘体、盘丝配合间隙≤0.008mm。

工步5：将锥齿轮涂上规定的机械油，装入盘体三个齿轮孔中，用定位螺钉固定。

工步6：将压盖装入盘体止口，并用螺钉拧紧。然后分别转动锥齿轮，要求啮合均匀。

工步7：将1、2、3号同副反卡爪涂上机械油后，装入相同的出厂编号的盘体工字槽中，1号在商标标记对面，2号、3号按逆时针分别装入盘体工字槽中。正卡爪跟随卡盘包装在内。

工步8：检验卡盘扳手空转角≤45°。

工步9：检验卡盘在传动卡爪时，扳手上的力矩≤10N·m。

工步10：检验卡盘静平衡，当卡爪在最大夹、撑位置时，静平衡≤25g。

二、K11250手动卡盘成品检验工艺

产品装配完成后，进行K11250自定心卡盘的精度检验，即手动卡盘的验收检验，执行国家标准GB/T 4346—2008。

（1）标准规定检验的一般要求　所有几何精度都应在卡盘回转的情况下进行。卡盘直接装在主轴端部或通过法兰盘与主轴端部连接，主轴端部或法兰盘应预先检查径向和轴向圆跳动，并应保证其尺寸精度及其与被检卡盘配合的定心精度要求。

（2）几何精度检验　检验项目及精度公差（普通卡盘精度标准，单位mm）（如图4-90所示）。

第一项：主轴端部或法兰盘的跳动（如图4-90a，b所示）。径向圆跳动0.005mm；轴向圆跳动0.005mm。

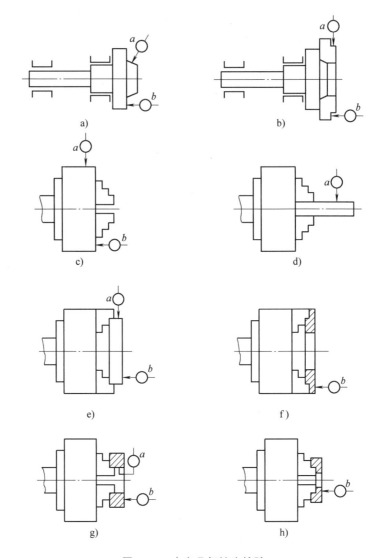

图4-90 卡盘几何精度检验

第二项：卡盘的跳动（如图4-90c所示）径向圆跳动0.055mm；轴向圆跳动：0.060mm。

第三项：夹紧在卡爪夹持弧中检验棒的径向圆跳动（如图4-90d所示）。径向圆跳动0.10mm。

第四项：夹紧在卡爪内台弧上检验环的跳动（如图4-90e所示）。径向圆跳动0.075mm；轴向圆跳动0.050mm。

第五项：夹紧在卡爪内台弧上检验环的高台轴向圆跳动（如图4-90f所示）。轴向圆跳动0.050mm。

第六项：撑紧在卡爪外台弧上检验环的跳动（如图4-90g所示）。径向圆跳动0.075mm；轴向圆跳动0.050mm。

第七项：撑紧在卡爪外台弧上检验环的高台轴向圆跳动（如图4-90h所示）。轴向圆跳动0.050mm。

三、K11250手动卡盘产品包装工艺

1）将精度检验合格后的卡盘，用57-2置换型防锈油擦洗置换，再用120#汽油擦洗干净，然后封存表面，严禁裸手接触，以保持清洁。

2）将卡盘浸涂"7424"薄层防锈油（油温保持在17~25℃）控油，按销售需要进行单木箱或集装箱包装。

3）单木箱包装（如图4-91所示）。①将卡盘用两层聚乙稀薄膜包装，装入单木箱内。②卡盘安装螺钉，3个一组，用防锈纸包严，放入单木箱内，并将卡盘扳手插入卡盘孔内，反卡爪分别用防锈纸包严，放入单木箱内。③说明书装在塑料袋内，放入单木箱内。④盖严单木箱，并用铁钉钉牢，在保证单木箱牢固的情况下，铁钉数量可适当增减，箱盖与箱体不得错位。⑤国内单木箱刷出厂年月，出口单木箱盖印商检号，要整齐美观。

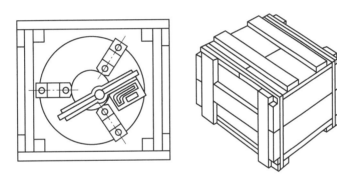

图4-91　单木箱包装图

4）集装箱包装。①纸箱成型，将泡沫塑料下盒体放入纸箱内（共8只纸箱）。②将卡盘用两层聚乙稀薄膜包严，装入纸箱泡沫塑料下盒体内。③反卡爪用防锈纸包严，并将其放于卡盘平面上。④盖上泡沫上盒体。⑤将卡盘安装螺钉3个一组，用防锈纸包严，放入泡沫塑料上盒体凹槽内，将卡盘扳手放入塑料上盒凹槽内。⑥说明书装入塑料袋放入纸箱内。⑦将纸箱上盖盖严，用塑料带扎捆机捆紧，放入集装箱内。⑧将集装箱盖严，并用铁钉钉牢，在保证箱体牢固的情况下，铁钉数量可适当增减，然后扎捆紧固钢带，箱盖与箱体不得错位。⑨出口产品盖印商检号，国内用产品刷印出厂年月，要整齐美观。

四、K11250手动卡盘产品入库

将包装好了的产品清点后，由包装部门按产品型号、产品数量等开出产品入库清单，分管人员随同产品运输车交付于成品总库，进行交接入库手续，成品入库工作完成。图4-92为包装流水线，图4-93为成品托盘包装运输。

图 4-92　包装流水线

图 4-93　托盘包装

参考文献

［1］王文清，李魁盛．铸造工艺学［M］．北京：机械工业出版社，2006：250-289.

［2］魏兵．铸件均衡凝固技术及应用［M］．北京：机械工业出版社，2004：58-187.

［3］陈国祯，肖柯则，姜不居．铸件缺陷和对策手册［M］．北京：机械工业出版社，2005：75-334.

［4］全国钢标准化技术委员会．合金结构钢：GB/T 3077—2015［S］．北京：中国标准出版社，2015.

［5］全国金属切削机床标准化技术委员会．机床　手动自定心卡盘：GB/T 4346—2008［S］．北京：中国标准出版社，2009.

［6］全国钢标准化技术委员会．优质碳素结构钢：GB/T 699—2015［S］．北京：中国标准出版社，2015.

［7］张玉庭．热处理技师手册［M］．北京：机械工业出版社，2006.

［8］技工学校机械类通用教材编审委员会．热处理工艺学［M］．北京：机械工业出版社，1980.

第五章　机床手动卡盘检测与分析

国内外机床制造的发展越来越快，对作为机床配套的关键功能部件——卡盘，要求也越来越高，卡盘与机床主轴的连接参数，卡盘的性能参数以及卡盘的几何精度，都直接影响加工零件的质量，手动卡盘的检测与分析是依据 GB/T 4346—2008《机床手动自定心卡盘》、GB/T 23291—2009《机床整体爪手动自定心卡盘检验条件》、GB/T 31396.1—2015《机床分离爪自定心卡盘尺寸和几何精度检验　第 1 部分：键、槽配合型手动卡盘》、JB/T 6566—2005《四爪单动卡盘》、JB/T 11134—2011《大规格四爪单动卡盘》开展的。此外，有关手动卡盘的试验与研究在国内多家公司已开展几十年的工作，研制了手动卡盘综合试验机，对手动卡盘性能试验和可靠性试验提供了有力保证。

第一节　机床手动卡盘尺寸参数的检测与分析

一、机床手动卡盘尺寸参数对安装精度的分析

以卧式车床为例，理想的车床卡盘应保证工件轴线与车床主轴中心线重合，这样不会对工件的整体加工精度造成不利的影响。工件的形状误差和位置误差（除机床主轴系统造成的误差外）主要是由于卡盘夹持偏差引起的，即卡盘的夹持精度，具体有自定心精度、圆柱度和圆度。工件的圆度误差主要是由夹紧力引起变形造成的。当卡盘回转中心与机床主轴中心不同心时，加工出来的零件形成圆柱度超差，卡盘本身的制造及安装误差将给零件精度带来很大影响。

机床手动卡盘安装主要有短圆柱连接和短圆锥连接两种型式，其关键尺寸参数包括直止口尺寸 D_1（短圆锥的大端尺寸 D_1、圆锥角半角 $\alpha/2 = 7°7'30''$）以及螺钉连接中心距尺寸 D_2，如图 5-1 所示。

二、机床手动卡盘尺寸参数的检验

（一）直装式手动卡盘尺寸参数的检验

直装式手动卡盘通常通过 1:4 短圆锥与机床主轴进行连接，其中短圆锥的大端尺寸和圆锥角半角（$\alpha/2 = 7°7'30''$）以及安装螺钉中心距（D 型为拉杆中心距、C 型为联接螺栓中心距）最为重要。

163

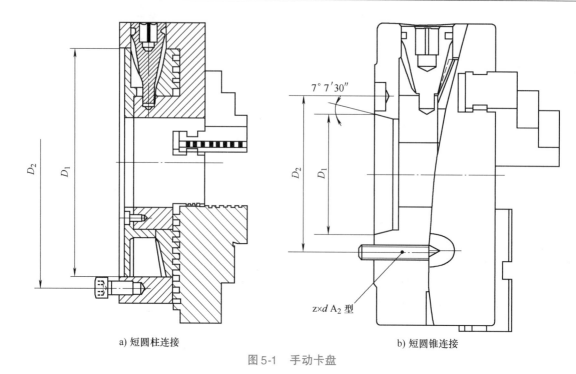

a) 短圆柱连接　　　　　　　b) 短圆锥连接

图 5-1　手动卡盘

z×d A₂ 型

根据 JB/T 10589—2006《1/4 圆锥量规》的规定，可以采用固定式和指针式量规对卡盘短圆锥的大端尺寸和圆锥角进行检验。

固定式量规简便易行，适用于对大批量情况下的验收，结构型式如图 5-2 所示，固定式量规代号见表 5-1。

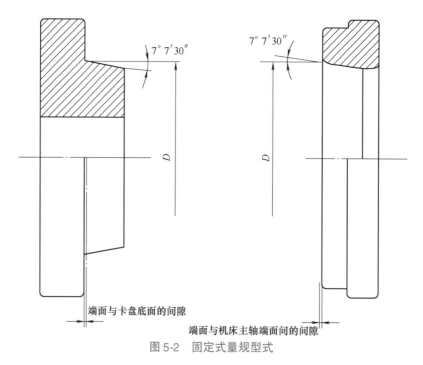

端面与卡盘底面的间隙

端面与机床主轴端面间的间隙

图 5-2　固定式量规型式

表 5-1　固定式量规代号

工作量规代号	被检卡盘端部规格代号	工作规基本尺寸/mm
3	$A_2$3、C3、D3	53.975
4	$A_2$4、C4、D4	63.513
5	$A_2$5、C5、D5	82.563
6	$A_2$6、C6、D6	106.375
8	$A_2$8、C8、D8	139.719
11	$A_2$11、C11、D11	196.869
15	$A_2$15、C15、D15	285.775
20	$A_2$20、C20、D20	412.775

卡盘专业生产企业大都采用固定式量规的方法进行短圆锥尺寸的检验。锥度是通过与量规配研后（量规上涂抹红丹粉），观察红丹粉的面积大小来判断锥度相符的程度。大端尺寸是以量规与测量锥面贴合后两端面之间间隙来确定的。工件的大端尺寸测量以量规为基准用比较法得出。量规的实际大端尺寸通过三坐标测量机测量标定。

指针式量规可以通过校对规测出卡盘短圆锥的大端尺寸和圆锥角，其型式如图 5-3 所示。

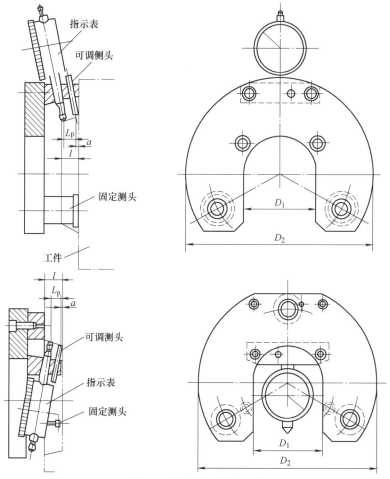

图 5-3　指针式量规的型式

卡盘联接螺钉孔的制作加工生产企业通常是在加工中心或数控钻床上（用钻孔模具）来完成，一般不需要检验，如果需要检验可根据 GB/T 17421.1—1998 进行检验。螺钉联接中心距尺寸见表5-2。

表 5-2　螺钉联接中心距尺寸 （单位：mm）

机床主轴代号	A_2 型	C 型	D 型
3	70.6	75.0	70.6
4	82.6	85.0	82.6
5	104.8	104.8	104.8
6	133.4	133.4	133.4
8	171.4	171.4	171.4
11	235.0	235.0	235.0
15	330.2	330.2	330.2
20	463.6	—	—

（二）非直装式手动卡盘尺寸参数的检验

非直装式手动卡盘需通过法兰盘才能与机床主轴相联接，卡盘后端部有一直止口，通过测量直止口直径尺寸和有效深度，以达到与所配法兰盘良好联接，从而保证卡盘的回转精度。卡盘直止口尺寸和深度见第七章。直止口尺寸的检验一般用量规或千分尺以及深度尺进行检验。联接螺钉中心距尺寸 D_2 生产企业在加工中心机床上或用钻孔模具，一般不需要检验，如果需要检验可根据 GB/T 17421.1—1998 国家标准进行检验。中心距尺寸见第七章。

第二节　机床手动卡盘精度参数的检测与分析

机床手动自定心卡盘有很好的自定心性能，其误差主要是由内部元件的误差及磨损、卡爪夹持表面的形状误差等因素造成的。从结构上讲，它的各个部分几乎都是间隙配合，各个部位之间，都存在一定间隙。比如卡爪在盘体工字槽来回滑动，存在一定间隙；盘丝在盘体脐子上转动，存在一定间隙；卡盘固定在法兰盘上也存在径向窜动量，这些误差一起形成的累积误差，集中地反映在卡盘工件的定心精度上。随着长期使用磨损不断增加，各个部位的间隙也明显增大，这就是定心精度变大的原因。卡盘在夹紧工件时，工件后端受力、前端不受力，由于卡爪与盘体工字槽存在间隙，卡爪夹持部位靠近卡盘端面处向机床床头方向变形，夹持部位远离卡盘端面处向床尾方向变形，当磨损到一定程度，使三个爪形成了"喇叭口"的状态，工件在夹持部位可能产生倾转、滑移等，使得加工出来的工件圆度及圆柱度超差；当加工工件需要靠贴卡爪台阶面时，就需要卡爪台阶面在同一个回转平面上，否则无法保证加工面与回转轴线的垂直度；卡盘外圆和轴向圆跳动，是保证卡盘正确安装必要条件，因此卡盘本身的制造及安装误差将给加工零件精度带来很大影响。手动单动卡盘具有卡爪单动可调功能，其误差主要是调整卡爪夹持中心及卡爪夹持表面的形状误差等因素造成的。

一、机床手动卡盘精度指标

机床手动卡盘精度主要指卡盘安装到机床主轴上的几何精度，其精度指标内容见表5-3。

表 5-3　几何精度内容

整体爪手动自定心卡盘 几何精度检验	卡盘外圆径向圆跳动
	卡盘轴向圆跳动
	夹紧检验棒的径向圆跳动
	夹紧检验环外圆径向圆跳动
	夹紧检验环外圆轴向圆跳动
	撑紧检验环内孔径向圆跳动
	撑紧检验环内孔轴向圆跳动
键、槽配合型 分离爪自定心手动卡盘 几何精度检验	卡盘外圆径向圆跳动
	卡盘轴向圆跳动
	顶爪定位键的键槽外表面等距误差
	基爪上平面距卡盘安装面尺寸的比较误差
	基爪的定位中心线与通过卡盘中心线的平行平面之间的误差
单动卡盘 几何精度检验	卡盘外圆径向圆跳动
	卡盘轴向圆跳动
	卡爪台阶平面的轴向圆跳动
	卡爪前端面的直线度

二、机床手动卡盘精度检测方法

（一）整体爪手动自定心卡盘几何精度检验

（1）卡盘外圆径向圆跳动见表5-4。

（2）卡盘轴向圆跳动见表5-5。

表 5-4　卡盘外圆径向圆跳动

检 验 项 目	卡盘外圆径向圆跳动	
简图		
公差	卡盘公称直径 D_{nom}/mm	公差 x/mm
	$D_{nom} \leqslant 125$	0.020
	$125 < D_{nom} \leqslant 200$	0.030
	$200 < D_{nom} \leqslant 315$	0.040
	$315 < D_{nom} \leqslant 500$	0.050
	$500 < D_{nom} \leqslant 800$	0.080
检验方法	卡盘安装在检验轴上或卡盘安装在检验装置上。检验时指示器测头应垂直于被测表面	
检验工具	指示器	
执行标准	GB/T 23291—2009	

表 5-5　卡盘轴向圆跳动

检 验 项 目	卡盘轴向圆跳动	
简图		
公差	卡盘公称直径 D_{nom}/mm	公差 x/mm
	$D_{nom} \leqslant 125$	0.020
	$125 < D_{nom} \leqslant 200$	0.030
	$200 < D_{nom} \leqslant 315$	0.040
	$315 < D_{nom} \leqslant 500$	0.050
	$500 < D_{nom} \leqslant 800$	0.080
检验方法	卡盘安装在检验轴上或卡盘安装在检验装置上。应将指示器测头置于尽可能大的直径上。	
检验工具	指示器	
执行标准	GB/T 23291—2009	

（3）夹紧检验棒的径向圆跳动　见表 5-6。

表 5-6　夹紧检验棒的径向圆跳动

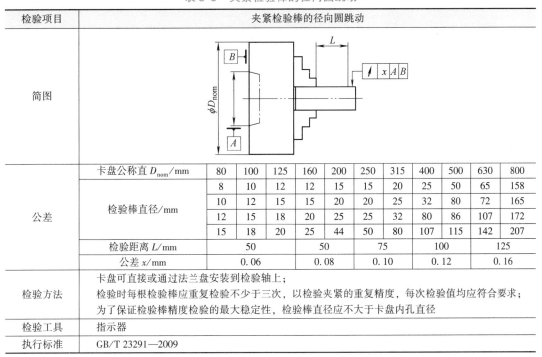

检验项目	夹紧检验棒的径向圆跳动										
公差	卡盘公称直 D_{nom}/mm	80	100	125	160	200	250	315	400	500	630	800
	检验棒直径/mm	8	10	12	12	15	15	20	25	50	65	158
		10	12	15	15	20	20	25	32	80	72	165
		12	15	18	20	25	25	32	80	86	107	172
		15	18	20	25	44	50	80	107	115	142	207
	检验距离 L/mm	50			50		75		100		125	
	公差 x/mm	0.06			0.08		0.10		0.12		0.16	
检验方法	卡盘可直接或通过法兰盘安装到检验轴上； 检验时每根检验棒应重复检验不少于三次，以检验夹紧的重复精度，每次检验值均应符合要求； 为了保证检验棒精度检验的最大稳定性，检验棒直径应不大于卡盘内孔直径											
检验工具	指示器											
执行标准	GB/T 23291—2009											

（4）夹紧检验环外圆径向圆跳动　见表 5-7。

表 5-7　夹紧检验环外圆径向圆跳动

检 验 项 目	夹紧检验环外圆径向圆跳动	
简图		
公差	卡盘公称直径 D_{nom}/mm	公差 x/mm
	$D_{nom} \leqslant 125$	0.050
	$125 < D_{nom} \leqslant 200$	0.050
	$200 < D_{nom} \leqslant 315$	0.070
	$315 < D_{nom} \leqslant 500$	0.090
	$500 < D_{nom} \leqslant 800$	0.120
检验方法	卡盘可直接或通过法兰盘安装到检验轴上；卡爪每个台弧均需检验。检验时每个台弧分别使用一个单独的检验环，检验环外径应小于卡爪夹持弧直径	
检验工具	指示器	
执行标准	GB/T 23291—2009	

（5）夹紧检验环外圆轴向圆跳动　见表5-8。

表5-8　夹紧检验环外圆轴向圆跳动

检验项目	夹紧检验环外圆轴向圆跳动	
简图		
公差	卡盘公称直径 D_{nom}/mm	公差 x/mm
	$D_{nom} \leqslant 125$	0.040
	$125 < D_{nom} \leqslant 200$	0.040
	$200 < D_{nom} \leqslant 315$	0.050
	$315 < D_{nom} \leqslant 500$	0.060
	$500 < D_{nom} \leqslant 800$	0.080
检验方法	卡盘可直接或通过法兰盘安装到检验轴上；卡爪每个台弧均需检验。检验时每个台弧分别使用一个单独的检验环，检验环外径应小于卡爪夹持弧直径。检验时应将指示器测头置于尽可能大的直径上	
检验工具	指示器	
执行标准	GB/T 23291—2009	

（6）撑紧检验环内孔径向圆跳动　见表5-9。

表5-9　撑紧检验环内孔径向圆跳动

检验项目	撑紧检验环内孔径向圆跳动	
简图		
公差	卡盘公称直径 D_{nom}/mm	公差 x/mm
	$D_{nom} \leqslant 125$	0.050
	$125 < D_{nom} \leqslant 200$	0.050
	$200 < D_{nom} \leqslant 315$	0.070
	$315 < D_{nom} \leqslant 500$	0.090
	$500 < D_{nom} \leqslant 800$	0.120
检验方法	卡盘可直接或通过法兰盘安装到检验轴上；卡爪每个台弧均需检验。检验时每个台弧分别使用一个单独的检验环，检验环内径应大于卡爪夹持弧直径	
检验工具	指示器	
执行标准	GB/T 23291—2009	

（7）撑紧检验环内孔轴向圆跳动 见表5-10。

表5-10 撑紧检验环内孔轴向圆跳动

检 验 项 目	撑紧检验环内孔轴向圆跳动	
简图		
公差	卡盘公称直径 D_{nom}/mm	公差 x/mm
	$D_{nom} \leqslant 125$	0.040
	$125 < D_{nom} \leqslant 200$	0.040
	$200 < D_{nom} \leqslant 315$	0.050
	$315 < D_{nom} \leqslant 500$	0.060
	$500 < D_{nom} \leqslant 800$	0.080
检验方法	卡盘可直接或通过法兰盘安装到检验轴上；卡爪每个台弧均需检验。检验时每个台弧分别使用一个单独的检验环，检验环内径应大于卡爪夹持弧直径。检验时应将指示器测头置于尽可能大的直径上	
检验工具	指示器	
执行标准	GB/T 23291—2009	

（二）键、槽配合型分离爪手动自定心卡盘几何精度检验

（1）卡盘外圆径向圆跳动 见表5-11。

表5-11 卡盘外圆径向圆跳动

检 验 项 目	卡盘外圆径向圆跳动	
简图	 a：基爪不可互换时的标志	
公差	卡盘公称直径 D_{nom}/mm	公差 x/mm
	$D_{nom} \leqslant 125$	0.020
	$125 < D_{nom} \leqslant 200$	0.030
	$200 < D_{nom} \leqslant 315$	0.040
	$315 < D_{nom} \leqslant 500$	0.050
	$500 < D_{nom} \leqslant 800$	0.060
检验方法	卡盘安装在检验轴上或卡盘安装在检验装置上。检验时指示器测头应垂直于被测表面	
检验工具	指示器	
执行标准	GB/T 31396.1—2015	

（2）卡盘轴向圆跳动　见表5-12。

表5-12　卡盘轴向圆跳动

检 验 项 目	卡盘轴向圆跳动	
简图	 a：基爪不可互换时的标志	
公差	卡盘公称直径 D_{nom}/mm	公差 x/mm
	$D_{nom} \leqslant 125$	0.020
	$125 < D_{nom} \leqslant 200$	0.030
	$200 < D_{nom} \leqslant 315$	0.040
	$315 < D_{nom} \leqslant 500$	0.050
	$500 < D_{nom} \leqslant 800$	0.060
检验方法	卡盘安装在检验轴上或卡盘安装在检验装置上。检验时检测位置应靠近尽可能大的直径上	
检验工具	指示器	
执行标准	GB/T 31396.1—2015	

（3）顶爪定位键的键槽外表面等距误差　见表5-13。

表5-13　顶爪定位键的键槽外表面等距误差

检 验 项 目	顶爪定位键的键槽外表面等距误差	
简图		
公差	卡盘公称直径 D_{nom}/mm	公差 x/mm
	$D_{nom} \leqslant 125$	0.120
	$125 < D_{nom} \leqslant 200$	0.160
	$200 < D_{nom} \leqslant 315$	0.200
	$315 < D_{nom} \leqslant 500$	0.250
	$500 < D_{nom} \leqslant 800$	0.320
检验方法	卡盘可直接或通过法兰盘安装到检验轴上；检验时，卡盘应处于夹紧状态，基爪夹紧一试棒，夹紧力大小由制造商确定	
检验工具	指示器	
执行标准	GB/T 31396.1—2015	

（4）基爪上平面距卡盘安装面尺寸的比较误差　见表5-14。

表5-14　基爪上平面距卡盘安装面尺寸的比较误差

检验项目	基爪上平面距卡盘安装面尺寸的比较误差	
简图	a：基爪不可互换时的标志	
公差	卡盘公称直径 D_{nom}/mm	公差 x/mm
	$D_{nom} \leqslant 125$	0.050
	$125 < D_{nom} \leqslant 200$	0.060
	$200 < D_{nom} \leqslant 315$	0.080
	$315 < D_{nom} \leqslant 500$	0.100
	$500 < D_{nom} \leqslant 800$	0.120
检验方法	检验时，卡盘应处于夹紧状态，基爪夹紧一试棒，夹紧力大小由制造商确定	
检验工具	指示器	
执行标准	GB/T 31396.1—2015	

（5）基爪的定位中心线与通过卡盘中心线的平行平面之间的误差　见表5-15。

表5-15　基爪的定位中心线与通过卡盘中心线的平行平面之间的误差

检验项目	基爪的定位中心线与通过卡盘中心线的平行平面之间的误差	
简图		
公差	卡盘公称直径 D_{nom}/mm	公差 x/mm
	$D_{nom} \leqslant 125$	0.120
	$125 < D_{nom} \leqslant 200$	0.160
	$200 < D_{nom} \leqslant 315$	0.200
	$315 < D_{nom} \leqslant 500$	0.250
	$500 < D_{nom} \leqslant 800$	0.320
检验方法	卡盘可直接或通过法兰盘安装到检验轴上；检验时卡盘应处于夹紧状态，即用基爪夹紧一试块。夹紧力大小由制造商确定	
检验工具	指示器	
执行标准	GB/T 31396.1—2015	

（三）四爪单动卡盘几何精度检验

（1）卡盘外圆径向圆跳动 见表5-16。

表5-16 卡盘外圆径向圆跳动

检验项目	卡盘外圆径向圆跳动	
简图		
公差	卡盘公称直径 D_{nom}/mm	公差 x/mm
	160	0.040
	200、250	0.060
	315、400	0.075
	500、630	0.100
	800、1000	0.125
	1250、1400、1600	0.150
	1800、2000、2250	0.200
	2500、3150	0.300
检验方法	卡盘安装在检验轴上或卡盘安装在检验装置上。检验时指示器测头应垂直于被测表面，在连续部位检验	
检验工具	指示器	
执行标准	JB/T 6566—2005、JB/T 11134-2011	

（2）卡盘轴向圆跳动 见表5-17。

表5-17 卡盘轴向圆跳动

检验项目	卡盘轴向圆跳动	
简图		
公差	卡盘公称直径 D_{nom}/mm	公差 x/mm
	160	0.020
	200、250、315	0.030
	400、500、630	0.040
	800、1000	0.060
	1250、1400、1600	0.100
	1800、2000、2250	0.150
	2500、3150	0.200
检验方法	卡盘安装在检验轴上或卡盘安装在检验装置上。检验时检测位置应靠近尽可能大的直径上	
检验工具	指示器	
执行标准	JB/T 6566—2005、JB/T 11134—2011	

（3）卡爪台阶平面对定位基准的轴向跳动　见表5-18所示。

表5-18　卡爪台阶平面的轴向圆跳动

检 验 项 目	卡爪台阶平面的轴向圆跳动	
简图		
公差	卡盘公称直径 D_{nom}/mm	公差 x/mm
	160	0.030
	200、250、315	0.040
	400、500、630	0.050
	800、1000	0.080
	1250、1400、1600	0.120
	1800、2000、2250	0.160
	2500、3150	0.200
检验方法	应在卡爪处于夹持范围的最大、中间和最小位置进行检验。其中正爪只检验高台面，反爪三台面全检	
检验工具	指示器	
执行标准	JB/T 6566—2005、JB/T 11134—2011	

（4）卡盘前端面的直线度　见表5-19。

表5-19　卡盘前端面的直线度

检 验 项 目	卡盘前端面的直线度	
简图		
公差	卡盘公称直径 D_{nom}/mm	公差 x/mm
	315、400	0.040（−）
	500、630	0.050（−）
	800、1000	0.060（−）
	1250、1400、1600	0.100（−）
	1800、2000、2250	0.150（−）
	2500、3150	0.200（−）
检验方法	把指示器固定在专用检具上，并以平尺为标准器将指示器对零。将专用检具放在卡盘前端面直径方向上检验，检具调转90°，再检验一次。两次检验误差分别计算。误差以两次读数指示器最大代数差值的大值计。允许采用其他等效方法进行检验	
检验工具	指示器、平尺	
执行标准	JB/T 6566—2005、JB/T 11134—2011	

第三节 机床手动卡盘性能参数试验

机床手动卡盘研发初期开始采用最原始、最直接的切削试验方式（包括超负荷切削），来检验卡盘结构、材料、热处理等的合理性。经过几十年发展，检测方式也在发生变化。现在大多采用夹紧力测试的方式加以替代。

性能试验包括功能监视和性能检测，是一项最基本的试验。产品一旦制成成品后，首先要进行性能试验，以确定其是否符合要求，或者必须修改设计并再次制成成品进行性能试验。这一过程应该反复进行直至符合设计要求为止。

一、机床手动卡盘性能参数试验内容

手动卡盘性能参数试验内容见表5-20。

表5-20 手动卡盘性能参数试验内容

序 号	试 验 项 目
1	功能试验
2	最大静态夹紧力
3	夹紧力与转速关系
4	静平衡试验（动平衡试验）
5	清洁度

二、机床手动卡盘性能参数试验要求

（一）功能试验

（1）试验目的 考核手动卡盘卡爪能否顺利打开到最大和闭合到最小的运转试验。确保卡盘动作的正确性、灵活性和平稳性。

（2）试验设备 卡盘、试验装置、夹持最小直径试棒、夹持最大直径试棒。

（3）试验条件

1）将卡盘安装到试验装置上。

2）重新锁紧卡爪联接螺钉（分离爪卡盘）

3）准备卡盘扳手。

（4）试验步骤

1）将卡盘扳手插入齿轮孔（或丝杆孔）旋转齿轮（或丝杆），进行卡爪打开到最大和卡爪闭合到最小的运转试验，检查运转是否灵活、平稳。

2）用卡盘扳手旋转齿轮（或丝杆）分别夹持最小直径试棒和最大直径试棒。检查卡盘卡爪夹持状况。

3）低速回转，检查卡盘是否运行正常。

（二）最大静态夹紧力

（1）试验目的　检验用卡盘扳手输入扭矩时，卡盘能否达到最大静态夹紧力。

（2）试验设备　卡盘、试验装置以及夹紧力测试仪。

（3）试验条件

1）将卡盘安装到试验装置上。

2）使用卡盘配带的顶爪。

3）使用卡盘专用夹紧力测试仪。

4）使用指定润滑脂（使用说明书要求）对卡盘所需部位进行润滑。

5）安装顶爪时螺钉锁紧力矩必须依照使用说明书规定力矩。

（4）试验步骤

1）卡盘卡爪进行打开和闭合的运行不少于三次。

2）将夹紧力测试仪的测力点置于顶爪高度的1/2处，如图5-4所示。

3）卡盘输入最大允许输入转矩。

4）夹紧夹紧力测试仪后，读取夹紧力数值。

5）反复测试三次以上，以平均值记。

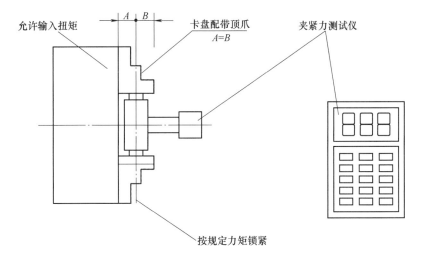

图5-4　最大静态夹紧力测试

（5）最大静态夹紧力测试现场试验展示（如图5-5所示）　夹紧力测试仪是由测量头、读取单元（手持单元）、软件等组成。

（三）夹紧力与转速关系

（1）试验目的　测试卡盘夹紧力与转速的关系，了解夹紧力损失情况。

（2）试验设备　卡盘、试验装置以及夹紧力测试仪。

图5-5　最大静态夹紧力测试现场试验展示

（3）试验条件

1）将卡盘安装到试验装置上。

2）使用卡盘配带的卡爪。

3）使用指定润滑脂（使用说明书要求）对卡盘所需部位进行润滑。

4）安装顶爪时螺钉锁紧力矩必须依照使用说明书规定力矩。

5）使用卡盘专用夹紧力测试仪。

（4）试验步骤

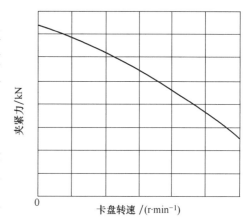

1）卡盘进行打开和闭合的运行不少于三次，将夹紧力测试仪的测力点置于顶爪高度的1/2处，卡盘输入最大允许输入转矩，夹紧夹紧力测试仪。

2）试验装置以中速空运转10min。

3）将卡盘允许最高转速分成若干段（不少于五段），从第一段依次到允许最高转速分别测试卡盘动态夹紧力，每一段数值稳定后为该转速下的动态夹紧力。

图5-6　夹紧力与转速关系图

（5）数据处理　记录或直接输出转速与夹紧力关系图，如图5-6所示。

（四）静平衡试验

（1）试验目的　考核卡盘不平衡量。

（2）试验设备　卡盘、静平衡试验装置。

（3）试验条件　静平衡应在试验装置上进行检验。

（4）试验步骤　静平衡试验如图5-7所示，卡盘安装在预先经过平衡的心轴上，卡爪外端与卡盘外圆齐平，然后放置在刀口式（或圆柱式）平衡架上，用试粘砝码的方法测出卡盘的不平衡量。

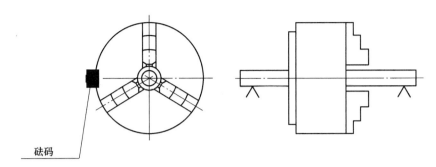

图 5-7　静平衡试验

（五）动平衡试验

（1）试验目的　考核卡盘动平衡性能。

（2）试验设备　卡盘、动平衡试验机。

（3）试验条件　动平衡应在动平衡机上进行。

（4）试验步骤　①根据 GB/T 9239.2—2006 国家标准检查和处理系统误差。②在动平衡机上直接测量出卡盘的剩余不平衡量。

（5）数据处理　根据所测得的剩余不平衡量按式（5-1）计算出平衡品质级别：

$$G = U_{res} \times \Omega/1000m \tag{5-1}$$

式中　G——平衡品质级别（mm/s）；

U_{res}——试验测得的剩余不平衡量（g·mm）；

Ω——最高工作转速的角速度（rad/s），其中 $\Omega \approx n/10$；

m——卡盘质量（kg）。

（六）清洁度

GB/T 25374—2010 清洁度定义：指检测对象所包含脏物（如金属、金属末、砂子、灰尘、棉丝、漆皮）的程度。

（1）试验目的　检测卡盘的清洁程度。

（2）试验设备　卡盘、过滤纸、清洗液、器皿等。

（3）试验方法　手动卡盘采用质量法进行检测。质量法：指通过测定检测对象所包含脏物的质量来评定其清洁度的方法（GB/T 25374—2010，6.2）。

（4）试验过程

1）采集脏物。对卡盘所有零件在清洗器中用规定清洗液进行清洗，收集全部脏物和带有脏物的清洗液。

2）过滤。将清洗后的液体通过滤膜、滤网进行过滤。

3）烘干。将带有脏物的滤膜、滤网分别放入称量瓶内进行烘干，滤膜的烘干温度90℃±5℃，滤网的烘干温度105℃±5℃，烘干时间均不少于60min。

4）称重。用分析天平将滤膜、滤网连同脏物一起进行称重，并记录称重结果（m_2）；去除脏物后再对滤膜、滤网称重，记录称重结果（m_1）。

5）计算。用清洗法采集脏物进行全液过滤时，检测对象所包含脏物质量的计算：

$$m = m_2 - m_1 \tag{5-2}$$

第四节　机床手动卡盘可靠性试验与评价

一、机床手动卡盘可靠性指标

（一）机床手动卡盘可靠性定义

国家标准 GB/T 2900.13—2008 对可靠性的定义：可靠性指产品在给定的条件下和在给定的时间区间内能完成要求的功能的能力。可靠性广义性的概率度量也称可靠度。此定义中包含产品、给定的条件、给定的时间区间、要求的功能及能力5个要素。机床手动卡盘可靠性广义上分为手动卡盘功能性可靠性和手动卡盘精度保持性。

机床手动卡盘的考核与评价是一个很复杂而长期的事情，往往需要进行大量的实际使用情况统计和汇总，经过相当长的时间才能得出。这里只通过概念性内容加以介绍。

1. 手动卡盘功能性可靠性

手动卡盘功能可靠性是指手动卡盘在满足卡盘使用与安装条件下，发生功能故障前完成要求的功能的能力。以运行时间来表示。能力是一种统计学概念，可用可靠度表示。

2. 手动卡盘精度保持性

针对机床运行中手动卡盘，手动卡盘精度保持性在可靠性工程试验中通常用有效精度保持时间或可靠度来表示。所谓有效精度保持时间是指手动卡盘精度保持在要求的范围内而未丧失功能及精度的时间，为此手动卡盘精度保持性可定义为手动卡盘在规定的安装要求、运行速度、使用负荷、维护保养等工作条件下，规定的工作时间内，完成规定传动、定位功能的有效精度保持能力，称为精度保持性。这种能力用概率衡量就是精度可靠度。

对于手动卡盘而言，其精度指标是相对某一精度范围而言的，主要指夹持精度。当精度超出要求的精度时，此时对应的有效精度保持时间就是手动卡盘的磨损寿命，精度的丧失并不代表寿命的终止，即磨损寿命不等同于疲劳寿命。

3. 手动卡盘寿命

疲劳寿命降低通常因为磨损和疲劳点蚀所致。手动卡盘寿命衡量标准通常用一定寿命期内可靠度来表示，也有用平均寿命等来表示。

（二）机床手动卡盘可靠性指标

1. 平均故障间隔时间 MTBF

就不可修复产品而言，平均寿命就是故障前工作时间的 E（T）（均值），叫做平均故障前时间；就可修复产品而言，即通过维修可恢复到规定状态，平均寿命就是相邻两次故障时刻之间工作的数学期望值（均值），叫做平均故障间隔时间 MTBF。手动卡盘为可修复产品，其平均寿命即平均故障间隔时间，记作 MTBF，这是分析产品可靠性特性的重要指标。

2. 精度保持性

精度保持性是指手动卡盘在满足手动卡盘的使用与安装条件下，手动卡盘发生精度失效前的时间内保持精度的能力，是评价手动卡盘的一个重要指标。对于机床功能部件，用有效精度保持时间表示其精度保持性的强弱。有效精度保持时间是指在一定条件下手动卡盘的精度保持在规定的范围内而未丧失的时间。

（三）手动卡盘故障（失效）

手动卡盘在使用过程中，由于负荷不同，受力的大小也不同，而且工作时要承受扭转、疲劳和动载荷冲击，所以手动卡盘易出现故障或失效。

1. 表面损伤

表面损伤主要包括：表面磨损、表面腐蚀。这些失效模式会使零件因为表面的损伤而达不到预设的精度，甚至会使设备系统无法继续正常运行。

表面磨损是手动卡盘失效的一种主要方式。卡盘工作时，卡爪在反复松夹工件，以及卡爪在盘体工字槽中滑动会产生接触磨损。磨损为两种：颗粒磨损和粘着磨损。颗粒磨损是指卡爪与工件在松、夹过程中相互挤压摩擦，会在表面形成擦伤。长时间挤压下，会产生磨损，导致精度超差，影响工件的加工。粘着磨损是由于卡爪与盘体工字槽存在间隙，导致微小异物或者水等侵入工作表面，导致卡爪和盘体咬合，接触面擦伤。这两种情况，使得工字槽的滑动面和卡爪夹持工件弧面磨损过快，大大缩短了卡盘的使用寿命。

2. 疲劳失效

接触疲劳失效是卡盘另一种失效方式，卡盘工作时盘体工字槽与卡爪长槽连接处在持续进行跑合，在一定的负载条件下，盘体工字槽与卡爪长槽连接处出现应力集中，并且随着时间作周期变化。在应力的反复作用下，盘体工字槽与卡爪长槽接触面，因为疲劳会出现裂纹，随着时间的推移，这些裂纹逐渐扩展到表层，一些表面会有碎屑掉落，接触面出现小坑。长期运行后，剥落的碎屑也会参与到摩擦磨损中，加剧了盘体工字槽与卡爪长槽接触面的磨损。

3. 严重变形

非直装式手动卡盘是通过短圆柱和一组安装螺钉与机床主轴相联接，在某些情况下法兰盘与卡盘联接之间存在较大间隙，联接螺钉锁紧力矩不均衡，将会导致盘体变形可能出现不同心现象，可能会造成盘体工字槽变形，导致卡爪与盘体在运动中加剧磨损。通过对卡盘运行情况分析可以发现，随着手动卡盘的切削载荷逐渐增加。初始加载时，变形量较大，随着载荷的变大，变形量逐渐平缓。但此时卡盘已处于变形状态，不能达到初定的精度。

除了大载荷外，卡盘在加工过程中产生的残余应力也会导致变形。因为卡盘是由多个零件组成，加工工艺复杂，大部分零件都需经热处理、机械加工才能完成。多次加工过程中，对卡盘本身会有残余应力的叠加，导致卡盘工作时出现变形失效。

4. 断裂

卡盘工作一段时间后，可能会出现断裂失效。断裂失效包括疲劳断裂和过载断裂。断裂失效产生的原因有很多，包括载荷过大、安装精度太差、冲击载荷过大、转速过快等。

手动卡盘盘体工字槽、卡爪、盘丝、齿轮等零件都需热处理，经过磁力探伤，发现不同程度的裂纹，在关键部位会造成零件的报废。原材料不合格、热处理过程中工艺参数的不规范都会造成裂纹，从而失效。

盘体工字槽、卡爪夹持弧、齿轮是极易发生断裂失效的部位。由于卡盘在工作中松夹工件和承受切削力时由于多时是不均衡的冲击力，会造成各个部位受力不均衡，冲击力过大时会导致上述部位断裂失效。

5. 运动间隙过大

手动卡盘的主要功能是为了实现精确定心和有足够的夹紧力克服切削力，当发生一些故障和零件磨损后会导致运动间隙过大，出现夹持精度不能满足要求或夹不紧工件现象，从而导致精度失效或功能失效。

6. 手动卡盘故障分类

（1）手动卡盘故障分类　见表 5-21。

表 5-21　手动卡盘故障分类

故 障 模 式	故 障 现 象	危 害 度
盘体变形	传动卡滞、噪声、精度超标	I
盘体内腔拉伤	传动卡滞、噪声	II
盘体工字槽点蚀	传动卡滞、精度超标	II
盘体工字槽拉伤	传动卡滞、精度超标	II
盘体断裂	丧失功能、安全隐患	I
盘丝螺纹拉伤	传动卡滞	II
盘丝螺纹裂纹	丧失功能、安全隐患	I
盘丝齿断裂	影响运动	I
顶爪断裂	丧失功能、安全隐患	I
顶爪夹持部位磨损严重	夹不紧工件	I
基爪断裂	丧失功能、安全隐患	I
基爪拉伤	传动卡滞	II
基爪变形	影响精度	II

（续）

故 障 模 式	故 障 现 象	危 害 度
齿轮齿断裂	丧失功能、安全隐患	I
润滑结构件脱落	影响运动	III
顶爪安装螺钉脱落	影响精度、安全隐患	III
丝杆断裂	丧失功能、安全隐患	I
丝杆变形	传动卡滞、影响精度	II
丝杆拉伤	传动卡滞	III
卡柱断裂	丧失功能、安全隐患	I
卡柱磨损	影响精度	III
连接件断裂	安全隐患	I
连接件松动	异响	III
内腔过脏	影响运动、运动卡滞	IV
润滑剂不能到达润滑位置	影响运动	IV
其他失效模式	—	—

（2）手动卡盘故障加权系数　手动卡盘故障加权系数见表5-22。

表 5-22　手动卡盘故障加权系数

危 害 度	加 权 系 数	备 注
I	1	导致功能丧失的故障
II	0.8	导致性能严重下降影响使用的故障
III	0.5	导致性能下降但不影响使用的故障
IV	0.2	性能不受影响

（四）手动卡盘故障分析

为了提高手动卡盘的可靠性，就必须详细分析系统及其组成单元可能出现的故障，以便发现薄弱环节，提出改进措施，从而达到预防目的。失效指"产品完成卡盘要求功能的能力中断"。对于可修复产品的失效现象也称为故障。故障分析的方法可分为故障树分析法（FTA），故障模式、影响及危害分析法（FMECA）。

（1）手动卡盘的故障树分析法（FTA）　如图5-8所示。

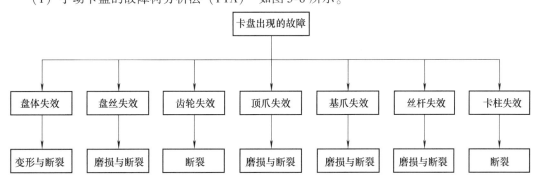

图 5-8　手动卡盘 FTA

（2）手动卡盘故障模式、影响及危害分析法（FMECA） 见表5-23。

表5-23 手动卡盘FMECA

序号	零件名称	故障模式	故障原因	故障影响	危害等级	措施
1	盘体	盘体变形	1. 产品自身存在缺陷； 2. 接触应力过大，并持续运行较长时间； 3. 安装不正确； 4. 受到较大冲击载荷； 5. 环境温差大，未及时维护	传动卡滞、噪声、精度超标	I	更换或修理
		盘体内腔拉伤		传动卡滞、噪声	II	
		盘体工字槽点蚀		传动卡滞、精度超标	II	
		盘体工字槽拉伤		传动卡滞、精度超标	II	
		盘体断裂		丧失功能、安全隐患	I	
2	盘丝	盘丝螺纹拉伤	1. 产品自身存在缺陷； 2. 接触应力过大，并持续运行较长时间； 3. 环境温差大，未及时维护	传动卡滞	II	更换或修理
		盘丝螺纹裂纹		丧失功能、安全隐患	I	
		盘丝齿断裂		影响运动	II	
3	齿轮	齿轮齿断裂	受到较大冲击载荷；	影响传动	I	更换
4	顶爪	顶爪断裂	1. 产品自身存在缺陷； 2. 受到较大冲击载荷	丧失功能、安全隐患	I	更换或修理
		顶爪夹持部位磨损严重		夹不紧工件	I	
5	基爪	基爪断裂	1. 产品自身存在缺陷； 2. 受到较大冲击载荷； 3. 润滑不当	丧失功能、安全隐患	I	更换或修理
		基爪拉伤		传动卡滞	II	
		基爪变形		影响精度	II	
6	丝杆	丝杆断裂	1. 产品自身存在缺陷； 2. 受到较大冲击载荷	丧失功能	I	更换或修理
		丝杆变形		传动卡滞	II	
		丝杆拉伤			III	
7	卡柱	卡柱断裂	1. 产品自身存在缺陷； 2. 受到较大冲击载荷	丧失功能	I	更换或修理
		卡柱磨损		影响精度	III	
8	润滑件	润滑结构件脱落	1. 产品自身存在缺陷； 2. 安装不正确	影响运动	III	重新安装
9	连接件	顶爪安装螺钉脱落	1. 安装不正确； 2. 受到冲击载荷	影响精度、安全隐患	III	修理或更换
		连接件断裂		安全隐患	I	
		连接件松动		异响	III	
10	成品	精度不达标	1. 产品自身存在缺陷； 2. 安装不正确	夹不紧工件	III	修理或更换
		内腔过脏	1. 产品自身存在缺陷； 2. 环境较差	影响运动、运动卡滞	IV	清洗
11	润滑剂	润滑剂不能到达润滑位置	1. 润滑时间不够； 2. 润滑剂选用不当	影响运动	IV	重新润滑
12	其他	其他失效模式	—	—	—	—

二、机床手动卡盘可靠性试验

机床手动卡盘可靠性试验是贯穿整个手动卡盘的寿命周期，是为了评定产品在给定条件的使用寿命，手动卡盘的寿命试验也属于手动卡盘可靠性试验。手动卡盘经过可靠性设计后，研制出成品后需要对其进行可靠性工程试验，暴露手动卡盘的固有故障与缺陷，进而对缺陷进行设计和工艺上的改进，使可靠性达到预期指标要求，这一过程也叫作手动卡盘可靠性摸底试验。

可靠性摸底试验后，手动卡盘的设计基本完成，此时还需要进行手动卡盘的可靠性测定试验，运用统计试验的方法，从统计学的角度进行分析，建立可靠性模型，最后判定这批手动卡盘可靠性是否符合要求，能否投入量产。手动卡盘的可靠性测定试验是在卡盘可靠性试验台上进行模拟实际加载跑合试验得到手动卡盘的特征参数 MTBF 的值。

参考文献

［1］全国金属切削机床标准化技术委员会．机床手动自定心卡盘：GB/T 4346—2008［S］．北京：中国标准出版社，2009.

［2］全国金属切削机床标准化技术委员会．机床整体爪手动自定心卡盘检验条件：GB/T 23291—2009［S］．北京：中国标准出版社，2009.6.

［3］全国金属切削机床标准化技术委员会．机械振动　恒态（刚性）转子平衡品质要求　第 2 部分：平衡误差：GB/T 9239.2—2006［S］．北京：中国标准出版社，2006.

［4］全国金属切削机床标准化技术委员会．金属切削机床 清洁度的测量方法：GB/T 25374—2010［S］．北京：中国标准出版社，2010.

［5］全国金属切削机床标准化技术委员会．四爪单动卡盘：JB/T 6566—2005［S］．北京：机械工业出版社，2006.

［6］全国金属切削机床标准化技术委员会．大规格四爪单动卡盘：JB/T 11413—2011［S］．北京：机械工业出版社，2012.

［7］全国金属切削机床标准化技术委员会．圆锥量规：JB/T 10589—20061/4［S］．北京：机械工业出版社，2007.

［8］全国金属切削机床标准化技术委员会．机床分离爪自定义卡盘尺寸和几何精度检验　第 1 部分：键、槽配合型手动卡盘：GB/T 31396.1—2015［S］．北京：中国标准出版社，2015.

第六章 机床手动卡盘附件

本章主要针对法兰盘、卡爪、联接螺钉、卡盘扳手、油杯和内六角扳手等相关附件，介绍其结构特点、作用、使用场合及其尺寸参数，为应用企业合理选择上述附件提供重要参考。

第一节 法 兰 盘

法兰盘又称连接过渡盘，是机床主轴与手动卡盘（短圆柱连接形式）连接的重要零件，是机床主轴与手动卡盘回转动作与精度的传递纽带，法兰盘的精度直接影响最终的夹持精度，所以法兰盘的制作与安装需符合国家标准和各企业标准，如图 6-1 所示。

图 6-1　法兰盘

根据法兰盘与主轴连接型式分为：短圆锥型、长锥型、螺纹型等型式，其中短圆锥型包括 A 型（A_1 型、A_2 型）、C 型（卡口型）、D 型（凸轮锁紧型）；长锥法兰盘包括 L_{00}、L_0、L_1、L_2、L_3 等型式。

短圆锥 A_2 型与机床主轴端部为外圈螺纹联接，所以强度较短圆锥 A_1 型（内圈螺纹联接）要好，现阶段标准卡盘以短圆锥 A_2 型为主。因卡盘内部结构的限制，一部分选用短圆锥 A_1 型与机床主轴端部的内圈螺纹联接。

短圆锥 C 型与机床主轴端部联接采用插销螺栓紧固，它属于快换卡盘的一种，可快速装卸。

短圆锥 D 型与机床主轴端部联接采用拉杆紧固，它属于快换型的另一种。

一、短圆锥 A 型法兰盘

短圆锥 A 型法兰盘如图 6-2 所示。它与主轴直接连接，刚性好，精度高。

a) 短圆锥A₁型

b) 短圆锥A₂型

图6-2　A 型法兰盘

（一）短圆锥 A 型法兰盘端部连接尺寸及型式

短圆锥 A 型法兰盘端部的规格，短圆锥 A₁ 型包括 5 号 ~ 28 号，型式代号为 A₁5、A₁6 ~ A₁28。短圆锥 A₂ 型包括 3 号、4 号、5 号 ~ 28 号，型式代号为 A₂3、A₂4、A₂5 ~ A₂28。

短圆锥 A 型法兰盘端部型式尺寸及连接如图6-3 和表6-1 所示。

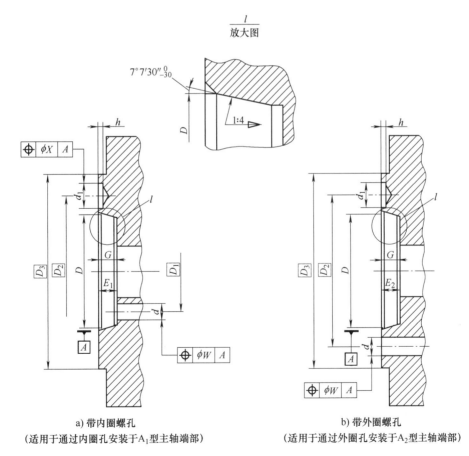

a) 带内圈螺孔
（适用于通过内圈孔安装于A₁型主轴端部）

b) 带外圈螺孔
（适用于通过外圈孔安装于A₂型主轴端部）

图6-3　短圆锥 A 型法兰盘结构型式

表 6-1　短圆锥 A 型法兰盘基本尺寸　　　　　　　　（单位：mm）

尺　寸		代　号								
		3	4	5	6	8	11	15	20	28
D	基本尺寸	53.975	63.513	82.563	106.375	139.719	196.869	285.775	412.775	584.225
	极限偏差	+0.003 −0.005		+0.004 −0.006		+0.004 −0.008	+0.004 −0.010	+0.004 −0.012	+0.005 −0.015	+0.006 −0.017
D_1		—		61.9	82.6	111.1	165.1	247.6	368.3	530.2
D_2		70.6	82.6	104.8	133.4	171.4	235.0	330.2	463.6	647.6
D_3		92	108	133	165	210	280	380	520	725
d		12		14		18	22	25.5[a]	27[a]	33
d_1 $\left(^{+0.10}_{+0}\right)$		—	14.7	16.3	19.45	24.2	29.4	35.7	42.1	51.6
E_1 $\left(^{+0.025}_{+0}\right)$	A_1 型	—		14.288	15.875	17.462	19.050	20.638	22.225	25.400
$E_{2\min}$[b]	A_2 型			15	16	18	20	21	23	26
G		10		12	13	14	16	17	19	22
h		—		6.5		8.0		10.0		
W 和 X		0.2						0.3		

注：1. 未注尺寸偏差 ±0.4mm

　　2. 表 a 数据都是中间尺寸，以保证公、英制卡盘的互换性；

　　3. 表中 b 只有当花盘有足够刚性，内圈螺孔分布圆上紧固螺栓而不至产生弯曲时，才可用 E_2 代替 E_1。

（二）短圆锥 A 型主轴端部与法兰盘连接装配示意图

短圆锥 A 型主轴端部与法兰盘连接装配示意图及相关数据如图 6-4 和表 6-2 所示。

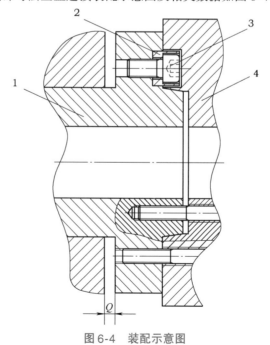

图 6-4　装配示意图

1—主轴端部　2—传动键　3—螺钉　4—法兰盘

表6-2　A型主轴端部与法兰盘相关数据　　　　　　　　（单位：mm）

代　号			3	4	5	6	8	11	15	20	28
主轴孔	圆锥孔	莫氏号	4		5	6			—		
		公制			—		80	100	120	—	
	直孔	A_1 型	—		40	56		125	200	315	460
		A_2 型	32	40	50	70	100	150	220		
Q			3		5			8		10	

二、短圆锥 D 型（凸轮锁紧型）法兰盘

短圆锥 D 型法兰盘又称凸轮锁紧型法兰盘，结构如图6-5所示。

图6-5　D 型法兰盘

（一）短圆锥 D 型（凸轮锁紧型）法兰盘端部连接尺寸及结构型式

短圆锥 D 型（凸轮锁紧型）法兰盘端部的规格包括 3 号～20 号，型式代号为 D3、D4、D5～D20。型式尺寸及连接如图 6-6 和表 6-3 所示。

表6-3　短圆锥法兰盘的基本尺寸　　　　　　　　（单位：mm）

代　号		3	4	5	6	8	11	15	20
D	基本尺寸	53.975	63.513	82.563	106.375	139.719	196.869	285.775	412.775
	极限偏差	+0.003 −0.005		+0.004 −0.006		+0.004 −0.008	+0.004 −0.010	+0.004 −0.012	+0.005 −0.015
D_2		70.6	82.6	104.8	133.4	171.4	235.0	330.2	463.6
D_3		92	117	146	181	225	298	403	546
d (6H)		M10×1		M12×1	M16×1.5	M20×1.5	M22×1.5	M24×1.5	M27×2
d_1		14.6	16.2	19.4	22.6	25.8	30.6	35.4	41.6
d_2 (6H)		M6				M8			
d_3		11				15			
H		13		15	16	18	20	21	23
H_1		10		12	13	14	16	17	19
h		26	28	30	35	38	45	50	55

（续）

代　号	3	4	5	6	8	11	15	20
h_1	7.0	8.0		9.5		13.0		
h_2	7			9				
l	11.0		12.5	15.5	17.5	18.7	21.5	24.8
t_1	0.10	0.15	0.20					
t_2	0.2							
a	18°18.6′	15°36′	14°55′	13°46′	12°18′	10°30′	8°35′	7°05′
螺钉（GB/T 70.1—2000）	M6×12			M8×14				

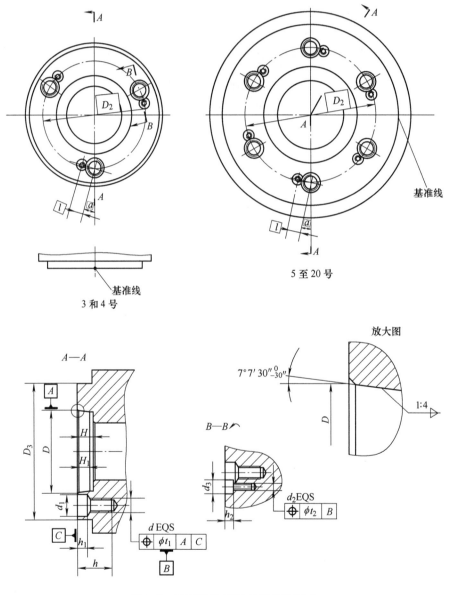

图 6-6　短圆锥 D 型法兰盘结构型式

（二）短圆锥 D 型（凸轮锁紧型）主轴与法兰盘装配连接

短圆锥 D 型（凸轮锁紧型）主轴端部与法兰盘连接装配示意图及相关参数如图 6-7 和表 6-4 所示。

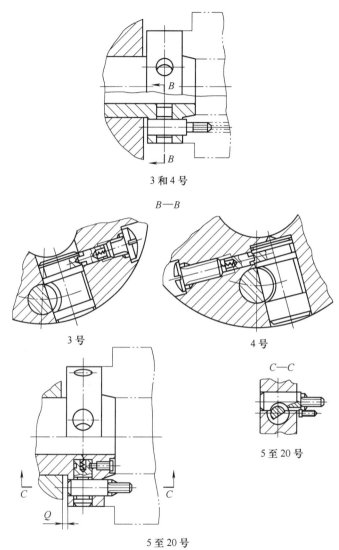

3 和 4 号

B—B

3 号

4 号

C—C

5 至 20 号

5 至 20 号

图 6-7　装配示意图

表 6-4　凸轮锁紧主轴端部与法兰盘相关参数　　　　　　　（单位：mm）

代号			3	4	5	6	8	11	15	20
主轴孔	圆锥孔	莫氏号	3		4	5	—			
		公制	—				80	100	120	—
	直孔		25	30	40	56	80	125	200	320
Q			3		5		8		10	

三、短圆锥 C 型（卡口型）法兰盘

短圆锥 C 型法兰盘又称卡口型法兰盘，如图 6-8 所示。

图 6-8　短圆锥 C 型法兰盘螺栓锁紧连接

（一）短圆锥 C 型（卡口型）法兰盘端部连接尺寸及型式

短圆锥 C 型（卡口型）法兰盘端部的规格包括 3 号~20 号，型式代号为 C3、C4、C5~C20。

短圆锥 C 型（卡口型）法兰盘端部连接尺寸及型式如图 6-9 和表 6-5 所示。

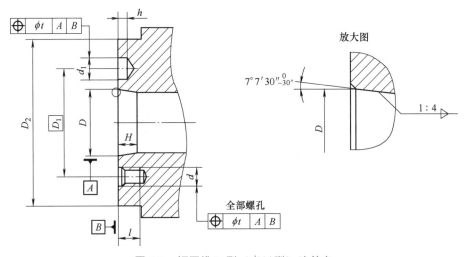

图 6-9　短圆锥 C 型（卡口型）法兰盘

表 6-5　短圆锥 C 型（卡口型）法兰盘的基本尺寸　　　　　　（单位：mm）

代　　号		3	4	5	6	8	11	15	20
D	基本尺寸	53.975	63.513	82.563	106.375	139.719	196.869	285.775	412.775
	极限偏差	+0.008 +0		+0.010 +0		+0.012 +0	+0.014 +0	+0.016 +0	+0.020 +0
D_1		75.0	85.0	104.8	133.4	171.4	235.0	330.2	463.6
D_2		102	112	135	170	220	290	400	540
d (6H)			M10			M12	M16	M20	M24
d_1 $\left(^{+0.1}_{+0}\right)$		—	14.7	16.3	19.5	24.2	29.4	35.7	42.1
H			10		12	13	14	16	17	19
h		—		6.5		8.0		10.0	
L			15			18	24	30	36
t					0.2			0.3	

（二）C 型（卡口型）主轴端部与法兰盘装配连接

C 型（卡口型）主轴端部与法兰盘连接装配示意图及相关数据如图 6-10 和表 6-6 所示。

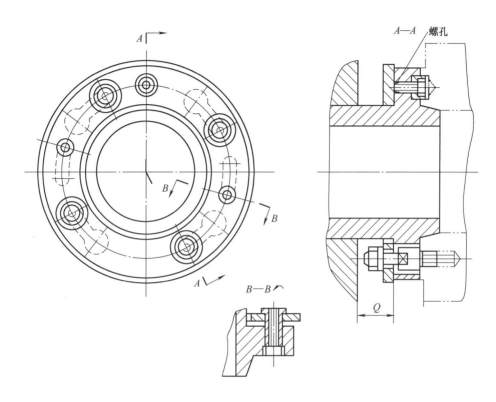

图 6-10　装配示意图

表 6-6　C 型（卡口型）主轴端部相关数据　　　　　　　（单位：mm）

代　号			3	4	5	6	8	11	15	20
主轴孔	圆锥孔	莫氏号	4		5	6	—			
		公制	—			80	100	120	—	
	直孔		32	40	50	70	100	150	220	320
Q			20	22	24	28	34	42	50	54

四、长锥法兰盘

长锥法兰盘符合美国标准连接，结构如图 6-11 所示，基本尺寸见表 6-7。

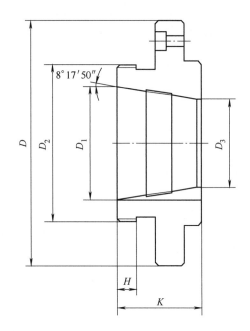

图 6-11 长锥型法兰盘

表 6-7 长锥型法兰盘基本尺寸 （单位：mm）

规 格	L_{00}	L_0	L_1	L_2	L_3
160	●	●	—	—	—
200	●	●	●	—	—
250	●	●	●	●	—
315（325）	—	●	●	●	—
380	—	—	●	●	—
500	—	—	—	●	●
630	—	—	—	—	●
规 格	L_{00}	L_0	L_1	L_2	L_3
K	54	63.5	76.2	89	102
D_1	69.85	82.55	104.78	133.35	165.11
D_2（UNS）	$3\frac{3}{4}''\text{-}6$	$4\frac{1}{2}''\text{-}6$	$6''\text{-}6$	$7\frac{3}{4}''\text{-}5$	$10\frac{3}{8}''\text{-}4$
D_3	56	66	84.5	109	137
H	14	15	16	22	24

五、螺纹法兰盘

螺纹法兰盘符合美国标准连接，结构如图 6-12 所示，基本尺寸见表 6-8。

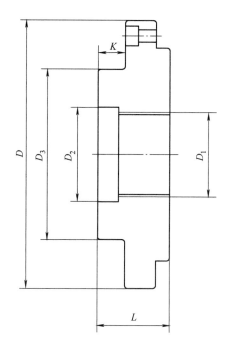

图 6-12　螺纹法兰盘

表 6-8　螺纹法兰盘基本尺寸　　　　　　　　　（单位：mm）

规　格	D_1	D_2	D_3	K	L
125	$1''-10\text{UNS}$	25.781	55	12.7	39
125	$1\frac{1}{2}''\text{-8UN}$	38.481	68	12.7	39
160	$1\frac{1}{2}''\text{-8UN}$	38.481	68	12.7	39
160	$2\frac{1}{4}''\text{-8UN}$	57.404	81	15.9	45.5
200	$1\frac{1}{2}''\text{-8UN}$	38.481	68	12.7	39
200	$2\frac{1}{4}''\text{-8UN}$	57.404	81	15.9	45.5
200	$2\frac{3}{8}''\text{-6UN}$	60.579	110	19	52
250	$2\frac{1}{4}''\text{-8UN}$	57.404	81	15.9	45.5
325	$2\frac{3}{8}''\text{-6UN}$	60.579	110	19	52
325	$2\frac{3}{4}''\text{-8UN}$	70.104	110	19	52

第二节　卡　　爪

机床手动卡盘用卡爪分为整体卡爪和分离卡爪两种型式。

一、整体卡爪

基爪和顶爪为一体的卡爪，称为整体卡爪。整体卡爪按照硬度（经过不同热处理方式处理）不同可分为整体硬卡爪和整体软卡爪两种型式。

（一）整体硬卡爪

整体硬卡爪材料选用优质结构钢或优质合金钢，其主要工作表面经热处理达到需要的硬度，卡爪夹持台弧面硬度不低于53HRC，卡爪牙部硬度不低于52HRC，两大侧面硬度为30～50HRC。自定心卡盘整体硬卡爪分为正爪和反爪，结构型式如图6-13所示。整体硬卡爪基本尺寸见表6-9。

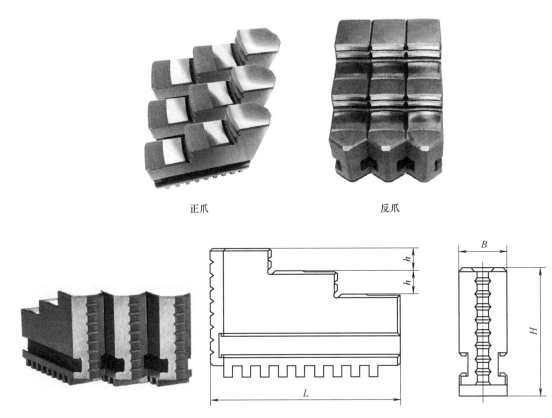

正爪　　　　　　　　　　　反爪

图6-13　整体硬卡爪

表6-9　整体硬卡爪基本尺寸　　　　　　　　（单位：mm）

规格	80	100	125	130	160	165	190	200	240	250	315 320 325 380	400	500	630
L	32	42	56	56	70	70	72	85	105	105	130	130	172	210
B	12	15	16	16	18.5	18.5	22	22	27	27	36	36	45	50
H	33	38	45	45	54	54	57	61	69	69	91	91	110	127
h	6.5	7	9	9	12	12	12	12	12	12	18	18	22	22

（二）整体软卡爪

整体软卡爪一般为解决满足某些场合，为提高精度等配车的需求的产品，卡爪选用优质结构钢，加工后热处理调质硬度控制在 25～30HRC 之间，称为整体软卡爪。K11、K10、K12 系列卡盘可按用户要求提供各种软卡爪。结构型式如图 6-14 所示。整体软爪基本尺寸见表 6-10。

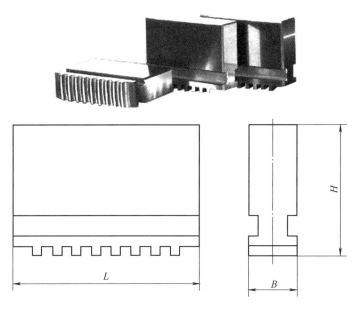

图 6-14　RZ 软卡爪

表 6-10　整体软卡爪基本尺寸　　　　　　　（单位：mm）

型号 规格	RZ1180	RZ11100	RZ11125	RZ11130	RZ11160	RZ11165	RZ11190	RZ11200	RZ11240	RZ11250	RZ11315 RZ11320	RZ11325 RZ11380	RZ11400
L	32	42	56	56	70	70	72	85	105	105	130	130	130
B	12	15	16	16	18.5	18.5	22	22	27	27	36	36	36
H	32	38	45	45	54	54	57	61	69	69	91	91	91

二、分离卡爪

分离卡爪由基爪和顶爪两部分组成的（顶爪通常可调整为正爪或反爪使用）。与盘丝直接啮合并安装顶爪或直接夹持工件的零件称为基爪，安装在基爪上并直接用于夹持工件的零件称为顶爪。分离卡爪（键、槽配合型）互换性尺寸按 ISO 3442-1:2005 国际标准的规定制造。顶爪和基爪采用内六角圆柱头螺钉联接。

（一）符合 C 型连接的分离硬顶爪

C 型分离硬顶爪为符合国家标准的传统结构型式分离爪。C 型分离爪宽度与基爪相同，其中卡盘规格为 200mm、240mm、250mm、320mm、325mm、380mm 的带有 C 型分离爪。结构图如图 6-15～图 6-18 所示。C 型分离硬爪基本尺寸见表 6-11～表 6-14。

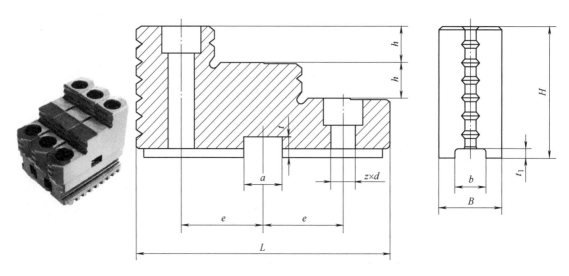

图 6-15　C 型分离硬顶爪（200mm～250mm）规格

表 6-11　C 型分离硬顶爪（200mm～250mm）规格基本尺寸　　　（单位：mm）

规格	L	B	H	h	a	b	e	t	t_1	$z \times d$
200	88	22	44	12	13	11	28	7	3	$2 \times \phi 9$
240	108	27	46	12	13	13	35	7	3	$2 \times \phi 11$
250	108	27	46	12	13	13	35	7	3	$2 \times \phi 11$

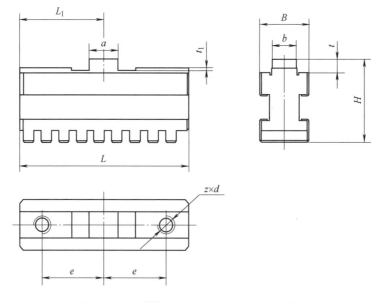

图 6-16　C 型基爪（200mm～250mm）规格

表 6-12　C 型基爪（200mm～250mm）规格基本尺寸　　　　（单位：mm）

规格	L	L_1	B	H	a	b	e	t	t_1	$z \times d$
200	76	31.5	22	36	13	11	28	6	2	$2 \times M8$
240	95	41	27	39	13	13	35	6	2	$2 \times M10$
250	95	41	27	39	13	13	35	6	2	$2 \times M10$

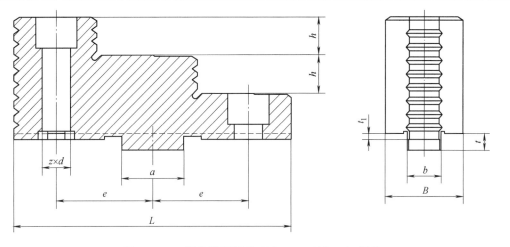

图 6-17　C 型分离硬顶爪（320mm～380mm）规格

表 6-13　C 型分离硬顶爪（320mm～380mm）规格基本尺寸　　　　（单位：mm）

规格	L	B	H	h	a	b	e	t	t_1	$z \times d$
320	127	36	59.5	17	28	15	44	7.5	2.8	$2 \times \phi13$
325	127	36	59.5	17	28	15	44	7.5	2.8	$2 \times \phi13$
380	127	36	59.5	17	28	15	44	7.5	2.8	$2 \times \phi13$

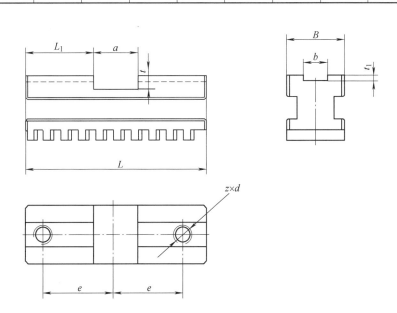

图 6-18　C 型基爪（320mm～380mm）规格

表 6-14　C 型基爪（320mm ~ 380mm）规格基本尺寸　　　　（单位：mm）

规格	L	L_1	B	H	a	b	e	t	t_1	$z \times d$
320	114	43	36	40	28	15	44	8.5	3.5	$2 \times M12$
325	114	43	36	40	28	15	44	8.5	3.5	$2 \times M12$
380	114	43	36	40	28	15	44	8.5	3.5	$2 \times M12$

（二）符合 A、D 型标准连接的分离硬顶爪

A 型和 D 型分离硬顶爪连接尺寸符合 ISO3442 国际标准，A 型分离爪基爪带有夹持弧，一般在 500mm 以下规格的卡盘有 A 型分离爪结构（除 325、380 基爪不带夹持外），D 型分离爪基爪不带夹持弧，一般在 400mm 及以上规格的卡盘有 D 型分离爪结构。A 型和 D 型顶爪比基爪宽，结构如图 6-19、图 6-20 所示，基本尺寸见表 6-15、表 6-16。

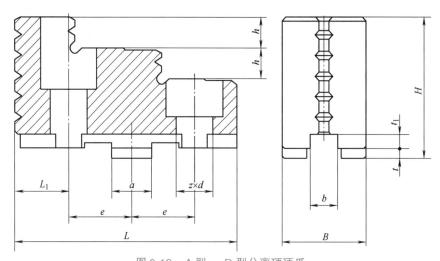

图 6-19　A 型、D 型分离硬顶爪

表 6-15　A 型、D 型分离硬顶爪基本尺寸　　　　（单位：mm）

规格	160	200	250	315	325	380	400	500	630	800
L	67	80	95	110	110 130	130	130	132	132	145
L_1	29	34.9	39.7	47.6	47.6 58	58	58	57	59	64
B	25	30	36	45	45	45	45	45	50	60
H	41	45	53	61	61 70	70	70	82	82	86
h	9	10.5	13.5	17.5	17.5 17	17	17	22	22	22
a	12.675	12.675	19.025	19.025	19.025	19.025	19.025	19.025	19.025	19.025
b	7.94	7.94	12.7	12.7	12.7	12.7	12.7	12.7	12.7	12.7
e	19	22.2	27	31.75	31.75 38.1	38.1	38.1	38.1	38.1	38.1
t	3	3	3	3	3 6	6	6	6	6	6
t_1	4	4	4	4	4	4	4	4	4	4
$z \times d$	$2 \times \phi 11$	$2 \times \phi 11$	$2 \times \phi 13$	$2 \times \phi 13$	$2 \times \phi 13$ $2 \times \phi 18$	$2 \times \phi 18$	$2 \times \phi 18$	$2 \times \phi 22$	$2 \times \phi 22$	$2 \times \phi 22$

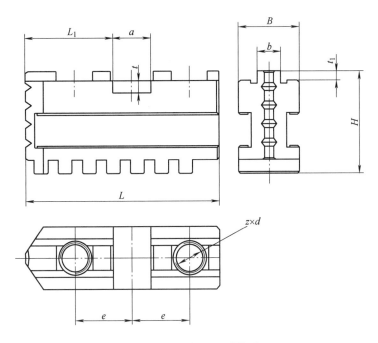

图 6-20　A 型、D 型基爪

表 6-16　A 型、D 型基爪基本尺寸　　　　　　　　　　（单位：mm）

规格	160	200	250	315	325	380	400	500	630	800
L	64	80	98	108	108 114	114	114	152	195	260
L_1	29	34.9	39.7	47.6	47.6 47.5	47.5	47.5	47.4	49.9	60
B	20	22	27	36	36	36	36	45	50	60
H	33	35	38	42	42 46	46	46	55	60	63
a	12.675	12.675	19.025	19.025	19.025	19.025	19.025	19.025	19.025	19.025
b	7.94	7.94	12.7	12.7	12.7	12.7	12.7	12.7	12.7	12.7
e	19	22.2	27	31.75	31.75 38.1	38.1	38.1	38.1	38.1	38.1
t	4	4.2	4.2	4.2	4.2 7	7	7	7	7	7
t_1	3	3	3	3	3	3	3	3	3	3
$z \times d$	2×M10	2×M10	2×M12	3×M12	3×M12 3×M16	3×M16	3×M16	4×M20	5×M20	6×M20

（三）符合 E 型标准连接的分离硬顶爪

E 型分离硬顶爪连接尺寸符合 ISO3442 国际标准，结构尺寸较大，卡爪夹持弧既有横沟又有竖沟（又称老虎牙），一般 630mm 及以上规格的卡盘有 E 型分离爪结构，结构如图 6-21～图 6-23 所示。E 型分离硬卡爪基本尺寸见表 6-17～表 6-19。

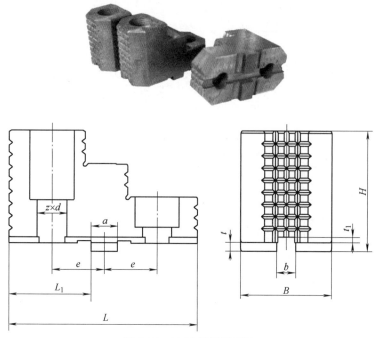

图 6-21 E 型分离硬顶爪

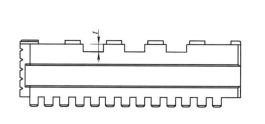
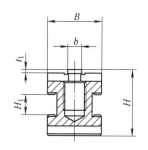
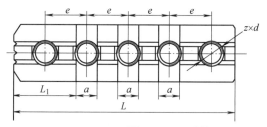

图 6-22 E 型基爪（630mm）

表 6-17 E 型分离硬顶爪基本尺寸　　　　　　　　　　（单位：mm）

规格	L	L_1	B	b	H	e	a	t	t_1	$z \times d$
630	135	59	54	12.7	84.5	38.1	19.025	6	4	$2 \times \phi22$
800	145	64	65	12.7	86	38.1	19.025	6	4	$2 \times \phi22$
1000	160	70.5	88	12.7	110	38.1	19.025	6	4	$2 \times \phi22$
1250	160	70.5	88	12.7	110	38.1	19.025	6	4	$2 \times \phi22$
1600	216	98.5	120	12.7	158	38.1	19.025	6	4	$2 \times \phi26$

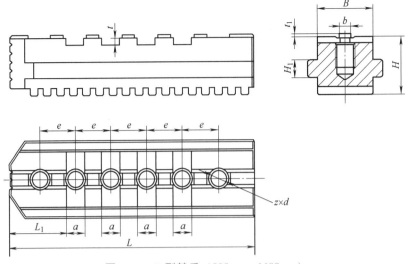

图 6-23　E 型基爪（800mm ~ 1600mm）

表 6-18　E 型基爪（630mm）基本尺寸　　　　　　　　（单位：mm）

规格	L	$L1$	B	b	H	e	H_1	a	t	t_1	$z \times d$
630	203	58	50	12.7	58	38.1	18	19.025	7	3	$5 \times M20$

表 6-19　E 型基爪（800mm ~ 1600mm）基本尺寸　　　　　　　　（单位：mm）

规格	L	L_1	B	b	H	e	H_1	a	t	t_1	$z \times d$
800	260	60	60	12.7	63	38.1	18	19.025	7	3	$6 \times M20$
1000	313	68	80	12.7	76	38.1	23	19.025	7	3	$7 \times M20$
1250	342	68	80	12.7	94	38.1	26	19.025	7	3	$8 \times M20$
1600	510	95.5	104	12.7	129	38.1	34	19.025	7	3	$6 \times M24$

（四）符合 A 型、C 型连接的分离软顶爪

A 型分离软顶爪连接尺寸符合 ISO3442 标准，C 型分离软顶爪连接尺寸符合传统结构（C 型）标准。分离软顶爪选用优质结构钢，其加工后经热处理调质，硬度变为 25 ~ 30HRC，结构如图 6-24 ~ 图 6-26 所示，基本尺寸见表 6-20 ~ 表 6-22。

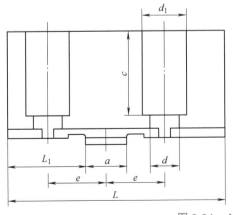

图 6-24　A 型软顶爪

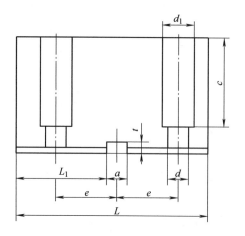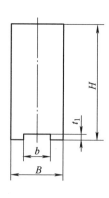

图 6-25　C 型软顶爪（200mm～250mm）规格

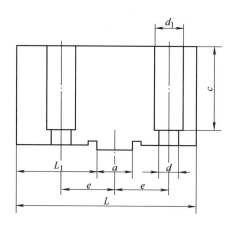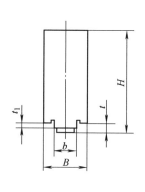

图 6-26　C 型软顶爪（320mm～380mm）规格

表 6-20　A 型软顶爪基本尺寸　　　　　　　　　（单位：mm）

型号规格	L	$LM1$	B	H	a	b	e	t	t_1	c	d	d_1
RZ11160A	74	36	25	47	12.675	7.94	19	3	4	36	11	17
RZ11200A	90	43	30	55	12.675	7.94	22.2	3	4	41	11	17
RZ11250A	110	50	36	63	19.025	12.7	27	3	4	50	13	20
RZ11315A RZ11325A	120	57	45	70	19.025	12.7	31.75	3	4	54	13	20
RZ11380A RZ11325A	135	67	45	85	19.025	12.7	38.1	6	4	66	18	26
RZ11400A	135	67	45	85	19.025	12.7	38.1	6	4	66	18	26
RZ11500A	160	80	50	90	19.025	12.7	38.1	6	4	68	22	32
RZ11630A	160	80	54	90	19.025	12.7	38.1	6	4	68	22	32

表 6-21　C 型软顶爪（200mm ~ 250mm）基本尺寸　　　（单位：mm）

型号规格	L	L_1	B	H	a	b	e	t	t_1	c	d	d_1
RZ11200C	93	46	25	50	13	11	28	7	3	39	9	15
RZ11240C	113	58	27	58	13	13	35	7	3	48	11	17
RZ11250C	113	58	27	58	13	13	35	7	3	48	11	17

表 6-22　C 型软顶爪（320mm ~ 380mm）规格基本尺寸　　　（单位：mm）

型号规格	L	L_1	B	H	a	b	e	t	t_1	c	d	d_1
RZ11320C	137	64	36	75	28	15	44	7.5	2.8	60.5	13	20
RZ11325C	137	64	36	75	28	15	44	7.5	2.8	60.5	13	20
RZ11380C	137	64	36	75	28	15	44	7.5	2.8	60.5	13	20

第三节　联　接　件

一、内六角圆柱头螺钉

手动卡盘用联接螺钉应符合 GB/T 70.1—2000 内六角圆柱头螺钉，如图 6-27 所示。铸铁盘体卡盘和球墨铸铁盘体卡盘联接螺钉一般选用 8.8 级内六角圆柱头螺钉，钢盘体卡盘选用 12.9 级螺钉。K11 自定心卡盘短圆柱连接使用螺钉尺寸见表 6-23。

图 6-27　内六角圆柱头螺钉

表 6-23　K11 自定心卡盘联接用螺钉尺寸

卡盘规格/mm	80	100 ~ 165	190 ~ 200	240 ~ 250	315 ~ 400	500 ~ 630	800	1000	1250	1600	2000
螺纹规格	M6	M8	M10	M12	M16	M16	M20	M24	M30	M36	M24
数量/个	3	3	3	3	3	6	6	6	6	6	12

二、D 型拉杆

D 型拉杆如图 6-28 所示。拉杆的型式如图 6-29 所示，基本尺寸见表 6-24。

图 6-28　D 型拉杆

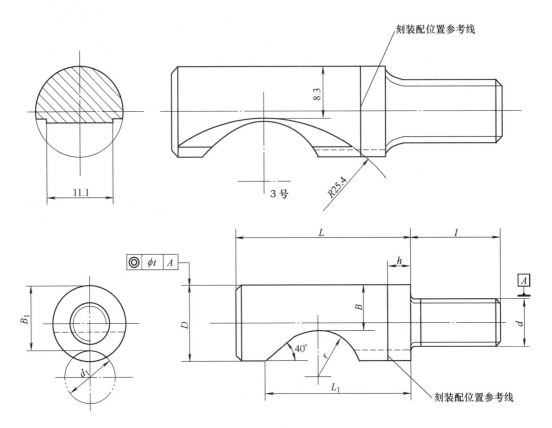

图 6-29　拉杆型式

表 6-24　拉杆基本尺寸　　　　　　　　　　　　（单位：mm）

代　号	3	4	5	6	8	11	15	20
D $\left(\begin{smallmatrix}-0\\-0.1\end{smallmatrix}\right)$	14.3	15.9	19.0	22.2	25.4	30.2	34.9	41.3
d (6g)	M10 × 1		M12 × 1	M16 × 1.5	M20 × 1.5	M22 × 1.5	M24 × 1.5	M27 × 2
d_1	11			14				
L	35.0	37.0	43.0	49.0	55.5	67.0	76.0	89.0
l	19.0		22.0	27.0	30.5	35.0	40.0	44.0
L_1 (±0.2)	30.0	31.0	35.7	40.5	44.5	53.2	58.7	69.0
B (±0.1)	8.7	9.5	11.9	14.3	16.7	20.6	24.6	28.6
B_1 (±0.1)	12.7	13.5	16.5	19.6	23.2	26.8	32.0	38.5
h (±0.2)	4.2	4.8				6.4		
r	9.50		11.25	12.70	14.30	15.90	17.50	20.60
t	0.12		0.15			0.2		

三、C 型插销螺栓

C 型插销螺栓如图 6-30 所示。插销螺栓的型式如图 6-31 所示，基本尺寸见表 6-25。

图 6-30 C 型插销螺栓

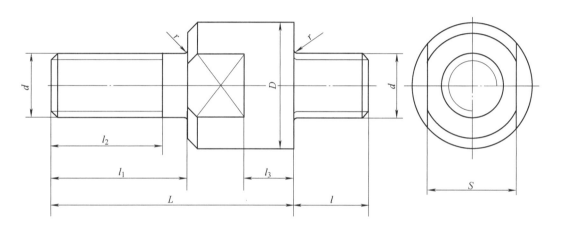

图 6-31 插销螺栓型式

表 6-25 插销螺栓基本尺寸 （单位：mm）

代　号	3	4	5	6	8	11	15	20
D (h11)		19.5		21.5	27.0	34.0		41.0
d (6g)		M10		M12	M16	M20		M24
L	34	39	43	50	60	75	90	100
l		12		15	20	25		30
l_1	20	22	24	28	35	44	52	56
l_2		18		20	25	30		36
l_3	5	8	10		12	15	20	26
r		0.6			1.0			1.6
S		17		19	24	30		36

四、带肩螺母

带肩螺母的型式如图 6-32 所示，基本尺寸见表 6-26。

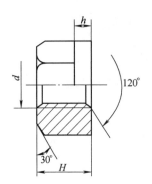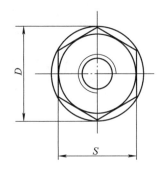

图 6-32　带肩螺母

表 6-26　带肩螺母基本尺寸　　　　　　　　　　　（单位：mm）

代　　号	3	4	5	6	8	11	15	20
D（h11）		19.5		21.5	27.0	34.0	41.0	
d（6H）		M10		M12	M16	M20	M24	
H		12		14	18	22	27	
S		17		19	24	30	36	
h		3				4		

第四节　卡盘扳手

机床手动卡盘用扳手如图 6-33 所示。盘丝型卡盘扳手方头尺寸见表 6-27，单动卡盘扳手方头尺寸见表 6-28，单动卡盘扳手方头（内方）尺寸见表 6-29。

图 6-33　卡盘扳手

表 6-27　盘丝型卡盘扳手方头尺寸　　　　　　　　　（单位：mm）

卡盘直径 D	80	100	125	160	200	250	315	400	500	630	800	1000	1250	1600	2000
S		8		10		12		14		17		19		24	27	24

表 6-28　单动卡盘扳手方头尺寸　　　　　　　　　　（单位：mm）

卡盘直径 D	50	80	100	125	160	200	250	320	400	500	630	800	915	1000
S	4		6	7		10		12		14		17		22

表6-29　单动卡盘扳手方头（内方）尺寸　　　　　　　　（单位：mm）

卡盘直径 D	800	1000	1250	1400	1600	2000
S	19	22				28

第五节　油　　杯

　　机床手动卡盘油杯的作用是为手动卡盘加注润滑油，手动卡盘上的直通式压注油杯和压配式压注油杯用于对卡盘内部进行润滑，减少磨损，有更好的传动性，提高手动卡盘的使用寿命。手动卡盘用油杯结构如图6-34、图6-35所示。使用直通式压注油杯参照JB/T 7940.1—1995标准选用，和盘体采用螺纹联接；使用压配式压注油杯参照JB/T 7940.4—1995标准选用，和盘体采用过盈连接。

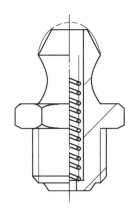

图6-34　直通式压注油杯

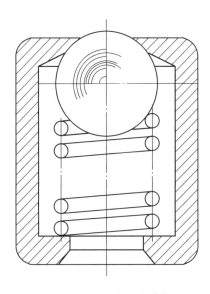

图6-35　压配式压注油杯

209

第六节 内六角扳手

内六角扳手主要与机床手动卡盘的盘体、分离爪、法兰盘上的内六角圆柱螺钉紧固或松开的工具，其标准符合 GB/T 5356—2008，型式如图 6-36 所示，基本尺寸见表 6-30。

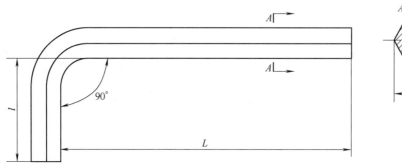
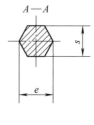

图 6-36 内六角扳手

表 6-30 内六角扳手基本尺寸　　　　　　　　　　（单位：mm）

规　格	s		e		L	l
	最大	最小	最大	最小		
2	2.0	1.96	2.25	2.18	50	16
2.5	2.5	2.46	2.82	2.75	56	18
3	3.0	2.96	3.39	3.31	63	20
4	4.0	3.95	4.53	4.44	70	25
5	5.0	4.95	5.67	5.58	80	28
6	6.0	5.95	6.81	6.71	90	32
7	7.0	6.94	7.95	7.84	95	34
8	8.0	7.94	9.09	8.97	100	36
10	10.0	9.94	11.37	11.23	112	40
12	12.0	11.89	13.65	13.44	125	45
14	14.0	13.89	15.93	15.70	140	56
17	17.0	16.89	19.35	19.09	160	63
19	19.0	18.87	21.63	21.32	180	70
22	22.0	21.87	25.05	24.71	200	80
24	24.0	23.87	27.33	26.97	224	90
27	27.0	26.87	30.75	30.36	250	100
32	32.0	31.84	36.45	35.98	315	125
36	36.0	35.84	41.01	40.50	355	140

附：夹紧力测试仪介绍

夹紧力测试仪是高精度卡盘规模化制造技术与装备关键部件，夹紧力测试仪需能够在卡盘高速旋转的过程中，检测到夹紧力的大小并且能够将信号输入到计算机中供其他软件调用，其主要结构包括夹紧力测试仪整体结构，夹紧力转化为电信号的电路，夹紧力的采集处理、无线装置，以及无线信号接收器等部件。

卡盘的夹紧力数字化指标是关乎到操作者人身安全和设备安全的一个重要指标，GB 23290—2009/ISO16156：2004 对静态夹紧力、最大静态夹紧力、动态夹紧力以及制造者应提供卡盘带有标准爪（硬顶爪）运转时夹紧力的变化等，都有了具体规定，说明当前对动态夹持力测量的重要性已经达到了一个前所未有的高度。

随着切削速度的不断增加以及近年来法规上的一些改变，使任何人都无法承担忽视此因素可能出现的问题。

随着卡盘夹紧力测试仪的研制成功，数字化定量已成为现实，目前国内厂家主要使用的有德国 SMW-AUTOBLOK、FORKARDT 以及英国 PRATT 等测试仪。

用正爪夹持夹紧力测试仪，测力点尽量靠近卡盘端面，然后用扳手依次夹紧。

当夹紧力测试仪相对卡盘夹持直径显得太大时，如对直径不大于 160mm 的卡盘，允许使用特制卡爪。

测试仪由手持单元（读取单元）、测量头和装载支架、转速测量磁性支架、显示软件 CD 等件组成，如图 6-37 所示。

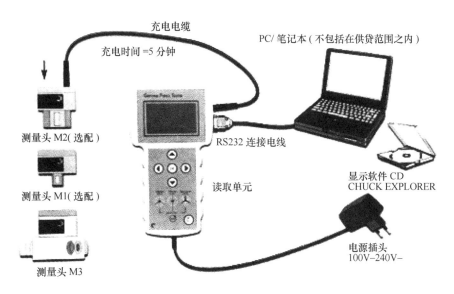

图 6-37　夹紧力测试仪

特点：

1）可测量每只卡爪在静止和运动状态下的夹持力。

2）测量时的转速可高达 6000r/min。

3）使用安全方便。在测力传感器和遥控器之间通过无线电频率传递信号，因此不需要连接电线。

4）同时显示单爪夹紧力和转速。

5）可用测力分析软件进行数据分析。

6）测量结果一般选用 kN（千牛）进行读取数据。

7）高硬度的测量头元件可确保夹紧力的精确测量结果。

8）具有扩展接头，可测量更大直径的卡盘。

9）可以用于两爪卡盘的测量。

夹紧力测量仪如图 6-38 所示，可以用于检测高转速和大进给量时夹紧的安全性，通过卡盘夹紧力测试仪的使用，可以提供关于预防卡盘维修的信息，可以更好地提高卡盘的使用寿命。

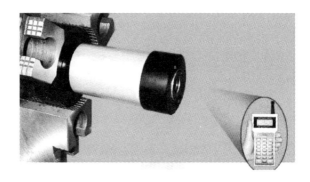

图 6-38　夹紧力测试仪

参考文献

[1] 全国金属切削机床标准化技术委员会. 内六角圆柱头螺钉：GB/T 70.1—2008 [S]. 北京：中国标准出版社，2008.

[2] 全国金属切削机床标准化技术委员会. 机床安全卡盘的设计和结构安全要求：GB 23290—2009/ISO16156：2004 [S]. 北京：中国标准出版社，2009.6.

[3] 全国金属切削机床标准化技术委员会. 机床主轴端部与卡盘连接尺寸第 1 部分：圆锥连接：GB/T 5900.1—2008 [S]. 北京：中国标准出版社，2008.

[4] 全国金属切削机床标准化技术委员会. 机床主轴端部与花盘第 2 部分：凸轮锁紧型：GB/T 5900.2—1997 [S]. 北京：中国标准出版社，1997.

［5］全国金属切削机床标准化技术委员会．机床主轴端部与卡盘连接尺寸第 3 部分：卡口型：GB/T 5900.3—1997［S］．北京：中国标准出版，1997.

［6］全国金属切削机床标准化技术委员会．内六角扳手：GB/T 5356—2008［S］．北京：中国标准出版社，2009.

［7］中华人民共和国机械电子工业部．直通式压注油杯：JB/T 7940.1—1995［S］．北京：机械工业出版社，1995.

［8］中华人民共和国机械电子工业部．压配式压注油杯：JB/T 7940.4—1995［S］．北京：机械工业出版社，1995.

［9］呼和浩特众环（集团）有限责任公司．呼和浩特众环（集团）有限责任公司产品样本［Z］．2018：1-58.

第七章　机床手动卡盘选型流程及型谱参数

机床手动卡盘的品质直接影响着主机的综合竞争能力和机床水平以及加工工件的质量。本章将对手动卡盘的选型进行介绍，以便为主机及功能部件企业设计人员提供更好的帮助和支持。

第一节　机床手动卡盘选型流程

机床手动卡盘是普通机床配套的关键机床功能附件之一，普通机床加工零件的质量，很大程度上是通过配套的手动卡盘来加以体现的。正如第五章所介绍的，手动卡盘的尺寸参数、精度参数、性能参数与使用机床的匹配程度，对发挥机床的功能有直接影响。所以，在普通机床的设计过程中，合理选用手动卡盘是机床设计的重要环节。

通常情况下，对机床设计者及使用者来说，都是以经验方式来选用手动卡盘的。基本是按照规格是否合适，安装型式是否匹配，夹持范围是否满足要求这一思路进行的，再考虑精度、夹紧力、平衡等因素。如果还有其他特殊要求，通过与卡盘生产企业的技术人员沟通、交流，可以最终确定手动卡盘的型号。

手动卡盘选型流程如图 7-1 所示。

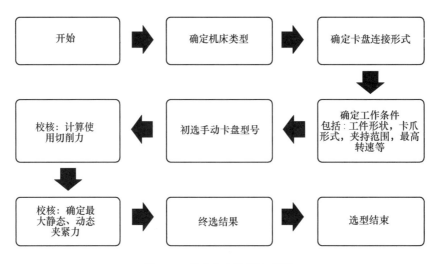

图 7-1　手动卡盘选型流程图

一、确定机床使用条件

（一）机床使用类型

确定机床类型是选用手动卡盘的首要选项，机床类型一般分为：普通车床（包括卧式车床、立式车床）、经济型数控车床、其他车床（包括转塔车床、仿形车床、多刀车床、自动车床等）、普通立式铣床、加工中心、磨床、专用机床等。

手动卡盘根据工件的加工需求，可与不同类型的机床配套使用。其中，配套通用普通车床的手动卡盘比例占到了90%以上，它能够完成车削、钻削、镗孔及螺纹加工等；配套普通立式铣床及立式加工中心的手动卡盘比例不大，它能够完成铣削、钻削以及镗削加工等；而配套在磨床（内外磨床）上的手动卡盘更少，它主要完成零件的精加工过程；专用机床根据加工零件的不同，可配备专用卡盘或夹具来快速完成对零件的加工，这部分相对不多，但发展需求在逐年增多。

（二）机床连接形式

确定与主机的连接形式，是保证手动卡盘是否能够安装到机床上的基本条件。

卧式车床主轴主要有两种连接形式：螺纹连接型主轴和短圆锥型主轴。随着机床行业的快速发展，大部分机床均采用短圆锥型主轴连接形式，采用螺纹联接型主轴的机床现在已经很少了。

1. 卧式车床连接形式

（1）螺纹联接型主轴及短圆锥型主轴型式　如图7-2所示，螺纹联接型主轴尺寸见表7-1。

表 7-1　卧式车床主轴连接尺寸　　　　　　　　　　（单位：mm）

机床型号	规格	D	l	M	d	锥度	L
C618K（图7-2a）	$\phi360$	70	135	M68×4	44.40	莫氏5号	578
C620-1（图7-2a）	$\phi400$	90 ± 0.012	75	M90×6	44.401	莫氏5号	930
C620-3（图7-2b）	$\phi400\sim\phi500$	$106.373^{+0.013}_{+0}$	15.5	锥度1:4	63.348	莫氏6号	646.5
CD6140（图7-2b）	$\phi400\sim\phi500$	$106.375^{+0.01}_{+0}$	14	锥度1:4	63.348	莫氏6号	817
C6132D（图7-2b）	$\phi350$	106.375	14	锥度1:4	63.348	莫氏6号	685
C6146（图7-2b）	$\phi460$	139.719	16	锥度1:4	90	锥度1:20	718
C630-1（图7-2a）	$\phi615$	125 ± 0.014	98	M120×6	80	锥度1:20	1085
CW6180（图7-2b）	$\phi800$	198.869	19	锥度1:4	100	锥度1:20	1120

（2）短圆锥主轴头有 A_1、A_2、C、D 型 4 种连接形式　主轴头号分 3、4、5、6、8、11、15、20、28 号等。

A_1、A_2 型主轴头尺寸符合 GB/T 5900.1—2008《机床主轴端部与卡盘连接尺寸第 1 部分：圆锥连接》国家标准，主轴端部是 A_1 型的，螺孔分布在直径分别为 D_1 和 D_2 的两个分布图上；主轴端部是 A_2 型的，螺孔分布在直径 D_2 的外分布圆上。（A_2 型包括 3 号和 4 号。A_1 型和 A_2

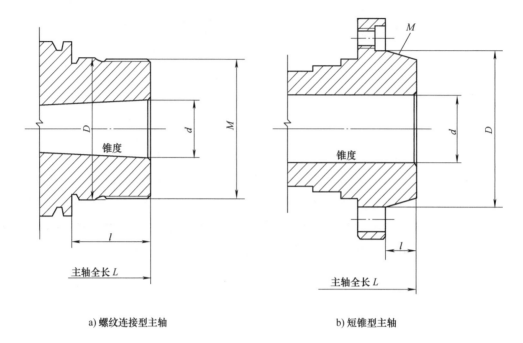

a) 螺纹连接型主轴   b) 短锥型主轴

图 7-2　卧式车床主轴型式

型包括 5 号至 28 号）。结构如图 7-3 所示，尺寸见表 7-2。

表 7-2　A₁ 型、A₂ 型主轴头尺寸　　　　　　　　（单位：mm）

尺　寸		代　号								
		3	4	5	6	8	11	15	20	28
D	基本尺寸	53.975	63.513	82.563	106.375	139.719	196.869	285.775	412.775	584.225
	极限偏差	+0.008 0		+0.010 0		+0.012 0	+0.014 0	+0.016 0	+0.020 0	+0.023 0
D_1		—		61.9	82.6	111.1	165.1	247.6	368.3	530.2
D_2		70.6	82.6	104.8	133.4	171.4	235.0	330.2	463.6	647.6
D_3		92	108	133	165	210	280	380	520	725
d		M10			M12	M16	M20	M24		M30
d_1（H8/h8）		—	14.25	15.90	19.05	23.80	28.60	34.90	41.30	50.80
E_1（$^{\ 0}_{-0.025}$）	A₁ 型	—		14.288	15.875	17.462	19.050	20.638	22.225	25.400
E_2	A₂ 型	11		13	14	16	18	19	21	24
F		16	20	22	25	28	35	42	48	56
h		—		5		6		8		
h_1		14	17	19	22	25	32	37	42	50
h_2		—	5	6	8	10	12		16	20
d_2		—	M6		M8		M10		M12	
W 和 X		0.2						0.3		

注：未注尺寸偏差 ±0.4。

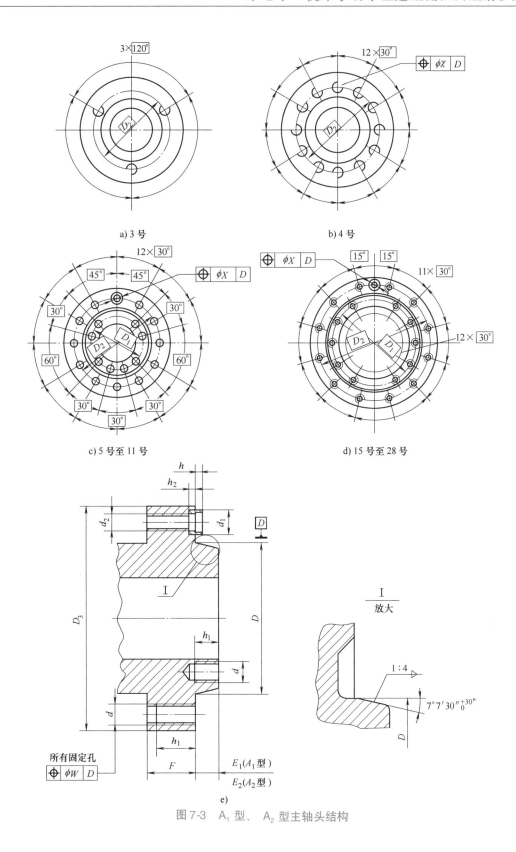

a) 3 号

b) 4 号

c) 5 号至 11 号

d) 15 号至 28 号

e)

图 7-3　A₁ 型、A₂ 型主轴头结构

D 型主轴头尺寸符合 GB/T 5900.2—1997《机床主轴端部与花盘互换性尺寸第 2 部分：凸轮锁紧型》国家标准，结构如图 7-4 所示，尺寸见表 7-3。

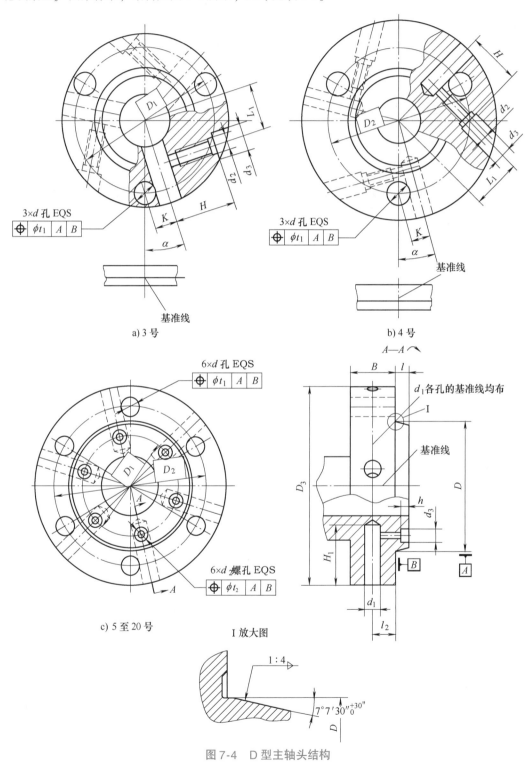

a) 3 号

b) 4 号

c) 5 至 20 号

图 7-4 D 型主轴头结构

表 7-3　D 型主轴头尺寸　　　　　　　　　　　（单位：mm）

代号	3	4	5	6	8	11	15	20
D 基本尺寸	53.975	63.513	82.563	106.375	139.719	196.869	285.775	412.775
D 极限偏差	+0.008 / 0		+0.010 / 0		+0.012 / 0	+0.014 / 0	+0.016 / 0	+0.020 / 0
D_1	—		65	82	114	172	258	380
D_2	70.6	82.6	104.8	133.4	171.4	235.0	330.2	463.6
D_3	92	117	146	181	225	298	403	546
d ($^{+0.05}_{+0}$)	15.1	16.7	19.8	23.0	26.2	31.0	35.7	42.1
d_1 (H8)	19		22	26	29	32	35	42
d_2 (6H)	M8		M6		M8		M10	
d_3	15.5		10.5		13.5		16.5	
B_{min}	32	34	38	45	50	60	70	82
l	11		13	14	16	18	19	21
l_1 (±0.05)	22.6	27.0	—					
l_2	17.5		20.6	23.8	27.0	31.8	36.5	42.9
H (±0.2)	30	42	—					
H_1 ($^{+0.2}_{+0}$)	27.5	36.0	46.0	57.0	64.0	75.0	84.0	94.0
h	—		7		9		11	
K (±0.1)	11.10		13.50	15.90	18.25	21.45	24.60	28.60
t_1	0.1		0.15					
t_2	0.2							
a	18°18.6′	15°36′	14°55′	13°46′	12°18′	10°30′	8°35′	7°05′
螺钉（按 GB 67）	M8×10	M8×20	—					

　　C 型主轴头尺寸符合 GB/T 5900.3—1997《机床主轴端部与花盘互换性尺寸 第 3 部分：卡口型》国家标准，结构如图 7-5 所示，尺寸见表 7-4。

表 7-4　C 型主轴头尺寸　　　　　　　　　　　（单位：mm）

代号	3	4	5	6	8	11	15	20
D 基本尺寸	53.975	63.513	82.563	106.375	139.719	196.869	285.775	412.775
D 极限偏差	+0.008 / 0		+0.010 / 0		+0.012 / 0	+0.014 / 0	+0.016 / 0	+0.020 / 0
D_1	75.0	85.0	104.8	133.4	171.4	235.0	330.2	463.6
D_2	102	112	135	170	220	290	400	540
d_1 (H8)	—	14.25	15.90	19.05	23.8	28.60	34.90	41.30
d_2	21		23		29	36	43	
d_3	6.6			9	11		13.5	
d_4	11			15	18		20	
d_5 (6H)	—		M6		M8	M10	M12	
B	16	20	22	25	28	35	42	48
l	11		13	14	16	18	19	21
H	10			11	12	13	15	
h	—		5		6		8	
$h1$	—		5	6	8	10	12	16
t	0.2						0.3	

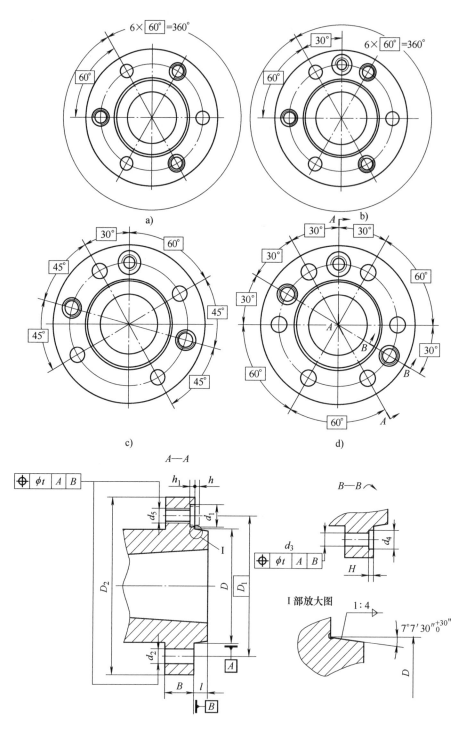

图7-5　C型主轴头结构

2. 加工中心连接形式

加工中心与手动卡盘的连接主要通过工作台面上的 T 形槽相连接，机床工作台尺寸符合 GB/T 158—1996《机床工作台 T 形槽和相应螺栓》国家标准规定，T 形槽结构如图 7-6 所示，尺寸见表 7-5。

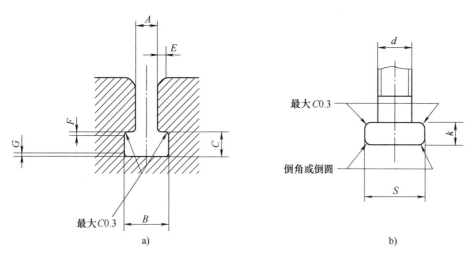

a)   b)

图 7-6　T 形槽相关尺寸

表 7-5　T 形槽相关尺寸　　　　　　　　　　　　　（单位：mm）

A	B		C		H		E	F	G	d	S	K
基本尺寸	最小尺寸	最大尺寸	最小尺寸	最大尺寸	最小尺寸	最大尺寸	最大尺寸	最大尺寸	最大尺寸	公称尺寸	最大尺寸	最大尺寸
5	10	11	3.5	4.5	8	10				M4	9	3
6	11	12.5	5	6	11	13				M5	10	4
8	14.5	16	7	8	15	18	1	0.6	1	M6	13	6
10	16	18	7	8	17	21				M8	15	6
12	19	21	8	9	20	25				M10	18	7
14	23	25	9	11	23	28			1.6	M12	22	8
18	30	32	12	14	30	36	1.6			M16	28	10
22	37	40	16	18	38	45		1		M20	34	14
28	46	50	20	22	48	56			2.5	M24	43	18
36	56	60	25	28	61	71				M30	53	23
42	68	72	32	35	74	85		1.6	4	M36	64	28
48	80	85	36	40	84	95	2.5			M42	75	32
54	90	95	40	44	94	106		2	6	M48	85	36

3. 铣床、加工中心第四轴

（1）铣床配分度头　铣床通过配带分度头，可以完成加工平面（水平面、垂直面）、沟槽（键槽、T 形槽、燕尾槽等）、齿轮零件（齿轮、花键轴、链轮等）、螺旋形表面（螺纹、螺旋槽）及各种曲面。此外，还可用于对回转体表面、内孔加工机进行切断工作等。

配带卡盘 F2、F2-6，F3、F3-6 型立卧等分分度头规格参数介绍见附 1。

（2）加工中心配数控转台　数控转台虽然用作机床第四轴，但单纯的转台是无法配合主机进行工作的。为此，转台需要相应的配件来实现其功能，转台的配件有顶尖、尾座、专用液压泵、工件交换机械手、卡盘、控制器等。而其中的顶尖、尾座及卡盘则是标准的配件。

配带卡盘的数控转台这里只以 TK13 系列数控立卧回转工作台、TK16B 系列数控立式回转工作台规格参数介绍见附 2。

（三）机床回转直径

（1）床身最大回转直径　机床床身最大回转直径是指机床主轴能够装卡的最大工件直径。

普通车床及磨床等机床在床身上的回转直径直接限定了手动卡盘的规格尺寸，手动卡盘外圆尺寸以及夹持工件后卡爪张开最大处后端不能超过该尺寸，否则回转过程中会发生干涉。

（2）刀架最大回转直径　机床刀架最大回转直径是指机床能够加工的最大工件直径。

普通车床及磨床等机床在刀架上的回转直径直接限定了手动卡盘的夹持直径，手动卡盘的夹持范围不能超过该尺寸，否则加工负荷超出规定要求，或不能完成加工。

加工中心的工作台面宽度尺寸限定了手动卡盘的规格尺寸，工作台的长度尺寸限定了手动卡盘可排列的个数。工作台最大行程（纵向、横向、垂直方向）限定了工件的加工范围。

（四）加工精度

主机的性能主要通过加工精度加以体现，它是主机重要的技术参数指标之一。工件的加工精度直接取决于机床的精度指标，所谓加工精度指的是零件在加工后的几何参数（尺寸、形状和位置）与图样规定的理想零件的几何参数符合的程度。

机床精度是保证零件加工精度的基础，而手动卡盘的夹持精度也是影响工件加工精度的重要因素之一。因此，在手动卡盘选型前，需要根据主机以及零件的加工精度要求，进行手动卡盘的几何精度匹配选型。

（五）最高转速

机床的最高转速是指主轴所能达到的最高转速，它是影响零件表面加工质量、生产效率及刀具寿命的主要因素之一。

匹配的手动卡盘在最高转速的性能指标上满足机床主轴的最高转速，或者可理解为手动卡盘的最高转速一般情况下要高于机床主轴的最高转速，这样能够充分发挥机床主轴的转速性能。

二、工作条件

根据加工工件类型及工艺，确定手动卡盘的工作条件。首先根据加工工件形状选取外形条件分为：盘类零件、轴类零件及异形类零件；确定加工工件的夹持位置、定位基准、加工精度等选取工件特殊要求；参考零件加工工艺选取所需卡爪形式包括硬卡爪、软卡爪等；根据零件最大外形尺寸及机床回转直径选取夹持范围；参考工艺参数确定最高转速。

三、机床手动卡盘性能参数

按照手动卡盘选型流程图，在确定了加工工件的形式及配套机床类型、与主机连接形式、工作转速、机床使用精度需求等工况条件下，已经可以初步选出符合要求的不同厂家的手动卡盘，以及手动卡盘相关的型号、规格信息。为了保证手动卡盘在使用过程中能够承受零件切削加工产生的切削力，必须保证手动卡盘能够输出足够的、满足要求的夹紧力；还要考虑手动卡盘在机床高转速运转过程中，卡爪离心力对夹紧力损失的影响等因素。因此，需对手动卡盘受力情况进行分析和校核。

（一）切削力的计算

在工件切削过程中，作用在刀具和工件上的力称为切削力。切削力是金属切削过程的重要物理参数，是设计和使用机床、刀具、夹具及在自动化生产中实施质量监控不可缺少的要素。切削力的大小将直接影响切削功率、切削热、刀具磨损及刀具寿命，因而影响加工质量和生产率。

在实际生产中，切削力的大小一般采用由试验结果建立起来的经验公式计算，在需要较为准确地指导某种切削条件下的切削力时，还需进行实际测量，切削力的测量是研究切削力行之有效的手段，随着测试手段的现代化，切削力的测量方法有了较大的进展，一般情况下能精确测量切削力，常用的切削力测量方法有以下几种：

（1）测定机床功率方法　计算切削力用功率表测出机床电动机在切削过程中所消耗的功率 P 后，可计算出切削功率，即在切削速度为已知的情况下，求出切削力。该方法只能粗略估算切削力大小，不够精确，当要求准确得出切削力大小时，通常采用测力仪直接测量。

（2）测力仪测量切削力方法　常用的测力仪有电阻应变片式测力仪和压电式测力仪，其测量原理是利用切削力作用在测力仪上的弹性元件上所产生的变形或作用在压电晶体上产生的电荷经过转换后读出 F 的值。在自动化生产中，可以利用测力传感装置产生的信号，优化和监控切削过程。

（3）切削力的经验公式和切削力估算方法　人们已经积累了大量的切削力试验数据，对这些试验数据进行处理得到能够计算切削力的经验公式，实际生产中利用这些经验公式进行切削力的计算是一种常见的方法。

（4）典型加工方式的切削力计算　对于车削而言，切削力主要来源于三个方面：克服被加工材料对弹性变形的抗力；克服被加工材料对塑性变形的抗力；克服切屑对前刀面的摩擦力和刀具后刀面对过渡表面与已加工表面之间的摩擦力。切削力分布如图7-7所示。

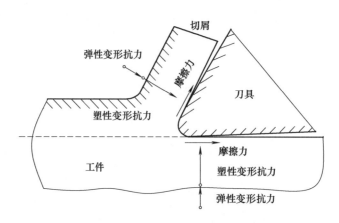

图 7-7　切削力分布图

在实际应用中，为了便于分析切削力的作用，将切削合力 F 在按主运动速度方向、切深方向和进给方向形成的空间直角坐标系上分解为三个分力，即切削力、背向力、进给力，如图 7-8 所示。

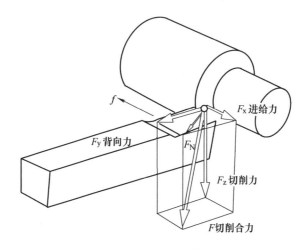

图 7-8　切削合力分解

F_z——切削力，也称为主切削力或切向分力，该力与切削速度的方向一致，与加工表面相切，并与基面垂直。F_z 是计算机床功率以及设计机床、刀具和夹具的主要参数。

F_y——背向力，也称切深分力或径向分力，该力处于基面内并垂直于进给方向。它使加工工艺系统（机床、刀具、夹具、工件）产生变形，对工件的加工精度影响较大，并影响工艺系统在切削过程中产生的振动。用于计算与加工精度有关的工件挠度和刀具、机床零件的强度等。

F_x——进给力，也称为轴向分力或走刀分力，该力处于基面内，并与进给方向平行。它是设计机床进给机构或校核其强度的主要参数，用于计算进给功率和设计机床进给机构等。

F_N——总切削力在基面上的投影，也是背向力 F_y 与进给力 F_x 的合力。

刀具几何参数、刀具材料以及切削用量的不同，背向力 F_y、进给力 F_x 相对切削力 F_z 的比值也在一定范围内变化，在生产实践中经常要遇到切削力的计算问题，而求解切削力较简单实用的方法是利用测力仪直接测量或者运用切削力试验后整理的试验公式求得。切削力系数，取决于工件材料和切削条件。

当实际加工条件与求得经验公式的试验条件不符时，需要知道各种因素对各切削分力的修正系数的乘积，各修正系数可以查阅相关加工工艺手册。修正系数的大小表示该因素对切削力的影响程度，切削力的相关参数见表 7-6、表 7-7。

表 7-6　加工钢及铸铁时刀具几何参数改变时切削力的修正系数

参　数		刀具材料	符　号	修　正　系　数		
名　称	数　值			切削力		
				F_z	F_y	F_x
主偏角 $K_\gamma/(°)$	30	质合金	$K_{K_r F}$	1.08	1.3	0.78
	45			1	1	1
	60			0.94	0.77	1.11
	75			0.92	0.62	1.13
	90			0.89	0.5	1.17
主偏角 $K_\gamma/(°)$	30	高速钢	$K_{K_r F}$	1.08	1.63	0.7
	45			1	1	1
	60			0.98	0.71	1.27
	75			1.03	0.54	1.51
	90			1.08	0.44	1.82
前角 $\gamma_o/(°)$	−15	硬质合金	$K_{r_o F}$	1.25	2	2
	−10			1.2	1.8	1.8
	0			1.1	1.4	1.4
	10			1	1	1
	20			0.9	0.7	0.7
	12 ~ 15	高速钢		1.15	1.6	1.7
	20 ~ 25			1	1	1
刃倾角 $\lambda_s/(°)$	5	硬质合金	$K_{\lambda_s F}$	1	0.75	1.07
	0				1	1
	−5				1.25	0.85
	−10				1.5	0.75
	−15				1.7	0.65
刀尖圆弧半径 r_e/mm	0.5	高速钢	$K_{r_e F}$	0.87	0.66	1
	1			0.93	0.82	
	2			1	1	
	3			1.04	1.14	
	5			1.1	1.33	

表 7-7　切削力公式中的系数与指数

加工材料	刀具材料	加工形式	公式中的系数与指数											
			主 切 削 力				背 向 力				进 给 力			
			C_{Fz}	X_{Fz}	Y_{Fz}	Z_{Fz}	C_{Fy}	X_{Fy}	Y_{Fy}	Z_{Fy}	C_{Fx}	X_{Fx}	Y_{Fx}	Z_{Fx}
结构钢及铸铁 (650MPa)	硬质合金	外圆纵车、横车及镗孔	2795	1.0	0.75	-0.15	1940	0.9	0.6	-0.3	2880	1.0	0.5	-0.4
		切槽及切断	3600	0.72	0.8	0	1390	0.73	0.67	0	—	—	—	—
	高速工具钢	外圆纵车、横车及镗孔	1770	1.0	0.75	0	1100	0.9	0.75	0	590	1.2	0.65	0
		切槽及切断	2160	1.0	1.0	0	—	—	—	—	—	—	—	—
		成形车削	1855	1.0	0.75	0	—	—	—	—	—	—	—	—
不锈钢 (141HBW)	硬质合金	外圆纵车、横车及镗孔	2000	1.0	0.75	0	—	—	—	—	—	—	—	—
灰铸铁 (190HBW)	硬质合金	外圆纵车、横车及镗孔	900	1.0	0.75	0	530	0.9	0.75	0	450	1.0	0.4	0
	高速工具钢	外圆纵车、横车及镗孔	1120	1.0	0.75	0	1165	0.9	0.75	0	500	1.2	0.65	0
		切槽及切断	1550	1.0	1.0	0	—	—	—	—	—	—	—	—
可锻铸铁 (150HBW)	硬质合金	外圆纵车、横车及镗孔	795	1.0	0.75	0	420	0.9	0.75	0	375	1.0	0.4	0
	高速工具钢	外圆纵车、横车及镗孔	980	1.0	0.75	0	865	0.9	0.75	0	390	1.2	0.65	0
		切槽及切断	1375	1.0	1.0	0	—	—	—	—	—	—	—	—
中等硬度不均质铜合金 (120HBW)	高速工具钢	外圆纵车、横车及镗孔	540	1.0	0.66	0	—	—	—	—	—	—	—	—
		切槽及切断	735	1.0	1.0	0	—	—	—	—	—	—	—	—
铝及铝硅合金	高速工具钢	外圆纵车、横车及镗孔	390	1.0	0.75	0	—	—	—	—	—	—	—	—
		切槽及切断	490	1.0	1.0	0	—	—	—	—	—	—	—	—

注：刀具切削部分几何参数：硬质合金车刀：$K_r = 45°$、$\gamma_o = 10°$、$\lambda_s = 0°$；高速钢车刀：$K_r = 45°$、$\gamma_o = 20° \sim 25°$、$r_e = 2mm$。

（二）静态夹紧力计算

1. 通过切削力计算

车床在加工零件时，应按照切削条件来确定施加在手动卡盘上的原始夹紧力，手动卡盘受力分析如图 7-9 所示。

手动卡盘所受的静态夹紧力 F_{spz} 可由下式求得

$$F_{spz} = \frac{F_s S_z}{\mu_{sp}} \times \frac{d_z}{d_{sp}}$$

式中　F_{spz}——卡盘所受的静态夹紧力；

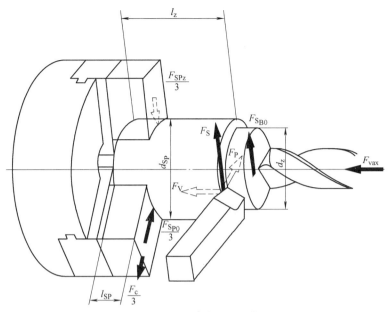

图 7-9　手动卡盘受力分析

F_s——主切削力；

d_z——工件加工面的直径（钻孔时为钻孔直径）；

d_{sp}——夹紧部分的直径；

S_z——安全系数，可从表 7-8 中获得，通常可依据手动卡盘的新旧程度来选择，使用顶尖时选用较小值；

μ_{sp}——卡爪与工件之间的摩擦系数，$\mu_{sp} = 0.1 \sim 0.45$，根据卡爪夹口和工件夹持面的粗糙度来选择。

F_s 主切削时，$F_s = StK_s$，S 是走刀量、t 是切削深度、K_s 是切削力系数，可从表 7-9 中获得，与刀具角度、材料性质有关。

F_{spz} 切削时，所需的最小夹紧力，此力加上夹紧力损失即为原始夹紧力。St = 进给量 × 切削深度 = 切削截面（横截面面积），可从表 7-10 中获得。

表 7-8　安全系数 S_z（近似值）

影 响 参 数	安全系数 S_z	
	新卡盘	定期维护的旧卡盘
a）悬臂卡盘 $l_z \leqslant d_{sp}$		
b）没有尾座的径向支撑		
c）工具径向应用	$\geqslant 2.0$	$\geqslant 2.4$
d）工件没有轴向位置的卡爪		
e）比例：夹紧长度与切削点和夹紧点之间距离的比值 $l_z / l_{sp} \leqslant 3$		
$3 \leqslant l_z / l_{sp} \leqslant 6$	$\geqslant 4.0^{*}$	$\geqslant 4.8^{*}$

注：* 表示如果工件在车尾或轴向有卡爪支撑则可应用低安全因数。

表 7-9 切削力系数 K_s

材料		强度 σ_B/ kN·mm^{-2}	进给角度45°，不同进给量的切削力系数 K_s/kN·mm^{-2}					
			进给量/mm					
			0.16	0.25	0.4	0.63	1.0	1.6
钢铁	St42	≤0.50	2.60	2.40	2.20	2.05	1.90	1.80
	St50	0.52	3.50	3.10	2.75	2.45	2.15	1.95
	St60	0.62	3.05	2.80	2.6	2.4	2.2	2.05
	C45	0.67						
	C60	0.77						
	St70	0.72	4.35	3.80	3.30	2.90	2.50	2.20
	18CrNi6	0.63						
	42CrMo4	0.73	4.35	3.90	3.45	3.10	2.75	2.45
	16MnCr5	0.77	3.75	3.30	2.95	2.60	2.30	2.05
	Mn，CrNi	0.85~1.00	3.70	3.40	3.10	2.80	2.55	2.35
	Mn-奥氏体钢	—	5.40	4.90	4.40	4.00	3.60	3.30
铸铁材料	Gs45	0.30~0.50	2.30	2.10	1.95	1.80	1.70	1.60
	Gs52	0.50~0.70	2.55	2.35	2.20	2.05	1.90	1.80
	GG16	HB2.00	1.50	1.35	1.20	1.10	1.00	0.90
	GG25	HB2.00~2.50	2.05	1.80	1.60	1.45	1.30	1.15
有色金属	锡青铜	—	2.55	2.35	2.20	2.05	1.90	1.80
	青铜	—	1.10	1.00	0.90	0.80	0.70	0.65
	黄铜	HB0.80~1.20	1.20	1.10	1.00	0.90	0.80	0.75
	铸铝	0.30~0.42	1.10	1.00	0.90	0.80	0.70	0.65

表 7-10 St 系数（切削截面面积）

进给量 /mm	切削深度/mm									
	2	3	4	5	6	7	8	9	10	12
0.16	—	—	—	0.8	0.96	1.12	1.28	1.44	1.6	1.92
0.20	—	—	0.8	1.0	1.2	1.4	1.6	1.8	2.0	2.4
0.25	—	0.75	1.0	1.25	1.5	1.75	2.0	2.25	2.5	3.0
0.32	0.64	0.96	1.28	1.6	1.92	2.24	2.56	2.88	3.2	3.84
0.40	0.8	1.2	1.6	2.0	2.4	2.8	3.2	3.6	4.0	4.8
0.50	1.0	1.5	2.0	2.5	3.0	3.5	4.0	4.5	5.0	6.0
0.63	1.26	1.89	2.52	3.15	3.78	4.41	5.04	5.67	6.3	7.56
0.80	1.6	2.4	3.2	4.0	4.8	5.6	6.4	7.2	8.0	9.6
1.0	2.0	3.0	4.0	5.0	6.0	7.0	8.0	9.0	10.0	12.0
1.25	2.5	3.75	5.0	6.25	7.5	8.75	10.0	11.25	12.5	15.0
1.6	3.2	4.8	6.4	8.0	9.6	11.2	12.8	14.4	16.0	19.2

上述公式用于夹紧外圆场合，若是反撑内孔，则越转越紧，不必考虑夹紧力损失和安全系数。

F_{spz} 求出后，即可与初选的手动卡盘最大静态夹紧力做比较：

小于限定数值，说明初选结果正确。超过限定数值，需重新进行选择大一规格的手动卡盘，或者考虑其他系列手动卡盘。

限定值是从第二章第四节机床手动卡盘选型参数内容表 2-4 手动自定心卡盘静态夹紧力中查得。

2. 通过扳手输入转矩计算

手动卡盘静态夹紧力就是在手动卡盘处于旋转速度为 0 时的夹紧力。当输入最大输入扭矩状态下的夹紧力即为最大静态夹紧力。

（三）动态夹紧力计算

1. 通过切削力计算

动态夹紧力通用计算公式为

$$F_{dy} = F_{spz} \pm \Delta F_c \text{（式中卡爪撑紧状态时为 } - \text{,夹紧状态时为 } + \text{）}$$

式中　F_{dy}——卡盘所受的动态夹紧力；

　　　F_{spz}——卡盘所受的静态夹紧力；

　　　ΔF_c——离心力损失，$\Delta F_c = KF_c$；

　　　F_c——离心力；

　　　K——是与卡盘和工件刚度有关的系数，通常，K 值总小于 1，因而实际上的夹紧力损失比卡爪组件产生的离心力小。

总的离心力计算公式为

$$F_c = 3 \times \frac{W}{g} \times r \left(\frac{2\pi n}{60} \right)^2$$

式中　W——卡爪组件总质量（包括卡爪、基爪、螺钉等）；

　　　r——质心半径。

$$K = \frac{1}{1 + \frac{xR_r}{R_w}} \quad \text{因而 } \Delta F_c = \frac{F_c}{1 + \frac{xR_r}{R_w}}$$

式中　x——抗翻转力系数；

　　　R_r——卡爪的径向刚度系数；

　　　R_w——工件的径向刚度系数；

这三个系数均要通过试验来决定。

为了计算方便，对同一种类型的卡盘可近似地采用下面公式

$$\Delta F_c \approx \frac{1}{16}\left(\frac{D}{100}\right)^{1.5} \times (0.36D + D_c) \times \left(\frac{n}{1000}\right)$$

式中　D——卡盘外径；

　　　D_c——夹持直径；

　　　n——转速。

通过动态夹紧力计算可以得出：手动卡盘在工作状态下夹紧力是否满足切削要求。小于限定数值，说明初选结果正确。超过限定数值，需重新进行选择大一规格的手动卡盘，或者考虑其他系列手动卡盘。

限定值是从手动扳手输入的最大转矩计算出最终的动态夹紧力（参看第三章相关部分）。

2. 通过输入转矩计算

手动卡盘动态夹紧力就是在手动卡盘处于机床运转状态下的夹紧力。当处于极限转速状态下的夹紧力即为最大动态夹紧力。

根据机床及加工零件的工况要求，进行了手动卡盘的初选。为了保证手动卡盘与普通机床的正常工作，进行了手动卡盘性能参数校核即力学分析，根据计算结果，并分析各个关键零件的受力情况，综合考虑各方面因素，最终选出符合要求的手动卡盘规格和型号。

第二节　机床手动卡盘选型型谱参数

机床手动卡盘自20世纪60年代研发出来以后，在普通车床上获得了广泛的应用。普通车床的生产步入了前所未有的快速发展时期。建国初期涌现出了机床工具行业的"十八罗汉"厂，像沈阳机床厂、大连机床厂、济南一机床、南京机床厂、南通机床厂、天水星火机床厂、兰州机床厂、牡丹江机床厂、重庆第二机床厂、广州机床厂等一大批生产通用中、小型车床的企业，普通机床的发展也进入了黄金发展时期。国内普通功能部件企业经过市场大潮的洗礼，形成了以呼和浩特众环（集团）有限责任公司为龙头的一大批手动卡盘生产企业，包括浙东福尔大、浙江圆牌、浙江天一、台州力歌等。这些企业已经能够满足用户对手动卡盘的选型需求。下面把普通机床配套所需的手动卡盘产品及其尺寸与性能参数按照不同的分类加以介绍说明。

一、K11 自定心卡盘

K11 自定心卡盘也叫短圆柱型（直止口型）卡盘，短圆柱型卡盘是通过法兰盘与机床主轴连接。

K11 自定心卡盘结构如图7-10所示。K11、K11A、K11C、K11D 和 K11E 型卡盘尺寸及性能参数见表7-11。

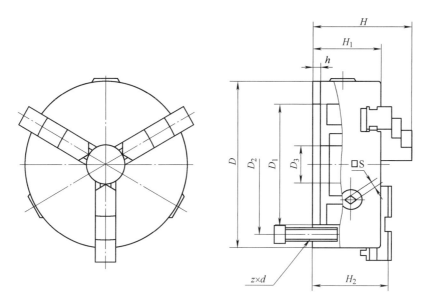

图 7-10　K11 自定心短圆柱型卡盘

表 7-11　K11、K11A、K11C、K11D 和 K11E 型卡盘尺寸及性能参数

| 规格 | 尺寸参数/mm | | | | | | | | | 最大输入转矩/N·m | 极限转速/r·min⁻¹ | | | 净重/kg |
	D_1	D_2	D_3	H	H_1	H_2	h	S	$z \times d$		K11	K11（QT）	K11（G）	
80	55	66	16	66	50	—	3.5	8	3×M6	40	4000	5000	6600	1.9
100	72	84	22	74.5	55	—	3.5	8	3×M8	60	3500	4500	6000	3.2
125	95	108	30	84	58	—	4	10	3×M8	100	3000	3800	4900	5
130	100	115	30	86	60	—	3.5	10	3×M8	100	3000	3800	4900	5.6
160	130	142	40	95	65	—	5	10	3×M8	160	2500	3000	3800	8.8
160A	130	142	40	109	65	71	5	10	3×M8	160	2500	3000	3800	8.3
165	130	145	40	96.5	66.5	—	4.5	12	3×M8	160	2500	3000	3800	9.5
190	155	172	55	105	75	—	5	12	3×M10	250	2000	2500	3000	13.8
200	165	180	65	109	75	—	5	12	3×M10	250	2000	2500	3000	15.5
200C	165	180	65	122	75	78	5	12	3×M10	250	2000	2500	3000	14.1
200A	165	180	65	122	75	80	5	12	3×M10	250	2000	2500	3000	14.1
240	195	215	70	120	80	—	8	12	3×M12	320	1600	2000	2400	24
240C	195	215	70	120	80	84	8	12	3×M12	320	1600	2000	2400	20
250	206	226	80	120	80	—	5	12	3×M12	320	1600	2000	2400	25.7
250C	206	226	80	130	80	84	5	12	3×M12	320	1600	2000	2400	23
250A	206	226	80	136	80	86	5	12	3×M12	320	1600	2000	2400	23
315	260	285	100	147	90	—	6	14	3×M16	400	1200	1500	1900	47
315A	260	285	100	153	90	95	6	14	3×M16	400	1200	1500	1900	41
320	270	290	100	152.5	95	—	11	13	3×M16	400	1200	1500	1900	47.5
320C	270	290	100	153.5	95	101.5	11	13	3×M16	400	1200	1500	1900	42
325	272	296	100	153.5	96	—	12	13	3×M16	400	1200	1500	1900	49
325C	272	296	100	154.5	96	102.5	12	13	3×M16	400	1200	1500	1900	44

（续）

规格	尺寸参数/mm									最大输入转矩/N·m	极限转速/r·min⁻¹			净重/kg
	D_1	D_2	D_3	H	H_1	H_2	h	S	$z \times d$		K11	K11（QT）	K11（G）	
325A	272	296	100	169.5	96	105.5	12	13	3×M16	400	1200	1500	1900	46
380	325	350	135	155.7	98	—	6	14	3×M16	500	1000	1200	1500	65
380C	325	350	135	156.5	98	104.5	6	14	3×M16	500	1000	1200	1500	60
380A	325	350	135	171.5	98	107.5	6	14	3×M16	500	1000	1200	1500	62
400	340	368	138	158	100	—	6	17	3×M16	500	1000	1200	1500	74
400D	340	368	138	172	100	108	6	17	3×M16	500	1000	1200	1500	71
500	440	465	210	184	115	—	6	17	6×M16	630	800	1000	1200	124
500D	440	465	210	202	115	126	6	17	6×M16	630	800	1000	1200	117.6
500A	440	465	210	202	115	126	6	17	6×M16	630	800	1000	1200	119
630	560	595	270	214	133.5	—	7	19	6×M16	800	600	800	1000	217
630D	560	595	270	218	133.5	142	7	19	6×M16	800	600	800	1000	208
630E	560	595	270	220.5	133.5	142	7	19	6×M16	800	600	800	1000	215
800D	710	760	385	250	161	170	8.5	21	6×M20	1000	500	600	800	250
800E	710	760	385	250	161	170	8.5	21	6×M20	1000	500	600	800	256
1000E	905	950	460	310	198	216	9	24	6×M24	1200	400	500	600	745.6
1250E	1060	1150	550	341	228	237	11	24	6×M30	1300	320	400	500	—
1600E	1340	1468	680	484	323	332	17	27	6×M36	1400	250	320	400	—
2000E	1258	1446	650	296.5	437.5	294.5	14	24	12×M24	—	—	—	—	4570

二、K11 短圆锥自定心卡盘

K11 短圆锥自定心卡盘可与机床主轴直接连接，短圆锥连接型式有 A_1、A_2、C、D 四种。

1. A 型穿通螺钉连接

（1）A_1 型（内圈螺钉连接）穿通螺钉连接　K11/A_1 型结构如图 7-11 所示，尺寸参数见表 7-12。

表 7-12　K11/A_1 短圆锥自定心卡盘尺寸参数

型号规格	尺寸参数/mm												净重/kg
	D	D_1	D_2	D_3	D_4	D_5	H_1	h	h_1	h_2	d_1	$z \times d$	
200/$A_1$5 200C/$A_1$5 200A/$A_1$5	200	82.563	61.9	40	133	104.8	84	14.288	12	6.5	16.3	3×M10	17
250/$A_1$6 250C/$A_1$6 250A/$A_1$6	252	106.375	82.6	55	165	133.4	93	15.875	13	6.5	19.5	6×M12	31
325/$A_1$6 325C/$A_1$6 325A/$A_1$6	325	106.375	82.6	55	165	133.4	106	15.875	13	6.5	19.5	6×M12	52
325/$A_1$8 325C/$A_1$8 325A/$A_1$8	325	139.719	111.1	78	210	171.4	106	17.462	14	8	24.2	6×M16	52
380/$A_1$8 380C/$A_1$8 380A/$A_1$8	380	139.719	111.1	78	210	171.4	118	17.462	14	8	24.2	6×M16	53
500/$A_1$11	500	196.869	165.1	125	280	235	135	19.050	16	10	29.4	6×M20	159
500/$A_1$15	500	285.775	247.6	200	380	330.2	135	20.638	17	10	35.7	6×M24	159

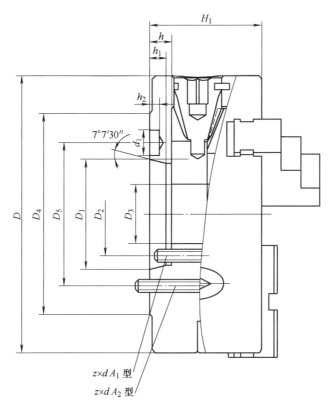

图 7-11　K11/A$_1$、K11/A$_2$ 短圆锥自定心卡盘

（2）A$_2$ 型（外圈螺钉连接）穿通螺钉连接　K11/A$_2$ 型结构如图 7-11 所示，尺寸参数见表 7-13。

表 7-13　K11/A$_2$ 短锥自定心卡盘尺寸参数

型 号 规 格	尺寸参数/mm											净重/kg
	D	D_1	D_3	D_4	D_5	H_1	h	h_1	h_2	d_1	$z \times d$	
200/A$_2$4　200C/A$_2$4　200A/A$_2$4	200	63.513	60	108	82.6	86	—	10	6.5	14.7	3 × M10	17
500/A$_2$8	500	139.719	136	210	171.4	135	20	16	10	24.2	6 × M16	159
500/A$_2$11	500	196.869	190	280	235	135	20	16	10	29.4	6 × M20	159
630/A$_2$11	630	196.869	190	280	235	154	20	16	10	29.4	6 × M20	312
630/A$_2$15	630	285.775	260	380	330.2	154	21	17	10	35.7	6 × M24	312
800/A$_2$20	800	412.775	385	520	463.6	182	23	19	10	42.1	6 × M24	—

（3）A$_2$ 型法兰盘连接　法兰盘连接先将 A$_2$ 型法兰盘安装于机床主轴上，再将卡盘用前穿螺钉与 A$_2$ 型法兰盘连接。K11/A$_2$ 型结构如图 7-12 所示，尺寸参数见表 7-14。

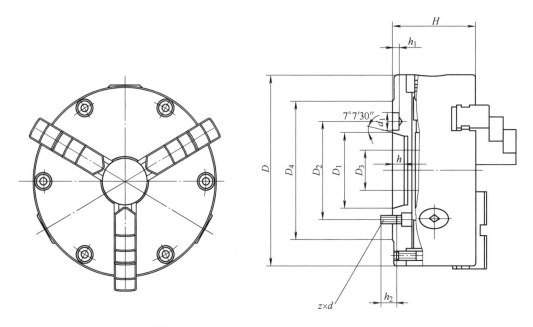

图 7-12　K11/A_2 法兰盘式短锥自定心卡盘

表 7-14　K11/A_2 短锥自定心卡盘尺寸参数

型号规格	尺寸参数/mm											净重/kg
	D	D_1	D_2	D_3	D_4	d_1	H	h	h_1	h_2	$z \times d$	
165/$A_2$5	165	82.563	104.8	40	133	16.3	82	13	7.5	21	6×M10	11
200/$A_2$5 200C/$A_2$5 200A/$A_2$5	200	82.563	104.8	65	165	19.5	95	16	8	23	6×M10	19
250/$A_2$6 250C/$A_2$6 250A/$A_2$6	252	106.375	133.4	80	165	19.5	105	14	8	20	6×M12	34
250/$A_2$8 250C/$A_2$8 250A/$A_2$8	252	139.719	171.4	80	210	24.2	105	16	10	25	6×M16	34
315/$A_2$8 315A/$A_2$8	315	139.719	171.4	100	210	24.2	120	16	8	22	6×M16	61
315/$A_2$11 315A/$A_2$11	315	196.869	235	100	280	29.4	120.5	16	10	31	6×M20	61
400D/$A_2$8	400	139.719	171.4	130	210	24.2	129	16	8	23	6×M16	47
400D/$A_2$11	400	196.869	235	130	280	29.4	130.5	16	10	27	6×M20	47
500D/$A_2$8	500	139.719	171.4	136	210	24.2	139	14.9	8	19	6×M16	159
500D/$A_2$11	500	196.869	235	192	280	29.4	139	16	10	24	6×M20	159
500D/$A_2$15 500A/$A_2$15	500	285.775	330.2	210	380	35.7	159.5	17	10	36	6×M24	159
630E/$A_2$11	630	196.869	235	191	280	29.4	174	16	10	27	6×M20	312
630E/$A_2$15	630	285.775	330.2	270	380	35.7	170	17	10	35	6×M24	312
630E/$A_2$20	630	412.775	463.6	318	520	42	174	19	10	11	6×M24	312
800E/$A_2$11	805	196.869	235	192.5	280	29.4	153	16	10	28	6×M20	—
800E/$A_2$15	800	285.775	330.2	281.5	380	35.7	149	17	10	30	6×M22	—
800E/$A_2$20	800	412.775	463.6	385	520	42	182	19	10	43	6×M24	—
1000E/$A_2$20	1000	412.775	463.6	385	520	42	214	19	10	33	6×M24	—

2．C 型拨盘、螺栓锁紧联接

K11/C 型结构如图 7-13 所示，尺寸参数见表 7-15。

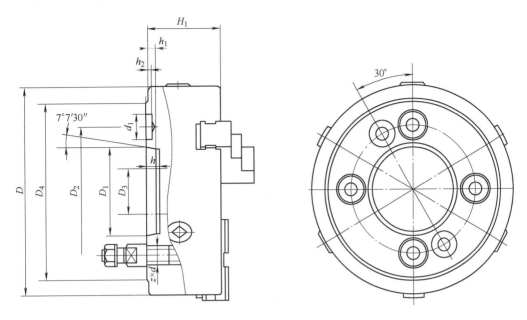

图 7-13　K11/C 短锥自定心卡盘

表 7-15　K11/C 短锥自定心卡盘尺寸参数

型号规格	尺寸参数/mm											净重/kg
	D	D_1	D_2	D_3	D_4	H_1	h	h_1	h_2	d_1	$z \times d$	
125/C3	125	53.975	75	25	102	63	13	10	—	—	3 × M10	30
125/C4	125	63.513	85	25	112	63	13	10	6.5	14.7	3 × M10	30
160/C3 160A/C3	160	53.975	75	40	102	76	13	10	—	—	3 × M10	10
160/C4 160A/C4	160	63.513	85	40	112	70	13	10	6.5	14.7	3 × M10	10
160/C5 160A/C5	160	82.563	104.8	40	135	73	15	12	6.5	16.3	4 × M10	10
200/C4 200C/C4 200A/C4	200	63.513	85	50	112	84	13	10	6.5	14.7	3 × M10	17
200/C5 200C/C5 200A/C5	200	82.563	104.8	50	135	84	15	12	6.5	16.3	4 × M10	17
200/C6 200C/C6 200A/C6	200	106.375	133.4	50	170	84	16	13	6.5	19.5	4 × M12	17
250/C5 250C/C5 250A/C5	252	82.563	104.8	70	135	95	15	12	6.5	16.3	4 × M10	30
250/C6 250C/C6 250A/C6	252	106.375	133.4	70	170	95	16	13	6.5	19.5	4 × M12	30
250/C8 250C/C8 250A/C8	252	139.719	171.4	80	220	95	18	14	8	24.2	4 × M16	30
325/C6 325C/C6 325A/C6	325	106.375	133.4	100	170	103.5	16	13	6.5	19.5	4 × M12	53

（续）

型号规格	尺寸参数/mm											净重/kg
	D	D_1	D_2	D_3	D_4	H_1	h	h_1	h_2	d_1	$z \times d$	
325/C8 325C/C8 325A/C8	325	139.719	171.4	105	220	106	18	14	8	24.2	4×M16	53
325/C11 325C/C11 325A/C11	325	196.869	235	105	290	106	20	16	10	29.4	6×M20	53
380/C8 380C/C8 380A/C8	380	139.719	171.4	130	220	118	18	14	8	24.2	4×M16	79
380/C11 380C/C11 380A/C11	380	196.869	235	135	290	118	20	16	10	29.4	6×M20	79
500D/C11	500	196.869	235	190	290	135	20	16	10	29.4	6×M20	159
500D/C15	500	285.775	330.2	210	400	135	21	17	10	35.7	6×M24	159
630/C11	630	196.869	235	190	290	150	20	16	10	29.4	6×M20	312
630/C15	630	285.775	330.2	210	400	150	21	17	10	35.7	6×M24	312

3. D 型拉杆、凸轮锁紧连接

K11/D 型结构如图 7-14 所示，尺寸参数见表 7-16。

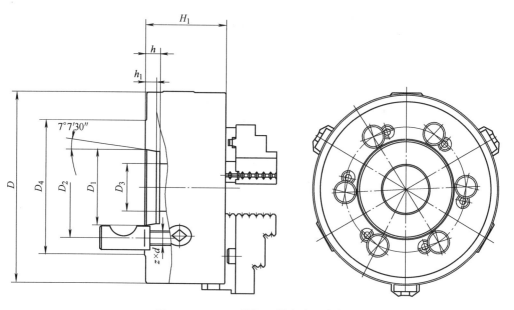

图 7-14　K11/D 型短圆锥自定心卡盘

表 7-16　K11/D 型短圆锥自定心卡盘尺寸参数

型号规格	尺寸参数/mm									净重/kg
	D	D_1	D_2	D_3	D_4	H_1	h	h_1	$z \times d$	
125/D3	125	53.975	70.6	25	92	63	13	10	3×M10×1	—
125/D4	125	63.513	82.6	25	117	63	13	10	3×M10×1	—
160/D3 160A/D3	160	53.975	70.6	40	92	76	13	10	3×M10×1	10
160/D4 160A/D4	160	63.513	82.6	40	117	70	13	10	3×M10×1	10
160/D5 160A/D5	160	82.563	104.8	40	146	73	15	12	6×M12×1	10

（续）

型号规格	尺寸参数/mm									净重/kg
	D	D_1	D_2	D_3	D_4	H_1	h	h_1	$z \times d$	
200/D4 200C/D4 200A/D4	200	63.513	82.6	50	117	86	13	10	$3 \times M10 \times 1$	17
200/D5 200C/D5 200A/D5	200	82.563	104.8	50	146	86	15	12	$6 \times M12 \times 1$	17
200/D6 200C/D6 200A/D6	200	106.375	133.4	50	181	86	16	13	$6 \times M16 \times 1.5$	17
250/D5 250C/D5 250A/D5	252	82.563	104.8	70	146	95	15	12	$6 \times M12 \times 1$	31
250/D6 250C/D6 250A/D6	252	106.375	133.4	70	181	98	16	13	$6 \times M16 \times 1.5$	32
250/D8 250C/D8 250A/D8	252	139.719	171.4	80	225	98	18	14	$6 \times M20 \times 1.5$	32
325/D6 325C/D6 325A/D6	325	106.375	133.4	100	181	103.5	16	13	$6 \times M16 \times 1.5$	51
325/D8 325C/D8 325A/D8	325	139.719	171.4	105	225	103.5	18	14	$6 \times M20 \times 1.5$	51
325/D11 325C/D11 325A/D11	325	196.869	235	105	298	103.5	20	16	$6 \times M22 \times 1.5$	53
380/D8 380C/D8 380A/D8	380	139.719	171.4	130	225	118	18	14	$6 \times M20 \times 1.5$	81
380/D11 380C/D11 380A/D11	380	196.869	235	135	298	118	20	16	$6 \times M22 \times 1.5$	81
500A/D11	500	196.869	235	190	298	135	20	16	$6 \times M22 \times 1.5$	159
500A/D15	500	285.775	330.2	210	403	135	21	17	$6 \times M24 \times 1.5$	159
630/D11	630	196.869	235	190	298	150	20	16	$6 \times M22 \times 1.5$	312
630/D15	630	285.775	330.2	210	403	150	21	17	$6 \times M24 \times 1.5$	312

三、KM31 精密可调自定心卡盘

KM31 系列精密可调自定心卡盘为短圆柱连接型式，具有可调结构，调整后的卡盘精度可达 0.01 ~ 0.013mm，15in 及以上规格可达 0.02 ~ 0.025mm。

KM31 精密可调自定心卡盘分时制和公制两种尺寸，结构见图 7-15 所示，尺寸参数见表 7-17 所示。

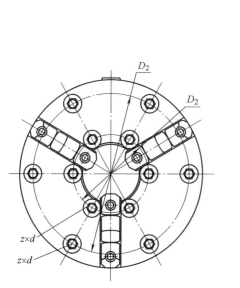
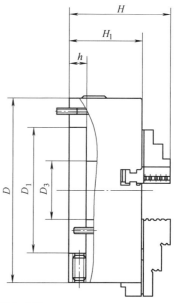

图 7-15　KM31 精密可调自定心卡盘

表 7-17　KM31 精密可调自定心卡盘尺寸参数

规格	尺寸参数/mm								净重/kg
	D	D_1	D_2	D_3	H	H_1	h	$z \times d$	
100	103	53.98	89.662	26	78	59	16.7	$6 \times M5$	4
4in	4	2.125	3.53	1.02	3.07	2.32	0.657	$6 \times 10in\text{-}24$	4
125	127	60.33	112.73	33	95.7	56	16.7	$3 \times M6$	6
5in	5	2.375	4.438	1.299	3.768	2.205	0.657	$3 \times 1/4\text{-}20$	6
160	152.5	79.37	135.70	39	98.6	59	17.5	$6 \times M6$	7
6in	6	3.125	5.343	1.535	3.882	2.323	0.689	$6 \times 1/4\text{-}20$	7
200	210	120.65	190.5	57.5	132.2	79.3	19.1	$6 \times M10$	19
8in	8.27	4.75	7.5	2.264	5.206	3.122	0.752	$6 \times 3/8\text{-}16$	19
250*	254	161.90	111.13	72	153.8	88.7	20.4	$6 \times M12$	30
10in*	10	6.374	4.375	2.835	6.056	3.492	0.803	$6 \times 7/16\text{-}14$	30
315*	305	200.79	133.35	83	166.9	101.1	20.4	$6 \times M12$	50
12in*	12	7.905	5.25	3.268	6.569	3.980	0.803	$6 \times 1/2\text{-}13$	50
380*	381	299.237	171.45	108	223.5	136.2	27	$6 \times M16$	100
15in*	15	11.781	6.75	4.252	8.799	5.362	1.063	$6 \times 5/8\text{-}11$	100
530*	533.4	407.162	234.95	134	249.7	158.7	30.1	$6 \times M20$	—
21in*	21	16.03	9.25	5.275	9.831	6.248	1.185	$6 \times 3/4\text{-}10$	—

注：带 * 号者仅采用内圈螺钉连接，其余仅采用外圈螺钉连接。

四、KM11（DG）精密自定心卡盘

KM11（DG）精密自定心卡盘（符合 DIN6350 标准）采用钢盘体，适用于较高转速，能满足精密加工的需要。

KM11（DG）精密自定心卡盘结构如图 7-16 所示，尺寸、性能参数见表 7-18。

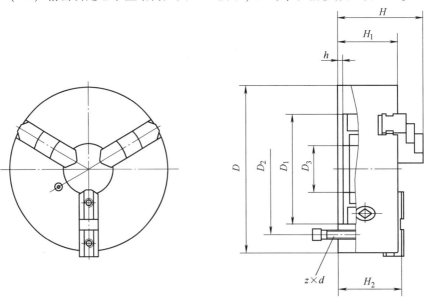

图 7-16　KM11（DG）精密自定心卡盘

表 7-18　KM11（DG）精密自定心卡盘尺寸性能参数

型 号 规 格	尺寸参数/mm									极限转速 /r·min⁻¹	净重/kg
	D	D_1	D_2	D_3	H	H_1	H_2	h	$z \times d$		
KM11100（4in）（DG）	100	70	83	20	67.5	50.5	—	3	3 × M8	6300	3
KM11125（5in）（DG）	125	95	108	32	79	59	—	4	3 × M8	5500	5
KM11125（5in）A（DG）	125	95	108	32	99	59	63.8	4	3 × M8	5500	6
KM11160（6in）（DG）	160	125	140	42	97	65	—	4	6 × M10	4600	9
KM11160（6in）A（DG）	160	125	140	42	108	65	70	4	6 × M10	4600	10
KM11200（8in）（DG）	200	160	176	55	108	79	—	4	6 × M10	4000	18
KM11200（8in）A（DG）	200	160	176	55	124	79	83.8	4	6 × M10	4000	20
KM11250（10in）（DG）	250	200	224	76	124	89	—	5	6 × M12	3500	29
KM11250（10in）A（DG）	250	200	224	76	142	89	93.8	5	6 × M12	3500	31
KM11315（12in）（DG）	315	260	286	103	133.5	92	—	5	6 × M16	2800	49
KM11315（12in）A（DG）	315	260	286	103	149	92	97	5	6 × M16	2800	53
KM11400（16in）（DG）	400	330	362	136	161	105	—	5.5	6 × M16	2000	85
KM11400（16in）A（DG）	400	330	362	136	173.5	105	115	5.5	6 × M16	2000	89
KM11500（20in）（DG）	500	420	458	190	180	118	—	5.5	6 × M16	1300	160
KM11500（20in）A（DG）	500	420	458	190	198.5	118	139	5.5	6 × M16	1300	168

　　KM11/（DG）短圆锥精密自定心卡盘有 C 型、D 型两种，结构如图 7-17、图 7-18 所示，尺寸、性能参数见表 7-19、表 7-20。

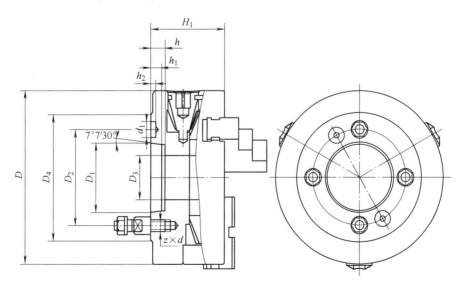

图 7-17　KM11/（DG）C 型短圆锥精密自定心卡盘

表 7-19　KM11/（DG）C 型短圆锥精密自定心卡盘尺寸、性能参数

型 号 规 格	尺寸参数/mm									极限转速/r·min⁻¹	净重/kg
	D	D_1	D_2	D_3	D_4	H_1	h	h_1	$z \times d$		
KM11250 （10in）/C8 （DG）	250	139.719	171.4	76	220	103.5	18	14	4 × M16	3500	35
KM11250 （10in） A/C8 （DG）	250	139.719	171.4	76	220	103.5	18	14	4 × M16	3500	39
KM11315 （12in）/C8 （DG）	315	139.719	171.4	103	220	107	18	14	4 × M16	2800	55
KM11315 （12in） A/C8 （DG）	315	139.719	171.4	103	220	107	18	14	4 × M16	2800	60
KM11315 （12in）/C11 （DG）	315	196.869	235	103	290	109.5	20	16	6 × M20	2800	58
KM11315 （12in） A/C11 （DG）	315	196.869	235	103	290	109.5	20	16	6 × M20	2800	62
KM11400 （16in）/C11 （DG）	400	196.869	235	136	290	128.5	20	16	6 × M20	2000	106
KM11400 （16in） A/C11 （DG）	400	196.869	235	136	290	128.5	20	16	6 × M20	2000	110
KM11500 （20in） A/C15 （DG）	500	285.775	330.2	190	400	147	21	17	6 × M24	1300	180

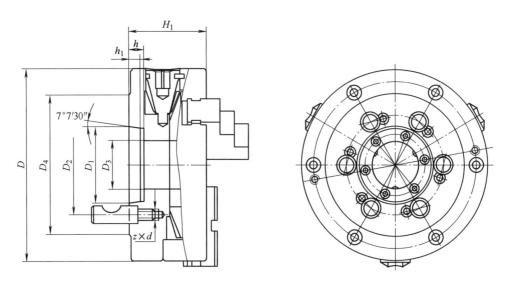

图 7-18　KM11/（DG）D 型短圆锥精密自定心卡盘

表 7-20　KM11/（DG）D 型短圆锥精密自定心卡盘尺寸、性能参数

型 号 规 格	尺寸参数/mm									极限转速/r·min⁻¹	净重/kg
	D	D_1	D_2	D_3	D_4	H_1	h	h_1	$z \times d$		
KM11160 （6in）/D4 （DG）	160	63.513	82.6	42	117	73	13	10	3 × M10 × 1	4600	11
KM11160 （6in） A/D4 （DG）	160	63.513	82.6	42	117	73	13	10	3 × M10 × 1	4600	12
KM11200 （8in）/D5 （DG）	200	82.563	104.8	55	146	92	15	12	6 × M12 × 1	4000	20
KM11200 （8in） A/D5 （DG）	200	82.563	104.8	55	146	92	15	12	6 × M12 × 1	4000	22
KM11200 （8in）/D6 （DG）	200	106.375	133.4	55	181	92	16	13	6 × M16 × 1.5	4000	20
KM11200 （8in） A/D6 （DG）	200	106.375	133.4	55	181	92	16	13	6 × M16 × 1.5	4000	22
KM11250 （10in）/D6 （DG）	250	106.375	133.4	76	181	103.5	16	13	6 × M16 × 1.5	3500	35
KM11250 （10in） A/D6 （DG）	250	106.375	133.4	76	181	103.5	16	13	6 × M16 × 1.5	3500	39
KM11315 （12in）/D8 （DG）	315	139.719	171.4	103	225	107	18	14	6 × M20 × 1.5	2800	60
KM11315 （12in） A/D8 （DG）	315	139.719	171.4	103	225	107	18	14	6 × M20 × 1.5	2800	64
KM11400 （16in）/D11 （DG）	400	196.869	235	136	298	128.5	20	16	6 × M22 × 1.5	2000	106
KM11400 （16in） A/D11 （DG）	400	196.869	235	136	298	128.5	20	16	6 × M22 × 1.5	2000	110

五、TKM11 精密自定心卡盘

呼和浩特众环（集团）有限责任公司 TKM11 精密自定心卡盘符合日本 JISB6151 标准。该产品的精度达到并超过了国际标准卡盘的要求。

TKM11 精密自定心卡盘结构如图 7-19 所示，尺寸参数见表 7-21。

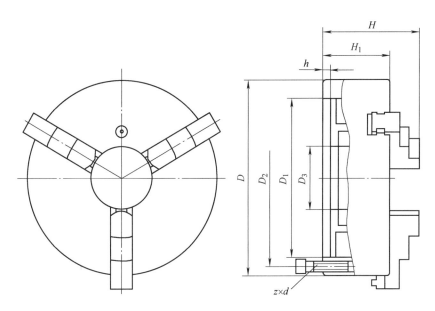

图 7-19　TKM11 精密自定心卡盘

表 7-21　TKM11 精密自定心卡盘尺寸参数

规格	尺寸参数/mm								净重/kg
	D	D_1	D_2	D_3	H	H_1	h	$z \times d$	
85	86	60	73	16	65	49	3.5	$3 \times M6$	2.5
130	132	100	115	32	80	60	5	$3 \times M8$	6
165	167	130	147	45	92	66.5	4.5	$3 \times M10$	9
190	192	155	172	58	106	76	5	$3 \times M10$	14
190A	192	155	172	58	121	76	5	$3 \times M10$	13
230	233	190	210	70	116.5	81	6.5	$3 \times M12$	22
230A	233	190	210	70	133	81	6.5	$3 \times M12$	21
310	315	260	285	100	134.5	90	6	$3 \times M12$	46

六、K01 自定心手紧卡盘

K01 自定心手紧卡盘连接形式有短圆柱连接和螺纹联接。卡盘结构紧凑、体积小、操作方便，主要与仪表机床配套，适用于有色金属及塑料等非金属的切削加工。

K01 自定心手紧卡盘结构如图 7-20 所示，尺寸参数见表 7-22。

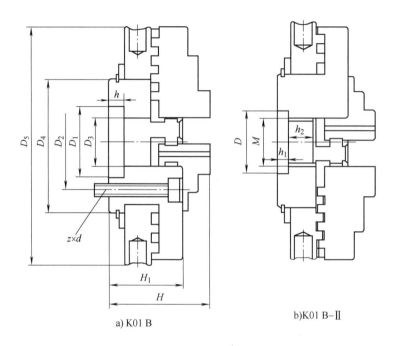

a) K01 B

b)K01 B-Ⅱ

图 7-20　K01 自定心手紧卡盘

表 7-22　K01 自定心手紧卡盘尺寸、性能参数

规格	尺寸参数/mm												夹紧范围/mm	撑紧范围/mm	净重/kg
	D	D_1	D_2	D_3	D_4	D_5	H	H_1	h	h_1	h_2	$z \times d$	M			
50	15	—	—	15	30	52	48	33	—	4	11	—	M14 × 1	1 ~ 33	16 ~ 50	0.4
63	14.1	22	28	14	36	68	34	25	6	5	8	3 × M4	M14 × 1	1 ~ 50	16 ~ 50	0.5
80	16.1	25	35	16	45	84	42	30	6	5	9.5	3 × M5	M16 × 1	1.5 ~ 70	20 ~ 70	1.5
100	24.1	32	42	22	52	104	52	36.5	6	5	13.5	3 × M6	M24 × 1.5	2 ~ 90	26 ~ 90	2
250	—	—	100	80	120	270	72.2	52	—	—	—	3 × M10	—	10 ~ 250	10 ~ 250	17
315	—	140	120	101	200	420		60	8	—	—	6 × M8	—	50 ~ 315	50 ~ 315	34
400	—	—	220	175	250	404	110	60	—	—	—	6 × M10	—	120 ~ 400	120 ~ 400	—
500	—	310	330	290	355	635	120	77	6.5	—	—	6 × M12	—	150 ~ 500	150 ~ 500	40
700	—	480	450	405	510	900		80	10	—	—	12 × M10	—	300 ~ 700	300 ~ 700	100
800	—	600	580	550	635	1000	—	80	10	—	—	12 × M10	—	450 ~ 800	450 ~ 800	120

七、KB11 锥柄卡盘（自定心）

KB11 锥柄卡盘（自定心）属轻负荷卡盘，通过 5C 弹性夹头安装于机床上。

KB11 锥柄卡盘结构如图 7-21 所示。尺寸参数见表 7-23。

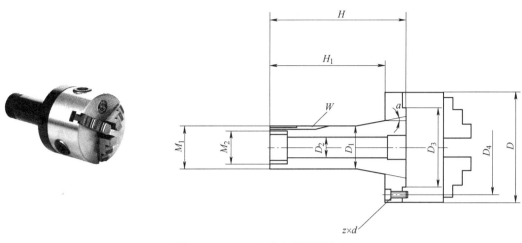

图 7-21　KB11 自定心锥柄型卡盘

表 7-23　KB11 自定心锥柄型卡盘尺寸参数

型号规格	尺寸参数/mm												净重/kg
	D	D_1	D_2	D_3	D_4	a	M_1	M_2	W	H	H_1	$z \times d$	
KB11 3in	80	31.737	19.45	55	66	10°	1.238in—20NS	1.042in—24NS	3.175（键槽宽）	105	86.12	3 × M6	2.9
KB11 4in	100	31.737	19.45	72	84	10°	1.238in—20NS	1.042in—24NS		105	86.12	3 × M8	4.6

八、FK01110B 可倾式分度卡盘

　　FK01110B 可倾式分度卡盘专用于刻模铣床，也可用于普通机床的通用附件或作为维修工具使用。该产品适用于轴类、盘类、套类零件的刻线、刻字、划线及切削等项加工。功能为分度和两个方向的旋转，使用该产品可加工圆周方向上等分的孔、槽及刻线。

　　FK01110B 可倾式分度卡盘结构见图 7-22 所示，性能参数见表 7-24。

图 7-22　FK01110B 可倾式分度卡盘

表 7-24　FK01110B 可倾式分度卡盘性能参数

卡盘外径/mm	卡盘通孔/mm	中心高/mm	卡盘轴线倾斜范围/(°)	卡盘回转刻度/(°)
110	25	70	0 ~ 90	0 ~ 360

九、K72 单动卡盘

K72 单动卡盘按照连接型式可分为短圆柱和短圆锥两种型式。短圆锥型又分 A₂ 型（穿通螺钉连接）、C 型（拨盘、螺栓锁紧连接）、D 型（拉杆、凸轮锁紧连接）共三种型式。四爪单动卡盘卡爪可单独进行调整，通过调整卡爪位置，可以满足夹持矩形、不规则等形状的要求。可以利用盘体上的 T 形槽或通槽装夹工件、配重或其他辅具。

K72、K72 单动卡盘根据盘体材料不同分为：K72、K72 铸铁盘体和 K72（G）、K72（G）钢盘体四爪单动卡盘。

（1）K72、K72（G）单动卡盘　结构如图 7-23 所示，尺寸、性能参数见表 7-25。

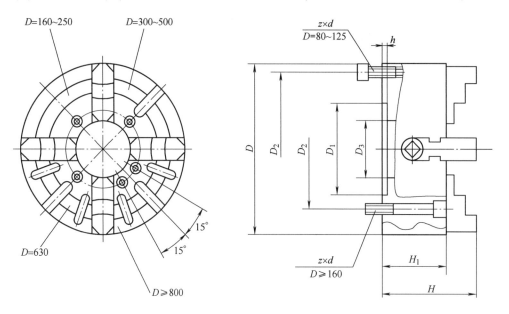

图 7-23　K72、K72（G）单动卡盘

表 7-25　K72、K72（G）单动卡盘尺寸性能参数

规格 D	尺寸参数/mm						最大允许输入转矩 /N·m	极限转速 /r·min⁻¹	净重/kg
	D_1	D_2	D_3	H	H_1	h	$z \times d$			
50	15	—	M14×1	54	40	4	—	—	—	
80	55	66	22	56	42	3.5	4×M6	25	4000	—
100	72	84	25	54	74	3.5	4×M8	30	3500	3
125	95	108	30	78	56	4.5	4×M8	50	3000	5
160	65	95	45	93	65	5	4×M10	70	2500	9
200	80	112	56	107	75	6	4×M10	100	2000	15
250	110	130	75	120	80	6	4×M12	150	1600	23
300	152	130	75	134	90	6	4×M12	180	1200	39
320	140	165	95	134	90	6	4×M16	200	1200	40

（续）

规格 D	尺寸参数/mm							最大允许输入转矩 /N·m	极限转速 /r·min⁻¹	净重/kg
	D_1	D_2	D_3	H	H_1	h	$z \times d$			
350	130	168	95	134	90	6	4 × M16	250	1200	53
400	160	185	125	143	95	8	4 × M16	280	1000	55
450	180	205	140	147	100	8	4 × M16	300	900	71
500	200	236	160	161	106	8	4 × M20	350	800	102
630	220	258	180	180	118	10	4 × M20	400	600	159
800	250	300	210	202	132	12	8 × M20	500	500	255
1000	320	370	260	230	150	15	8 × M20	600	400	418
1250	400	500	305	256	165	15	8 × M20	700	300	—
1400	400	500	305	246	155	15	8 × M20	800	260	—
1600	420	520	320	266	175	20	8 × M24	900	200	—
2000	450	560	350	290	190	20	8 × M30	1000	150	—

注：卡盘也可配带分离爪（基爪和顶爪连接尺寸符合 ISO3442）的单动卡盘，型号为 K72A、K72D、K72E。

（2）K72、K72（G）短圆锥单动卡盘（A_2 型，穿通螺钉连接）结构如图 7-24 所示，规格尺寸见表 7-26。

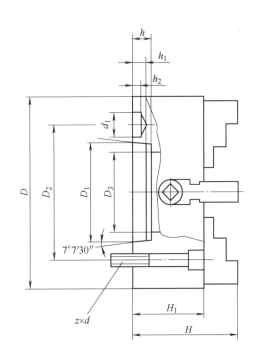

图 7-24　K72、K72（G）短圆锥单动卡盘（A_2 型）

表7-26　K72、K72（G）短圆锥单动卡盘规格尺寸（A$_2$型）

规格 D	主轴头号	尺寸参数/mm										净重/kg
		D_1	D_2	D_3	H	H_1	h	h_1	h_2	d_1	$z \times d$	
160	4	63.513	82.6	45	93	65	13	10	6.5	14.7	4 × M10	9
200	4	63.513	82.6	56	107	75	13	10	6.5	14.7	4 × M10	15
250	4	63.513	82.6	61	120	80	—	10	6.5	14.7	4 × M10	23
320 350	4	63.513	82.6	61	134	90	—	10	6.5	14.7	4 × M10	40, 53
200	5	82.563	104.8	56	107	75	15	12	6.5	16.3	4 × M10	15
250	5	82.563	104.8	75	120	80	15	12	6.5	16.3	4 × M10	23
320 350	5	82.563	104.8	79	134	90	—	12	6.5	16.3	4 × M10	40, 53
400	5	82.563	104.8	79	143	95	—	12	6.5	16.3	4 × M10	58
200	6	106.375	133.4	56	107	75	16	13	6.5	19.5	4 × M12	15
250	6	106.375	133.4	75	120	80	16	13	6.5	19.5	4 × M12	23
320 350	6	106.375	133.4	95	134	90	—	13	6.5	19.5	4 × M12	40, 53
400	6	106.375	133.4	95	143	95	16	13	6.5	19.5	4 × M12	58
500	6	106.375	133.4	103	161	106	—	13	6.5	19.5	4 × M12	102
250	8	139.719	171.4	75	120	80	18	14	8.0	24.2	4 × M16	23
320 350	8	139.719	171.4	95	134	90	18	14	8.0	24.2	4 × M16	40, 53
400	8	139.719	171.4	125	143	95	18	14	8.0	24.2	4 × M16	55
500	8	139.719	171.4	136	161	106	—	14	8.0	24.2	4 × M16	102
320 350	11	196.869	235.0	95	134	90	20	16	10.0	29.4	4 × M20	40, 53
400	11	196.869	235.0	125	143	95	20	16	10.0	29.4	4 × M20	58
500	11	196.869	235.0	160	161	106	20	16	10.0	29.4	4 × M20	102
630	11	196.869	235.0	180	180	118	20	16	10.0	29.4	4 × M20	159
800	11	196.869	235.0	185	202	132	20	16	10.0	29.4	8 × M20	255
1000	11	196.869	235.0	182	252.5	150	20	16	10.0	29.4	8 × M20	—
500	15	285.775	330.2	160	161	106	21	17	10.0	35.7	4 × M24	102
630	15	285.775	330.2	180	180	118	21	17	10.0	35.7	4 × M24	159
800	15	285.775	330.2	210	202	132	21	17	10.0	35.7	8 × M24	255
1000	15	285.775	330.2	280	230	150	21	17	10.0	35.7	8 × M20	—
1000	15	285.775	330.2	280	230	150	21	17	10.0	35.7	8 × M22	—
1000	15	285.775	330.2	280	230	150	21	17	10.0	35.7	8 × M24	418
630	20	412.775	463.6	180	180	118	23	19	10.0	42.1	8 × M24	159
800	20	412.775	463.6	305	360	132	23	19	10	42.1	8 × M24	—
1000	20	412.775	463.6	305	360	150	23	19	10	42.1	8 × M24	—
1250	20	412.775	463.6	305	360	165	23	19	10	42.1	8 × M24	—
1400	20	412.775	463.6	305	360	155	23	19	10	42.1	8 × M24	—
1600	20	412.775	463.6	305	360	175	23	19	10	42.1	8 × M24	—
2000	20	412.775	463.6	305	290	190	23	19	10	42.1	8 × M24	—

注：卡盘也可配带分离爪（基爪和顶爪连接尺寸符合 ISO3442）的单动卡盘，型号为K72A、K72D、K72E。

（3）K72、K72（G）短圆锥单动卡盘（C型，拨盘、螺栓锁紧连接）结构如图7-25所示，规格尺寸见表7-27。

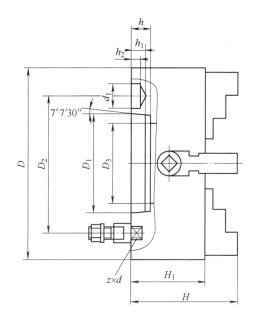

图 7-25　K72、K72（G）短圆锥单动卡盘（C 型）

表 7-27　K72、K72（G）短圆锥单动卡盘规格尺寸（C 型）

规格 D	主轴头号	尺寸参数/mm										净重/kg
		D_1	D_2	D_3	H	H_1	h	h_1	h_2	d_1	$z \times d$	
160	3	53.975	75.0	45	95	67	13	10	—	—	3 × M10	9
200	3	53.975	75.0	51	107	75	—	10	—	—	3 × M10	15
200	4	63.513	85.0	56	107	75	13	10	6.5	14.7	3 × M10	15
250	4	63.513	85.0	61	120	80	—	10	6.5	14.7	3 × M10	23
320 350	4	63.513	85.0	61	134	90	—	10	6.5	14.7	3 × M10	40, 53
200	5	82.563	104.8	56	107	75	15	12	6.5	16.3	4 × M10	15
250	5	82.563	104.8	75	120	80	15	12	6.5	16.3	4 × M10	23
320 350	5	82.563	104.8	79	134	90	—	12	6.5	16.3	4 × M10	40, 53
400	5	82.563	104.8	79	143	95	—	12	6.5	16.3	4 × M10	55
200	6	106.375	133.4	56	107	75	16	13	6.5	19.5	4 × M12	15
250	6	106.375	133.4	75	120	80	16	13	6.5	19.5	4 × M12	23
320 350	6	106.375	133.4	95	134	90	16	13	6.5	19.5	4 × M12	40, 53
400	6	106.375	133.4	95	143	95	16	13	6.5	19.5	4 × M12	55
500	6	106.375	133.4	103	161	106	—	13	6.5	19.5	4 × M12	102
250	8	139.719	171.4	75	120	80	18	14	8.0	24.2	4 × M16	23
320 350	8	139.719	171.4	95	134	90	18	14	8.0	24.2	4 × M16	40, 53
400	8	139.719	171.4	125	143	95	18	14	8.0	24.2	4 × M16	55
500	8	139.719	171.4	135	161	106	—	14	8.0	24.2	4 × M16	106
320 350	11	196.869	235.0	95	134	90	20	16	10.0	29.4	6 × M20	40, 53
400	11	196.869	235.0	125	143	95	20	16	10.0	29.4	6 × M20	68
500	11	196.869	235.0	160	161	106	20	16	10.0	29.4	6 × M20	102
500	15	285.775	330.2	160	161	106	21	17	10.0	35.7	6 × M24	102

注：卡盘也可配带分离爪（基爪和顶爪连接尺寸符合 ISO3442）的单动卡盘，型号为 K72A、K72D、K72E。

（4）K72，K72(G) 短圆锥单动卡盘（D 型，拉杆、凸轮锁紧连接）结构如图 7-26 所示，规格尺寸见表 7-28。

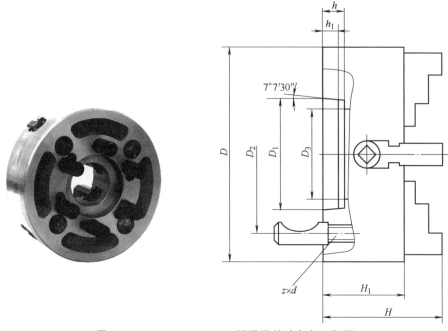

图 7-26　K72、K72（G）短圆锥单动卡盘（D 型）

表 7-28　K72、K72（G）短圆锥单动卡盘规格尺寸（D 型）

规格 D	主轴头号	尺寸参数/mm								净重/kg
		D_1	D_2	D_3	H	H_1	h	h_1	$z \times d$	
160	3	53.975	70.6	45	95	67	13	10	$3 \times M10 \times 1$	9
200	3	53.975	70.6	51	107	75	—	10	$3 \times M10 \times 1$	15
200	4	63.513	82.6	56	107	75	13	10	$3 \times M10 \times 1$	15
250	4	63.513	82.6	61	120	80	—	10	$3 \times M10 \times 1$	23
320 350	4	63.513	82.6	61	134	90	—	10	$3 \times M10 \times 1$	40，53
200	5	82.563	104.8	56	107	75	15	12	$6 \times M12 \times 1$	15
250	5	82.563	104.8	75	120	80	15	12	$6 \times M12 \times 1$	23
320 350	5	82.563	104.8	79	134	90	—	12	$6 \times M12 \times 1$	40，53
400	5	82.563	104.8	79	143	95	—	12	$6 \times M12 \times 1$	55
250	6	106.375	133.4	75	120	80	16	13	$6 \times M16 \times 1.5$	23
320 350	6	106.375	133.4	95	134	90	16	13	$6 \times M16 \times 1.5$	40，53
400	6	106.375	133.4	95	143	95	16	13	$6 \times M16 \times 1.5$	55
500	6	106.375	133.4	103	161	106	—	13	$6 \times M16 \times 1.5$	102
320 350	8	139.719	171.4	95	134	90	18	14	$6 \times M20 \times 1.5$	40，53
400	8	139.719	171.4	125	143	95	18	14	$6 \times M20 \times 1.5$	55
500	8	139.719	171.4	136	161	106	—	14	$6 \times M20 \times 1.5$	106
400	11	196.869	235.0	125	143	95	20	16	$6 \times M22 \times 1.5$	68
500	11	196.869	235.0	160	161	106	20	16	$6 \times M22 \times 1.5$	102
630	11	196.869	235.0	180	180	118	20	16	$6 \times M22 \times 1.5$	159
500	15	285.775	330.2	160	161	106	21	17	$6 \times M24 \times 1.5$	106
630	15	285.775	330.2	180	180	118	21	17	$6 \times M24 \times 1.5$	159

注：卡盘也可配带分离爪（基爪和顶爪连接尺寸符合 ISO3442）的单动卡盘，型号为 K72A、K72D、K72E。

（5）KB72 锥柄卡盘（单动）　KB72 锥柄卡盘（单动）属轻负荷卡盘，通过 5C 弹性夹头安装于机床主轴上。

KB72 锥柄卡盘（单动）结构如图 7-27 所示，规格尺寸见表 7-29。

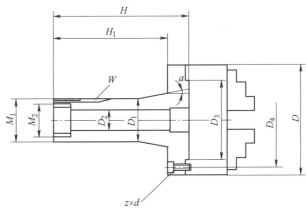

图 7-27　KB72 单动型卡盘

表 7-29　KB72 单动型卡盘规格尺寸

型号规格	尺寸参数/mm												净重/kg
	D	D_1	D_2	D_3	D_4	a	M_1	M_2	W	H	H_1	$z \times d$	
KB72 3in	80	31.737	19.45	55	66	10°	1.238in－20NS	1.042in－24NS	3.175（键槽宽）	105	86.12	4×M6	2.5
KB72 4in	100	31.737	19.45	72	84	10°	1.238in－20NS	1.042in－24NS		105	86.12	4×M8	3.1

附 1：配带卡盘 F2、F2-6、F3、F3-6 型立卧与分度头规格参数

F2、F2-6 型立卧等分分度头如图 7-28 所示，规格参数见表 7-30，安装结构如图 7-29 所示，安装尺寸见表 7-31。

图 7-28　F2、F2-6 型立卧等分分度头

表 7-30　F2、F2-6 型立卧等分分度头规格参数

项　　目	F2	F2-6
中心高/mm	149.25	130
主轴定心直径/mm	119.774	80
可分等分数	2、3、4、6、8、12、24	
主轴轴肩支承面至底面高度（主轴直立时）/mm	96	89.5
主轴轴肩直径/mm	F212	F170
定位健宽度/mm	16	
可配卡盘	K31210A	K31167
24 等分单个分度误差/(°)	25	
净重/kg	52	33
毛重/kg	60	39
箱体尺寸/mm	405×370×345	372×340×304

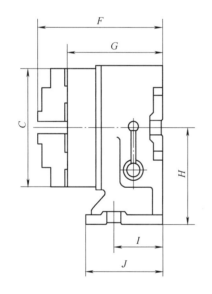
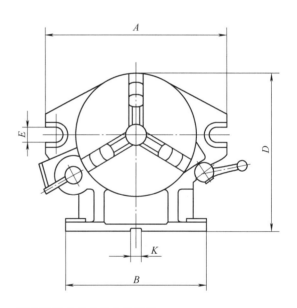

图 7-29　F2、 F2-6 型立卧等分分度头安装结构

表 7-31　F2、F2-6 型立卧等分分度头安装尺寸　　　　　　（单位：mm）

型号	A	B	C	D	E	F	G	H	I	J	K
F2	310	255	210	255.25	18	214	171.5	149.25	80	150	16
F2-6	260	220	167	220	18	197.5	155.5	130	70	130	16

　　F3、F3-6 型立卧等分分度头如图 7-30 所示，规格参数见表 7-32，安装结构如图 7-10 所示，安装尺寸见表 7-32。

图 7-30 F3、F3-6 型立卧等分分度头

表 7-32 F3、F3-6 型立卧等分分度头规格参数

项 目	F3	F3-6
中心高/mm	150	130
主轴定心直径/mm	119.774	80
主轴轴肩直径/mm	212	170
可分等分数	2、3、4、6、8、12、24	
主轴圆周刻度/(°)	360	
蜗轮副模数	1.5	1.25
蜗轮副传动比	1：90	
蜗轮每转所代表的转台度数/(°)	4	
游标最小示值/(°)	10	
定位键宽度/mm	16	
可配卡盘	K31210A	K31167
24 等分单个分度误差/(°)	25	
蜗轮副分度误差/(°)	±60	
净重/kg	（62）77	（40）50
毛重/kg	（73）88	（50）60
箱体尺寸/mm	490×425×380	470×350×360

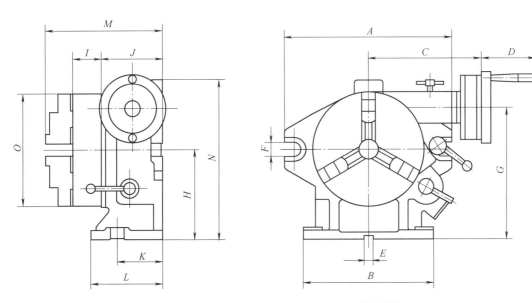

图 7-31 F3、F3-6 型立卧等分分度头安装结构

表 7-33　F3、F3-6 型立卧等分分度头安装尺寸　　　　　（单位：mm）

型号	A	B	C	D	E	F	G	H	I	J	K	L	M	N	O
F3	310	255	200	78	16	18	230	150	75	126	90	155	244	285	φ210
F3-6	250	220	188	78	16	18	198.75	130	66	112	80	150	220	235	167

附 2：配带卡盘 TK13 系列数控立卧回转工作台、TK13 系列数控立式回转工作台规格参数

TK13 系列数控立卧回转工作台如图 7-32 所示，规格参数见表 7-34，安装结构如图 7-33 所示，安装尺寸见表 7-35。

图 7-32　TK13 数控立卧回转工作台

表 7-34　TK13 数控立卧回转工作台规格参数

序号	项　　目		TK13100	TK13125	TK131200A
1	工作台面直径/mm		φ100	φ125	φ1200
2	工作台垂直时中心高/mm		110		720
3	工作台总厚度/mm		136		795
4	中心定位孔直径/mm		φ20H7 × 12		φ80H7 × 40
5	定位键宽度/mm		10		22
6	工作台 T 形槽宽度/mm		4 ~ 6		4 ~ 28
7	蜗轮副传动比		1：90		1：120
8	总传动比		1：120		1：360
9	工作台最高转速/r·min^{-1}		16.6		4.2
10	设定最小分度单位/(°)		—		0.001
11	伺服电动机（用户自备）带 2000 脉冲编码器	功率/kW	0.5		≥3.8
		扭矩/N·m	≥2		≥35
12	标准电动机接口		FANUCβ2iS		FANUCa40
13	分度精度		45in		15in
14	重复精度		8in		4in
15	油压刹紧 15 × 10^{5}Pa	刹紧力矩/N·m	150		油压
	气压刹紧 5 × 10^{5}Pa		65		35 × 10^{5}Pa
16	水平承载/N		35		5000
17	立式承载/N		20		2500
18	允许最大惯量（垂直使用时）/kg·m^2		25		550
19	最大允许驱动力矩/N·m		200		5500
20	转台质量/kg		—		3000

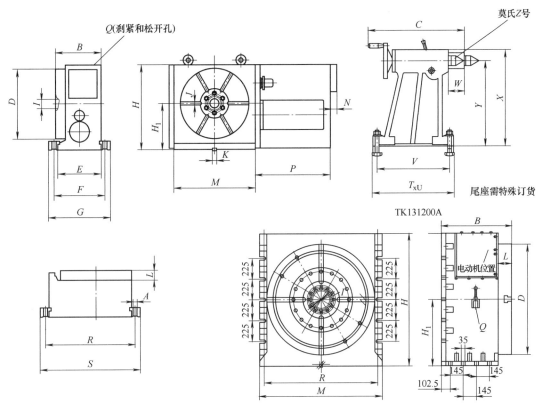

图 7-33　TK13 数控立卧回转工作台安装结构

表 7-35　TK13 数控立卧回转工作台安装尺寸　　　　　（单位：mm）

型　　号	D	B	H	H_1	E	F	G	A	I	J	K	L	C
TK13100	$\phi100$	136	193	110	101	125	159	$\phi9$	$\phi20H7$	$4\times6H11$	14	21	—
TK13125	$\phi125$	136	193	110	101	125	159	$\phi9$	$\phi20H7$	$4\times6H11$	14	21	—
TK131200A	$\phi1200$	795	1435	720	—	—	—	—	$\phi80H7\times40$	28H12	22	160	940
型　　号	M	N	P	Q	R	S	T	U	V	W	X	Y	Z
TK13100	206	—	156.5	Rc¼″	190	224	—	—	—	—	—	—	—
TK13125	206	—	156.5	Rc¼″	190	224	—	—	—	—	—	—	—
TK131200A	1360	—	400	Z¼″	1260	—	940	400	860	200	798	720	—

　　TK16B 系列数控立式回转工作台见图 7-34 所示，规格参数见表 7-36 所示，安装结构及尺寸见图 7-35 所示。

图 7-34　TK16B 系列数控立式回转工作台

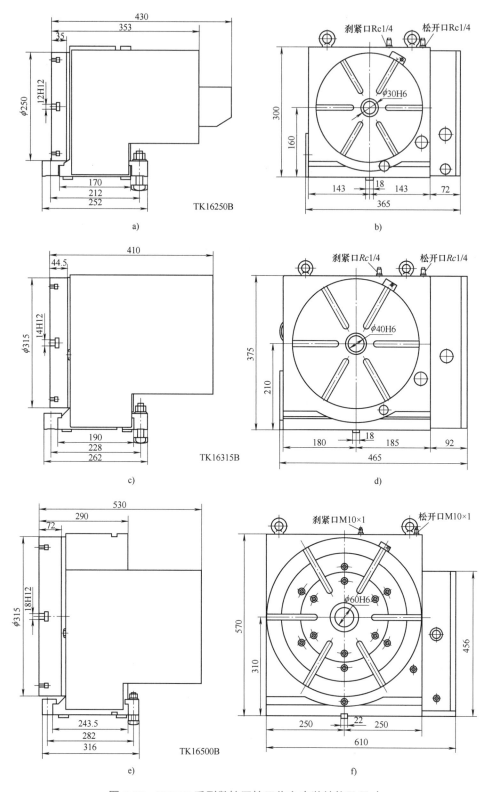

图 7-35　TK16B 系列数控回转工作台安装结构及尺寸

表 7-36　TK16B 系列数控立式回转工作台规格参数

序号	项　目		TK16250B	TK16315B	TK16500B
1	工作台直径/mm		$\phi250$	$\phi315$	$\phi500$
2	工作台面垂直时中心高/mm		160	210	310
3	中心定位孔尺寸/mm		$\phi30H6\times13$	$\phi40H6\times15$	$\phi60H6\times25$
4	定位键宽度/mm		18	18	22
5	工作台面 T 型槽宽度/mm		6-12	6-14	6-18
6	蜗杆副传动比		1：90	1：90	1：150
7	总传动比		1：180	1：180	1：180
8	工作台最高转速/r·min^{-1}		8.3	8.3	11.1
9	最小设定分度单位/(°)		0.001	0.001	0.001
10	伺服电动机（用户自备）	功率/kW	≥1.0	≥1.0	≥2.1
11	分度定位精度/(°)		30	25	20
12	最大载荷量/kg		150	175	300
13	重复定位精度/(″)	正转	6	6	6
		反转			
14	转台刹紧油腔可承受最大油压/MPa		1.5	1.5	1.5
15	标准电动机接口		FANUCa6	FANUCa6	FANUCa12

参考文献

[1] 张云，张国斌，刘成颖. 数控机床功能部件优化设计选型应用手册动力卡盘分册［M］. 北京：机械工业出版社，2018.

[2] 中国机床总公司，等. 实用机床附件手册［M］. 郑州：河南科学科技出版，2001.

[3] 冯之敬. 机械制造工程原理［M］. 北京：清华大学出版社，2015.

[4] 全国金属切削机床标准化技术委员会. 机床主轴端部与卡盘连接尺寸：GB/T 5900.1—2008［S］. 北京：中国标准出版社，2008.

[5] 全国金属切削机床标准化技术委员会. 机床　主轴端部与花盘　互换性尺寸　第 2 部分：凸轮锁紧型：GB/T 5900.2—1997［S］. 北京：中国标准出版社，1997.

[6] 全国金属切削机床标准化技术委员会. 机床　主轴端部与花盘　互换性尺寸　第 3 部分：卡口型：GB/T 5900.3—1997［S］. 北京：中国标准出版社，1997.

[7] 王先逵. 机械加工工艺手册第 2 卷［M］. 北京：机械工业出版社，2008：1-22.

[8] 全国金属切削机床标准化技术委员会. 机床工作台 T 形槽和相应螺栓：GB/T 158—1996［S］. 北京：中国标准出版社，1996.

第八章　机床手动卡盘的安装调试与维护

机床手动卡盘与主机正确的安装，直接影响着卡盘的性能指标以及使用寿命。正确的操作、使用可以使卡盘保持良好的夹持精度，避免故障的发生，提高工作可靠性；正确的日常维护保养能使卡盘保持良好的工作状态，延长使用寿命。发现问题时必须及时解决，以保证安全工作。

第一节　概　　述

手动卡盘作为普通车床的一种基础功能部件，结构型式、安装尺寸、性能指标已标准化。但其性能指标受多种因素影响，如运输过程中产生的振动和变形，使其基准与出厂检验时的状态发生变化，产品的几何精度与出厂检验时的精度产生偏差，法兰盘的制作与安装螺钉的安装顺序等都会影响到卡盘的夹持精度，因此手动卡盘必须按照安装调试规范安装，以确保卡盘达到出厂时的各项性能指标。手动卡盘作为机床的关键功能部件之一，一般是在高速旋转中进行工作的，虽然出厂时卡盘的检测均已符合各项标准要求，但仍可能因工件和机床的特性而产生卷入、缠绕、冲击、零件飞散等危险。为消除危险，使用者应考虑工件的特性（尺寸、质量和形状等）及机床的特性（如旋转、进给量和切削深度等），因此要求操作者在使用前应仔细阅读使用说明书中提示的安全操作注意事项。

第二节　安　装　要　求

机床手动卡盘应符合如下安装要求：

1）安装的卡盘应有使用说明书、合格证明书和装箱单或符合有关标准的规定。

2）安装的卡盘应有操作、指示标示等，使用信息应清晰。

3）卡盘的短圆柱连接面或短圆锥连接面以及后端面为重要的结合面，其尺寸和几何公差应符合设计文件的规定，满足安装要求。

4）工作环境相对湿度应小于75%，并远离过多粉尘和有腐蚀性气体的环境。

5）对于大于20kg的卡盘应有起吊装置或设备。

第三节　卡盘的安装

下面以盘丝型手动自定心卡盘为例，对其安装步骤进行介绍，具体应按照其使用说明书进行操作，其他类型参照执行。

（一）安装前准备

在安装前，应打开包装箱检查下列事项：

1）按装箱单检查部件是否齐全，及箱内产品有无损坏。

2）检查是否有使用说明书及合格证（保留资料，以便以后参考使用）。

3）清洗卡盘及附件表面上的防锈油。清洗时请勿清洗掉内部润滑脂。

同时检查卡盘上是否有因运输过程中造成的划痕或凹陷，如果有应使用油石去除划痕及凹陷。

（二）安装条件

1. 安装基准面

安装卡盘的基准面应符合图 8-1 规定，其基准面的径向圆跳动和轴向圆跳动 $\leqslant 0.005\text{mm}$，表面粗糙度 $R_a \leqslant 1.6\mu\text{m}$。

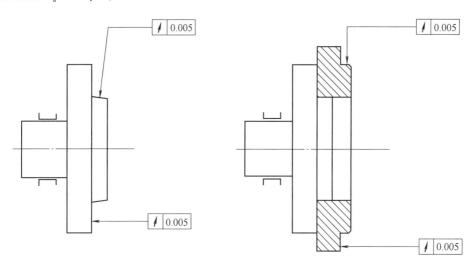

图 8-1　安装基准面

2. 连接方式

卡盘应通过法兰盘（卡盘为短圆柱型连接）或直接（卡盘为短圆锥型连接）装于机床主轴前端。

3. 连接螺钉

法兰盘与机床主轴连接螺钉以及安装卡盘所使用的连接螺钉应选用不低于 8.8 级螺钉，锁紧螺钉时每一个螺钉锁紧力矩应均匀。

（三）安装前准备工作

1. 法兰盘的制作

安装卡盘的法兰盘应按机床主轴前端的形式（GB/T 5900.1 ~ .3）和所选卡盘的连接部位尺寸由专业人员设计、制作，并保证与卡盘和主轴连接安全可靠，可参见使用说明书。法兰盘止口尺寸制作应以产品实测尺寸为准，进行随机配车完成。

2. 法兰盘的安装

对于非直装式（短圆柱型连接）手动卡盘，将制作好的法兰盘安装到机床主轴上。

依 1→2→3→4→5→6 顺序锁紧螺钉，如图 8-2 所示。

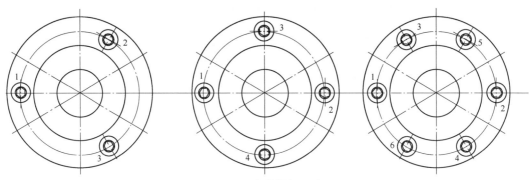

图 8-2　安装螺钉顺序

（四）安装

手动卡盘按照连接型式分为短圆柱卡盘和短圆锥卡盘两种型式。

1. 短圆柱卡盘的安装

1）将清洗干净的卡盘安装到法兰盘上（当超过 20kg 时应使用吊环或吊带）。

2）依 1→2→3→4→5→6 顺序锁紧螺钉（见图 8-2）。

3）检测卡盘外圆和端面跳动符合使用说明书要求。

4）用卡盘扳手驱动齿轮，各传动零件应运动平稳、灵活，没有明显的阻滞现象。

2. 短圆锥卡盘的安装

（1）A_1、A_2 型卡盘的安装

1）将清洗干净的卡盘安装到机床主轴上（当超过 20kg 时应使用吊环或吊带）。

2）依 1→2→3→4→5→6 顺序锁紧螺钉（见图 8-2）。

3）检测卡盘外圆和轴向跳动符合使用说明书要求。

4）用卡盘扳手驱动齿轮，各传动零件应运动平稳、灵活，没有明显的阻滞现象。

（2）C 型卡盘的安装

1）将随机所带插销螺栓安装到卡盘后端插销螺栓孔中。

2）将卡盘装于机床主轴上（插销螺栓通过主轴法兰盘及卡口垫）。

3）拨动卡口垫到小口位置，以图 8-2 顺序依次锁紧带肩螺母。

4）检测卡盘外圆和端面跳动符合使用说明书要求。

5）用卡盘扳手驱动齿轮，各传动零件应运动平稳、灵活，没有明显的阻滞现象。

（3）D 型卡盘的安装

1）将随机所带拉杆安装到卡盘后端，使拉杆上尺寸参考线与卡盘后端面对齐。

2）将卡盘装于机床主轴上（拉杆插入机床主轴法兰盘对应孔中）。

3）用锁紧扳手按图 8-2 顺序依次锁紧拉杆。

4）检测卡盘外圆和端面跳动符合使用说明书要求。

5）用卡盘扳手驱动齿轮，各传动零件应运动平稳、灵活，没有明显的阻滞现象。

第四节　卡盘的调试

手动卡盘的调试应按照如下顺序进行。

（一）准备

1）确认卡盘及顶爪（分离爪卡盘）安装是牢固的。

2）确认卡爪夹持弧处在同一回转半径上。

3）将卡盘扳手插入齿轮孔中旋转，能够使卡爪自由移动。

4）转速设定最低，若运转正常，增加转速，并检查卡盘跳动的情况和有无异常。

（二）调试

1）整体爪卡盘更换正反爪，可由夹紧工件变成撑紧工件，更换卡爪时应将 1 号爪对应盘体 1 号工字槽，依次将其他爪装入相应盘体工字槽。

2）分离爪卡盘调整顶爪时，松开螺钉，顶爪掉头，重新安装螺钉并锁紧。顶爪不可相互调换位置，以免造成卡盘精度不达标。

3）使用多爪卡盘或特殊爪，可满足各种薄壁和易变形件的加工需要。

4）当卡盘的夹紧力不足时，应清洗卡盘，并设法改善卡盘的润滑状况。不可通过加大输入转矩，来获得卡盘夹紧力，以免卡盘在超负荷条件下工作造成损坏以至报废。

5）对于顶爪或特殊爪的爪号应与基爪号一致。

（三）使用注意事项

1）在安装、检查或润滑卡盘时应关掉所有电源。

2）卡盘输入转矩应按使用说明书中的规定执行。

3）卡盘使用过程中的最高转速应按使用说明书中的规定执行。

4）机床开启前，将卡盘扳手取下。

5）机床安全防护门开起时，不能起动主轴旋转。

6）切削前应确认工件已夹紧。

7）加工较长或较重工件时应使用中心架或尾座顶尖支撑。

8）卡盘不可随意改造。

9）养成定期进行润滑的习惯（润滑油、脂按说明书规定注入）。

10）在安装、检查、操作或润滑时按说明书规定执行。

第五节　卡盘的维护

卡盘作为机床配套的通用夹具，属于易耗品，为了提高其使用寿命，保持尺寸、精度及性能指标，卡盘应定期进行维护。

机床维护与维修的同时，也应对卡盘进行维护与维修。

卡盘在使用过程中应定期进行润滑（在油杯处注油）和清洁（可用压缩空气），以保持卡盘精度和延长使用寿命。

每年最少要对卡盘进行两次彻底清洗、润滑和保养，以及处理危险部件，并对所有工作面进行润滑。当机床的使用频率增大或环境处于特殊条件时，应适当增加卡盘的清洗、润滑和保养次数。

第六节　卡盘的故障诊断及处理方法

手动卡盘是机床上用来夹紧工件的机械装置，长期使用过程中不可避免地会出现一些故障，当卡盘发生故障时，必须停机、断电进行检查。

（一）盘丝型手动自定心卡盘常见故障及处理方法

盘丝型手动自定心卡盘在使用过程中会出现卡盘精度超标、卡盘夹不紧工件、盘体齿轮孔磨损严重（椭圆）、盘体工字槽碎裂、齿轮转不动、卡爪工字槽裂碎、卡爪掉牙、盘螺纹裂碎、盘丝转不动、卡爪不移动等现象，处理方法见表8-1。

表 8-1　盘丝型手动卡盘常见故障诊断及处理方法

故障种类	产生原因	处理方法
精度超标	使用过程中，卡爪夹持弧或工件表面不清洁	装夹工件时，保持卡爪夹持弧和工件表面的清洁
	更换卡爪时，1、2、3号卡爪的顺序装错	按顺序安装卡爪
	卡爪与盘体编号不同	安装卡盘原配卡爪
	短锥卡盘出现定位不稳定现象	调整卡盘安装位置
	安装卡盘时，短锥面不清洁	保证短锥面清洁
	法兰盘精度不符合安装要求	按要求重新配置法兰盘
	短圆柱卡盘的法兰盘与卡盘止口间隙过大	按要求配置法兰盘
	顶爪与基爪配合面之间存在杂物	更换顶爪时，保持顶爪与基爪配合面清洁
	卡爪夹持弧锥度不符合要求	修复卡爪或更换

（续）

故障种类	产 生 原 因	处 理 方 法
卡盘无法动作	卡盘零件损坏	拆下并更换
	滑动件拉伤	拆下，修复拉伤凸起部分或者更换新件
夹不紧工件	卡爪夹持弧锥度不符合要求	修复卡爪或更换
	加工件轴向夹持有效尺寸短，接触面积小会造成卡盘夹紧力小	增加夹持长度
	工件不规则	处理工件表面
	输入转矩小	增大输入转矩
	超出夹持范围	更换卡盘
	缺少润滑	增加润滑
盘体齿轮孔磨损严重（椭圆）	齿轮外圆、盘体齿轮孔碰疤	装配时，保证齿轮外圆、盘体齿轮孔无毛刺、碰疤
	使用环境差，卡盘齿轮孔进去杂物，清洗不及时	定期清洗
	施力过大会造成盘体齿轮孔与齿轮外圆接触面咬合拉伤，加重齿轮孔磨损	定期清洗，正确安装
	输入力矩过大，超出卡盘规定值（如：使用超长套管）	按要求正确使用
盘体工字槽裂碎	使用过程撞车	按要求正确使用
	使用过程中夹紧力过大	按要求正确使用
	超出卡盘的最大切削允许值	按要求正确使用
	超出卡盘允许夹持范围	按要求正确使用
齿轮转不动	卡盘内进杂物	清洗、润滑
	缺少润滑	润滑
卡爪工字槽裂碎	卡爪本身存在裂纹	更换卡爪
	使用过程中撞车或夹紧力过大	按要求正确使用
	超出卡盘允许夹持范围	按要求正确使用
	超出卡盘的最大切削允许值	按要求正确使用
卡爪掉牙	卡爪本身存在裂纹	更换卡爪
	使用过程中撞车或夹紧力过大	按要求正确使用
盘螺纹裂碎	盘丝材料存在缺陷	按要求正确使用
	使用过程中撞车或夹紧力过大	按要求正确使用
	超出卡盘允许夹持范围	按要求正确使用
	使用过程中夹紧力过大	按要求正确使用
盘丝转不动	卡盘内进杂物	清洗
	缺少润滑	润滑卡盘
卡爪不移动	卡盘内进杂物	清洗
	缺少润滑	润滑卡盘

（二）手动单动卡盘常见故障及处理方法

手动单动卡盘在使用过程中会出现卡盘夹不紧工件、盘体工字槽碎裂、丝杆断裂、丝杆带爪不灵活、丝杆中部磨损异常、卡柱断裂、卡爪工字槽裂碎等现象，处理方法见表8-2。

表 8-2　手动单动卡盘常见故障诊断及处理方法

故障种类	产生原因	处理方法
卡盘无法动作	卡盘零件损坏	拆下并更换
	滑动件拉伤	拆下，修复拉伤凸起部分或者更换新件
夹不紧工件	卡爪夹持弧锥度不符合要求	修复卡爪或更换
	加工件轴向夹持有效尺寸短，接触面积小会造成卡盘夹紧力小	增加夹持长度
	工件不规则	处理工件表面
	输入转矩小	增大输入转矩
	超出夹持范围	更换卡盘
	缺少润滑	增加润滑
	存在个别卡爪未夹紧的情况	按要求正确使用
盘体工字槽裂碎	使用过程撞车	按要求正确使用
	使用过程中夹紧力过大	按要求正确使用
	超出卡盘的最大切削允许值	按要求正确使用
	超出卡盘允许夹持范围	按要求正确使用
卡爪工字槽裂碎	卡爪本身存在裂纹	更换卡爪
	使用过程中撞车或夹紧力过大	按要求正确使用
	超出卡盘允许夹持范围	按要求正确使用
	超出卡盘的最大切削允许值	按要求正确使用
卡爪不移动	卡盘内进杂物	定期清洗
	缺少润滑	润滑卡盘
丝杆断裂	使用过程撞车	按要求正确使用
	使用过程中夹紧力过大	按要求正确使用
	超出卡盘的最大切削允许值	按要求正确使用
	超出卡盘允许夹持范围	按要求正确使用
	丝杆材料存在缺陷	更换丝杆
丝杆带爪不灵活	卡柱安装偏斜或卡柱过长	修理
	卡盘内进杂物，造成挤死或拉伤	清洗
	丝杆碰疤	清洗，维修
丝杆中部磨损异常	卡柱装配偏斜	维修，更换
卡柱断裂	卡柱装配偏斜	按要求正确使用
	卡盘使用过程中，超出切削规范	按要求正确使用
	夹紧工件过程中施力过大	按要求正确使用
	使用过程撞车	按要求正确使用

参考文献

[1] 全国金属切削机床标准化技术委员会. 机床主轴端部与卡盘连接尺寸 第 1 部分：圆锥连接：GB/T 5900.1—2008 [S]. 北京：中国标准出版社，2008.

[2] 全国金属切削机床标准化技术委员会. 机床主轴端部与花盘 第 2 部分：凸轮锁紧型：GB/T 5900.2—1997 [S]. 北京：中国标准出版社，1997.

[3] 全国金属切削机床标准化技术委员会. 机床主轴端部与卡盘连接尺寸 第 3 部分：卡口型：GB/T 5900.3—1997 [S]. 北京：中国标准出版，1997.

第九章　机床手动卡盘选型案例

本章将介绍 CA6140A 普通车床、CK61125 数控车床、CK518 数控单柱立式车床手动卡盘选型案例。

第一节　CA6140A 普通车床手动卡盘选型案例

一、CA6140A 普通车床简介

CA6140A 床身宽于一般车床，具有较高的刚度，导轨面经中频感应淬火，经久耐磨。机床操作灵活，溜板设有快移机构。采用单手柄形象化操作，宜人性好。机床结构刚度与传动刚度均高于一般车床，功率利用率高，适于强力高速切削。

机床适用于车削内外圆柱面、圆锥面及其他旋转面，车削各种公制、英制、模数和径节螺纹，并能进行钻孔和拉油槽等工作。因此适合形状复杂和精度较高的轴、盘、套类零件加工。特别适合电子产品、航空、有色金属等行业零件使用小切削量、高转速、大批量加工。CA6140A 普通车床如图 9-1 所示。

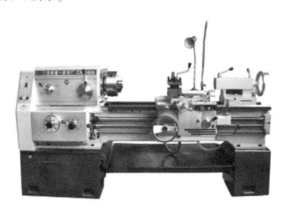

图 9-1　CA6140A 普通车床

二、CA6140A 普通车床技术参数

技术参数见表 9-1。

表 9-1　CA6140A 普通车床技术参数

产品型号	CA6140 A
床身回转直径/mm	400
刀架上回转直径/mm	210
最大工件长度/最大车削长度/mm	1000/900
主轴中心至床身平面导轨距离/mm	205
主轴孔径（mm)/主轴孔前端锥度	$\phi\,52/1:20$
主轴头	A6
主轴转速级数	24/12
主轴转速/r·min^{-1}	50Hz：11~1600 60Hz：13.2~1920
纵向进给量（64 种)/mm·r^{-1}	标准进给：0.08~1.59 小进给：0.028~0.054 加大进给：1.71~6.33
横向进给量（64 种)/mm·r^{-1}	标准进给：0.04~0.79 小进给：0.014~0.027 加大进给：0.86~3.16
刀架纵/横向的快移速度/m·min^{-1}	纵向：4 横向：2
加工螺纹范围	公制螺纹44 种：1~192mm; 英制螺纹21 种：2~24 牙/in; 径节螺纹37 种：1~96;
上/下刀架最大行程/mm	140/320
刀架转盘回转角度/(°)	±90
主轴中心线至刀具支承距离/mm	26
刀杆截面尺寸/mm	25×25
尾座主轴直径×行程及主轴孔锥度/mm	75×150 莫氏圆锥5 号
丝杠螺距/mm	12
主电动机功率/kW	7.5

三、选型分析

已知条件：根据 CA6140A 普通车床的使用情况，确定工作条件和工作参数。

（一）工作条件

工作条件见表 9-2。

表 9-2　工作条件

机床主轴头型式	A6
床身上最大回转直径/mm	400
主轴通孔直径/mm	52
最大工件长度/最大车削长度/mm	1000/900

（二）工作参数

工作参数见表9-3。

表9-3　工作参数

主轴转速范围/r·min⁻¹	11 ~ 1600
机床的精度	GB/T 4020—1997《卧式车床精度检验》

四、初步选型

CA6140A 普通车床适用于车削内外圆柱面、圆锥面及其他旋转面，车削各种公制、英制、模数和径节螺纹，并能进行钻孔和拉油槽等工作。因此适合形状复杂与精度较高的轴、盘、套类零件加工。

（一）卡盘公称直径的确定

机床床身最大回转直径400mm，考虑到加工零件的广泛性，既可以加工轴类零件，又可以加工盘类零件，所以将卡盘回转直径初步按床身最大回转直径的60% 为240mm。根据卡盘规格系列，卡盘规格公称直径选择250mm。250mm 规格卡盘最大夹持直径250mm，卡爪高台长度34mm，卡盘最大回转直径318mm，小于机床回转直径400m，满足机床要求，并留有一定余量。所以卡盘公称直径确定为250mm 较合适。

（二）卡盘与机床连接形式的确定

机床主轴头型式为短圆锥 A6 型，考虑到机床为普通型车床，加工零件形式多样、种类繁多，为了通用性更好，选择短圆锥连接，这样安装方便，更换其他形式或规格卡盘比较容易，故确定用短圆锥连接。也可增加法兰盘，选择短圆柱连接形式。

（三）卡盘传动结构型式的确定

对于 CA6140A 车床属于普通型车床适用范围广，当加工棒类或盘类零件时，应选用手动自定心卡盘；当加工矩形或不规则零件时，应选用单动卡盘。

1. 手动自定心卡盘的型式

加工棒类或盘类零件，一般要求具有自定心功能，操作要简便，安全可靠，精度不是很高，因此选择盘丝型自定心卡盘最为合适。可以满足机床和加工需求，结构型式如图9-2 所示。

该结构具有如下特点：

（1）转速适中　卡盘体采用 HT300，其强度高，耐

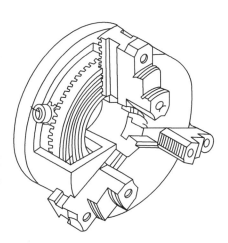

图9-2　盘丝型卡盘结构型式

磨性好，经时效处理，使材质结构组织达到优良，卡盘线速度达到 18m/s 以上。

（2）可自动定心　卡盘采用平面螺纹传动结构，通过齿轮可使卡爪同时移动，具有自定心功能。

（3）高安全性　卡盘所有材质均采用优质材料并经严格的热处理，结构合理，具有很高的安全性。

（4）高可靠性　卡盘设计符合 GB 23290—2009/ISO16156：2004《机床安全卡盘的设计和结构安全要求》以及 GB/T 4346—2008《机床手动自定心卡盘》标准的要求。

（5）夹持范围大　250 卡盘可夹持直径 6～250mm。

2. 单动卡盘的型式

加工不规则零件时更适合选用单动卡盘，来满足加工需求。结构型式如图 9-3 所示。

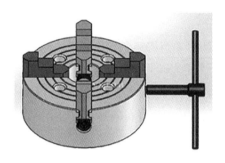

图 9-3　单动卡盘结构型式

该结构具有如下特点：

除了具有上述优点（自定心除外），还有卡盘卡爪可单动调整，适合装夹矩形、不规则零件。

卡盘符合 JB/T 6566—2005 标准。

（四）卡盘精度

手动自定心卡盘精度符合 GB/T 23291—2009 标准，单动卡盘精度符合 JB/T 6566—2005 标准，可参见第五章。

五、选择卡盘

通过法兰盘连接的短圆柱连接卡盘可选择 K11250、K11250C、K11250A、K11250QT、K11250（G）等手动自定心卡盘，如图 9-4a 所示。

直装式短圆锥卡盘可选择 K11250/$A_1$6、K11250C/$A_1$6、K11250A/$A_1$6、K11250/$A_2$6、K11250C/$A_2$6、K11250A/$A_2$6 等手动自定心卡盘，如图 9-4b 所示。

单动卡盘可选择 K72250、K72250（G）、K72250/$A_2$6 等卡盘，如图 9-4c 所示。

a) 短圆柱连接卡盘   b) 短圆锥连接卡盘   c) 单动卡盘

图 9-4 选择卡盘类型

第二节 CK61125 数控车床手动卡盘选型案例

一、CK61125 数控车床简介

CK61125 系列数控车床为普及型数控车床，适宜加工形状复杂的轴、套、盘类零件。如车削内外圆柱面、圆锥面、圆弧面、端面、切槽、倒角及车螺纹等，尤其适合多品种、中小批量的加工。工艺适应性强，加工效率高，废品率低，成品一致性好，可降低对工人技术熟练程度的要求。编程容易，操作简单，功能全面，是理想的中型机械加工设备。CK61125 数控车床如图 9-5 所示。

机床特点：

（1）主轴可实现分段变频无级变速。宽段速，大重叠，全自动，适应加工范围广。

（2）主轴可实现低速大转矩输出。

（3）活动安全防护设计，便于操作及上下工件。

（4）尾座有减荷装置，移动轻快灵活。

（5）锥体车削不受角度和长度限制，可车各种圆柱、圆螺纹，并可连续过渡。

图 9-5 CK61125 数控车床

二、CK61125 数控车床技术参数

技术参数见表9-4。

267

表 9-4　CK61125 数控车床技术参数

加工范围	
床身上最大回转直径/mm	1250
刀架上最大回转直径/mm	880
最大工件长度/mm	1500，3000，5000
最大车削长度/mm	1300，2800，4800
床身导轨宽度/mm	755
主轴	
主轴端部代号	$A_2$15 号（1：4：ϕ285.775mm）
主轴孔径/mm	130
主轴锥孔/mm	公制 ϕ140
主轴转速/r·min^{-1}	正转：4~400r·min^{-1}
	反转：4.4~400r·min^{-1}
进给	
X/Z 向最小进给增量/mm	0.0005/0.001
X/Z 向快移速度/mm·min^{-1}	3000/6000
X 向最大行程/mm	570
刀架	
电动刀架工位数	H4/V6/V8
刀杆截面/mm	40×40
尾座	
尾座套筒直径/mm	160
尾座套筒行程/mm	300
尾座套筒锥孔/Morse	6
主电动机功率/kW	22
机床质量/kg	9300，11000，13000
机床外形尺寸（长、宽、高）/mm	4470，5970，7970×2184×2194
验收标准	
JB/T 8324.1—1996 数控卧式车床精度	
JB/T 8324.2—1996 数控卧式车床技术条件	
控制系统推荐：FANUC-OTC 系统等	

三、选型分析

已知条件：根据 CK61125 数控车床的使用情况，确定工作条件、工作产品和设计要求。

（一）工作条件

工作条件见表 9-5。

表 9-5　工作条件

床身上最大回转直径/mm	1250
刀架上最大回转直径/mm	880
最大工件长度/mm	1500，3000，5000
最大车削长度/mm	1300，2800，4800

（二）工作参数

工作参数见表 9-6。

表 9-6　工作参数

主轴端部代号	$A_2$15 号（1：4：ϕ285.775mm）
主轴孔径/mm	130
主轴锥孔/mm	公制 ϕ140
主轴转速/r·min^{-1}	正转 4 ~400r/min
	反转 4.4 ~400r/min
机床精度	JB/T 8324.1—1996

（三）设计要求

设计要求见表 9-7。

表 9-7　设计要求

卡盘连接型式	卡盘公称直径	静态安全系数	设计标准	精　　度	可靠性	载荷	安全性
短圆锥连接	800mm	重载荷	JB/T 6566	JB/T 6566 —2005	安全可靠	冲击	GB 23290

四、初步选型

CK61125 数控车床是中型机械加工设备，适宜加工形状复杂的轴、套、盘类零件。如车削内外圆柱面、圆锥面、圆弧面、端面、切槽、倒角及车螺纹等，尤其适合多品种、中小批量的加工。

（一）卡盘公称直径的确定

机床床身最大回转直径为 1250mm，由于刀架上最大回转直径 880mm 考虑到加工零件的广泛性，有可能加工轴类零件，也可能加工盘类零件，所以将卡盘公称直径不大于刀架回转直径。根据卡盘规格系列，卡盘规格公称直径选择 800mm。

（二）卡盘与机床连接形式的确定

机床主轴头型式为短圆锥 $A_2$15，考虑到机床为普通型数控车床，加工零件可能比较杂，加工的零件相对较大、较重，为了刚度更好，卡盘同样为短圆锥 $A_2 15$。

（三）卡盘传动结构型式的确定

CK61125 为中型机械加工设备，所加工的零件相对较重，特别适合锻造毛坯的粗加工，多数毛坯表面粗糙，形状误差大，选择单动卡盘可以很好地将零件中心与机床回转中心调到一个理想状态。结构型式如图9-6所示。

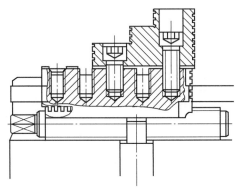

图9-6　单动卡盘结构形式

该结构具有如下特点：

（1）转速适中　卡盘体采用 ZG310 – 570 材料，耐磨性好，经时效处理，使材质结构组织达到优良，转速可达 600r/min。

（2）高安全性　卡盘所有材质均采用优质材料并经严格的热处理，结构合理，具有很高的安全性。

（3）高可靠性　卡盘设计符合 GB 23290—2009/ISO16156：2004《机床安全卡盘的设计和结构安全要求》以及 JB/T 6566—2005《四爪单动卡盘》标准要求。

（4）夹持范围大　800 卡盘可夹持直径 70 ~ 540mm。

（四）加工的零件

加工的零件为阶梯轴，材料 45 钢，如图 9-7 所示。

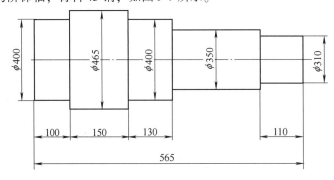

图9-7　阶梯轴示意

（五）卡爪的设计

卡爪选用分离爪硬顶爪　质量为 9.93kg。

顶爪是夹持工件的重要零件，根据加工零件的特点及批量，顶爪为硬顶爪，夹持部位锯齿状，其形状如图 9-8 所示。

图 9-8　卡爪示意

（六）夹紧力计算

按实际零件进行夹紧力计算。

1. 加工零件

加工零件为阶梯轴（见图 9-7），材料 45 钢。

2. 加工工艺分析

根据零件特点，卡盘需夹持 $\phi 400\text{mm}$ 外圆，后端顶尖支撑，加工 $\phi 465\text{mm}$、$\phi 400\text{mm}$、$\phi 350\text{mm}$、$\phi 310\text{mm}$ 外圆，表面粗糙度 $25\mu\text{m}$。切削用量：加工转速 72r/min，进给量 $S = 0.5\text{mm/r}$，切削深度 $t = 4\text{mm}$。

3. 计算主切削力

$t = 4\text{mm}$，$S = 0.5\text{mm/r}$，转速 72r/min。

根据第七章切削力计算：

$t = 4\text{mm}$，$S = 0.5\text{mm/r}$，查表 7-17：$K_\text{s} = 2.0\text{kN/mm}$，$F_\text{s} = StK_\text{s} = 0.5 \times 4 \times 2.0\text{kN} = 4.0\text{kN}$

4. 卡盘所受的静态夹紧力 F_spz

查表 7-15 得：$S_\text{z} = 4$；$\mu_\text{sp} = 0.1 \sim 0.45$，取：$\mu_\text{sp} = 0.3$，$d_\text{z} = 465$，$d_\text{sp} = 400$，则

$$F_\text{spz} = F_\text{s} S_\text{z} / \mu_\text{sp} (d_\text{z}/d_\text{sp}) = 4.0 \times 4/0.3 \times (465/400)\text{kN} = 62\text{kN}$$

5. 卡爪质心的确定

通过计算卡爪质心到卡爪夹持弧的距离为：79.3mm，则卡爪质心到卡盘中心的距离 $r = 200 + 79.3\text{mm} = 279.37\text{mm}$

6. 离心力的计算

$F_\text{c} = 4mr(2\pi n/60)^2$

$\quad = 4 \times 9.93 \times 0.279 \times (2 \times 3.14 \times 72/60)^2\text{N}$

$\quad = 629.35\text{N}$

7. 离心力损失 ΔF_c

K 值总小于 1，卡盘自身刚度好，工作转速不高，取 $K = 0.7$，则

$$\Delta F_\text{c} = KF_\text{c} = 0.7 \times 0.629\text{kN} = 0.44\text{kN}$$

8. 动态夹紧力的确定 F_dy

卡盘不带有离心力补偿，所以 $F_\text{cl} = 0$，则

$F_\text{dy} = F_\text{spz} + \Delta F_\text{c}$（外夹紧工件时）

$$= 62 + 0.44$$

$$= 62.44 \mathrm{kN}$$

9. 初始夹紧力

考虑切削过程的安全性，选择安全系数 $S_{sp} = 1.5$，则

$$F_{sp} = S_{sp}(F_{spz} + \Delta F_c)$$

$$= 1.5 \times (62 + 0.44)$$

$$= 93.66 \mathrm{kN}$$

(七) 卡盘精度的确定

卡盘精度按 JB/T 6566—2005 标准执行。

五、选择卡盘

根据以上计算分析，选择呼和浩特众环（集团）有限责任公司生产的 K72800E/$A_2$15（EHD）超重型单动卡盘，如图 9-9 所示。卡盘直径：800mm；连接型式：短圆锥 $A_2$15；最高转速：600 r/min；夹紧范围：70~540mm，最大输入转矩 500N·m。

图 9-9　K72800/$A_2$15（EHD）超重型单动卡盘

六、校核

通过前面的计算与所选卡盘的对比见表 9-8。

表 9-8　校核表

项　目	主　机	卡　盘	实际计算
卡盘直径/mm	800	800	800
连接型式	$A_2$15	$A_2$15	$A_2$15
最高转速/r·min^{-1}	400	600	72
夹紧范围/mm	880	70~540	ϕ400
几何精度	JB/T 8324.1—1996	JB/T 6566	粗车加工

七、卡盘设计工作图

卡盘设计工作图如图 9-10 所示。

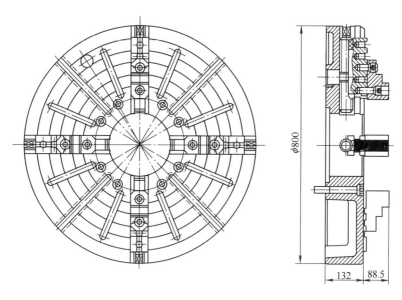

φ800

132　88.5

图 9-10　卡盘设计工作图

第三节　CK518 数控单柱立式车床手动卡盘选型案例

一、CK518 数控单柱立式车床简介

CK518 数控单柱立式车床是一种性能良好、工艺范围广泛、生产效率高的先进设备，适用于各行业的机械加工，可用于内外圆柱面、内外圆锥面、端面、切槽、圆弧面及各种曲线面、螺纹的粗加工和精加工。工作台主轴采用了高精度可调径向间隙双列短圆柱滚子轴承定心。轴向采用恒流静压导轨，使工作台具有旋转精度高、承载能力大、热变形小的特点。底座、工作台、横梁、滑枕等大件，采用了强度高、耐磨性好的灰铸铁，并进行了热处理，达到消除内应力、不变形的目的。床体、横梁、滑枕等导轨面采用人工刮研，接触面好，精度高。横梁带液压两点锁紧，吃刀深度大，不发颤。机床进给采用交流伺服电动机、滚珠丝杠传动，横梁垂直刀架配有封闭护罩，增加了机床的安全性、宜人性。机床的主传动由交流电动机驱动，经 16 级主轴变速机构，实现了工作台的转速范围。数控系统根据用户需要，可选用进口或国产配置。CK518 数控单柱立式车床如图 9-11 所示。

图 9-11　CK518 数控单柱立式车床

二、CK518 数控单柱立式车床技术参数

技术参数见表 9-9。

表 9-9　CK518 数控单柱立式车床技术参数

参　数　名　称	CK518
最大切削直径/mm	800
工作台直径/mm	720
最大工件质量/kg	1200
工作台转速范围/r·min^{-1}	45～200
级数	3
电动机功率/kW	11
工件最大高度/mm	800
立刀架行程（水平）/mm	570
立刀架行程（垂直）/mm	650
机床质量（约）/t	6000
机床外形尺寸/mm	2080×2400×2730
垂直刀架搬度极限/(°)	±30
刀架快速移动速度/mm·min^{-1}	1800
横梁升降速度/mm·min^{-1}	440
刀杆截面尺寸（宽×高）/mm	30×30

三、选型分析

已知条件：根据 CK518 数控单柱立式车床的使用情况，确定工作条件和工作参数。

（一）工作条件

工作条件见表 9-10。

表 9-10　工作条件

最大切削直径/mm	800
工作台直径/mm	720
最大工件质量/kg	1200
工作台转速范围/r·min^{-1}	45～200

（二）工作参数

工作参数见表 9-11。

表 9-11　工作参数

工件精度	IT6
工件表面精度/μm	Ra1.6

四、初步选型

(一)卡盘公称直径的确定

机床工作台最大回转直径720mm，最大切削直径800mm。根据卡盘规格系列，卡盘规格公称直径选择630mm。

(二)卡盘与机床连接形式的确定

CK518数控单柱立式车床，最大承重1200kg，根据协议采用短圆锥$A_2$11连接。

(三)卡盘传动结构型式的确定

机床工作台直径720mm，机床为立式车床，考虑车削一般为粗加工，切削量相对大一些，常会使用切削液，对于立式切削卡盘中进水易使卡盘内部生锈，另外铁销不易排出，为了解决这些问题需选用防水卡盘。

防水卡盘的盘体中心无通孔，盘体工字槽与基爪侧面的接触处采用进口密封条，并施以密封条压板，使卡盘拥有优越的密封性，盘体底面设有排水槽，以免切削液进入机床主轴。

五、选择卡盘

根据以上分析选择呼和浩特众环（集团）有限责任公司生产的KF12630F/$A_2$11手动防水卡盘，如图9-12所示。

卡盘直径　630mm

夹紧范围　50~630mm

撑紧范围　170~630mm

极限转速　600 r/min

最大输入转矩　800 N·m

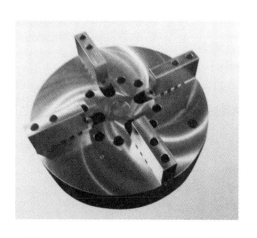

图9-12　KF12630F/$A_2$11 手动防水卡盘

六、卡盘设计工作图

卡盘设计工作图如图 9-13 所示。

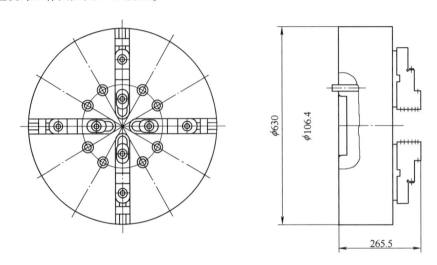

图 9-13　KF12630F/A₂11 手动防水卡盘设计工作图

参考文献

［1］全国金属切削机床标准化技术委员会．机床手动自定心卡盘：GB/T 4346—2008［S］．北京：中国标准出版社，2008．

［2］全国金属切削机床标准化技术委员会．机床安全卡盘设计和结构安全要求：GB/T 23290—2009［S］．北京：中国标准出版社，2009．

［3］全国金属切削机床标准化技术委员会．四爪单动卡盘：JB/T 6566—2005［S］．北京：机械工业出版社，2005．

［4］全国金属切削机床标准化技术委员会．卧式车床精度检验：GB/T 4020—1997［S］．北京：中国标准出版社，1997．